聊城大学学术著作出版基金资助

聊城大学人文社会科学科研基金项目（321021926）

山东省人文社会科学课题（2022-YYJJ-36）

精明收缩

城市再生与空间优化

SMART SHRINKAGE

Urban Regeneration and
Spatial Optimization

栾志理◎著

中国社会科学出版社

图书在版编目（CIP）数据

精明收缩：城市再生与空间优化/栾志理著 . —北京：中国
社会科学出版社，2023.9
ISBN 978-7-5227-2412-6

Ⅰ.①精…　Ⅱ.①栾…　Ⅲ.①城市规划—研究—中国
Ⅳ.①TU984.2

中国国家版本馆 CIP 数据核字（2023）第 149127 号

出　版　人	赵剑英
责任编辑	谢欣露
责任校对	周晓东
责任印制	王　超

出　　　版	中国社会科学出版社
社　　　址	北京鼓楼西大街甲 158 号
邮　　　编	100720
网　　　址	http://www.csspw.cn
发　行　部	010-84083685
门　市　部	010-84029450
经　　　销	新华书店及其他书店

印　　　刷	北京明恒达印务有限公司
装　　　订	廊坊市广阳区广增装订厂
版　　　次	2023 年 9 月第 1 版
印　　　次	2023 年 9 月第 1 次印刷

开　　　本	710×1000　1/16
印　　　张	19.25
字　　　数	315 千字
定　　　价	99.00 元

前 言

　　一个城市或许曾经拥有彪炳史册的辉煌璀璨，或许曾经拥有盛极一时的车水马龙，但都可能会由于特定时期一个或者多个原因而最终消失在漫漫的历史长河之中。自古至今，城市的空间成为汲取历史文化和情感记忆的载体，承载着城市的历史变迁、文化沉淀。2020 年习近平总书记指出，"城市是生命体、有机体"。本质上城市是一个新陈代谢的动态有机体，存在生命周期，会经历产生、生长、成熟直至死亡的过程。200余年来，人类文明先后迎来了工业革命、城市化进程和全球化浪潮，人口不断涌向城市和推动城市繁荣，以追求经济增长为目标的城市化也成为全球公认的发展路径。然而，"二战"以后特别是 20 世纪 70 年代以来，随着郊区化的发展、全球经济体系的空间重组和资本时空流动的加速，一些发达国家以去工业化为典型特征的产业转型诱发城市经济和社会的多维度巨大变迁，诸如美国"锈带地区"、德国鲁尔区、日本北海道等一些老牌工业城市区域陆续出现了严重的城市收缩现象，大量人口逐渐流失。

　　改革开放 40 余年以来，我国经济社会发展的伟大成就举世瞩目，正在经历着世界历史上规模最大的城镇化进程。然而，建立在增长主义价值观的增量规划发展模式注重经济绩效的快速提升，以工业化迅速推进为驱动引擎，以出口导向为主要发展战略，以土地财政推动城市空间生产，城市发展与规划政策关注点主要聚焦于经济增长与空间扩张方面。近年来，中国城市发展面临国内外环境条件的系统性重构与结构性变化，由于经济地理空间的不同区位条件和空间异质性，不同区域和不同城市之间产生越来越大的增长分异，导致空间经济格局出现了翻天覆地的变化。在大部分城市依然呈现繁荣的扩张和增长、还没有明显的人口流失和经济衰退的大背景下，我国许多城市区域特别是京津冀、长三角、珠三角、东北三省和武汉都市圈等许多城市地区均出现了城市整体收缩或局部收缩、相对收缩或绝对收缩等多样化收缩现象，而且正在演变成更加严峻的普遍性收缩危机。特别是目前位于"城市收缩重灾区"东北三省的鹤岗、阜新和伊春等资源枯竭型城市都成为近年来学界关注的重点对象。

当前中国新型城镇化正处于从增量规划向存量规划转型的过渡时期，作为城镇化另一面的城市收缩成为高质量发展阶段空间规划和城市治理领域的全新命题。2019 年，国家发改委发布的《2019 年新型城镇化重点建设任务》中首次提出"收缩型中小城市要瘦身强体，严控增量，盘活存量"。这是收缩型城市概念首次出现在国家规划官方文件上，对收缩型中小城市立即终结增长主义价值观发出明确信号。2020 年 4 月，国家发改委又在发布的《2020 年新型城镇化建设和城乡融合发展重点任务》中提出"统筹新生城市培育和收缩型城市瘦身强体……稳妥调减收缩型城市市辖区，审慎研究调整收缩县（市）"。这表明基于增长主义价值观的规划思维已经不再适应新型城镇化高质量发展的战略要求，迫切需要探索新发展阶段收缩型城市空间的再生方向和优化路径。

在过去的快速增长阶段，如何高效管理城市的增长和规模扩大是城市政策的主要课题。而在转向高质量发展阶段之后，城市政策的方向也将随之产生转变，如何在不给地区社会带来较大冲击的同时实现精明收缩便成为核心课题。对于专业人士来说，编制人口增长的城市规划可谓轻车熟路，但当前人口减少的收缩城市规划却是一个全新的挑战和课题。宏观层次上，为了优化国土空间开发格局，加快形成合理的空间规划体系，国土资源部发布《全国国土规划纲要（2016—2030 年）》，全力构建多中心网络型开发格局。微观层次上，国家发改委给我们指明了理论性方向，但具体如何在存量规划甚至减量规划中推动收缩型城市空间的"减肥瘦身"、再生和重构等方面的问题尚未明确，而聚焦于这类问题的本研究可谓是一次顺应时代要求的推进性探索。

在这样的总体背景下，本研究尝试采取"精明收缩型城市再生的概念内涵与方法战略→美、德、日三国精明收缩型城市再生的政策和策略→东北三省城市收缩的本土化语境→东北三省收缩城市的空间优化规划建议与实施方案"这样的思路链条展开探讨分析。首先，为应对日趋严峻的城市收缩问题，目前国外发达国家正在推动对收缩城市建成区空间规模进行再调整的精明收缩型城市再生政策战略和规划实践。为掌握国外发达国家收缩城市的精明收缩型城市再生和空间优化的方法策略，本研究分别对美国、德国和日本这三个国家精明收缩型城市再生的相关政策和典型案例进行探讨分析，详细梳理这三个国家的规模适当化（Right-sizing）、精明收缩（Smart Shrinkage）和紧凑城市（Compact City）的核心内容，借以为东北三省收缩城市推动城市再生和空间优化提供转型思路和参照方案。其次，在我国城市收缩的总体性背景之下，从人口社会结构变化的角度通过相关统计数据对东北三省城市收缩的本土化空间特征进行实证分析，从而推导出东北三省城市收缩的空间分布格局和空间分布特征，并进一步深层发掘和剖析东北三省城市的收缩轨迹和现状问题，这对于全面了解中国城市收缩具有重要的铺垫性价值。在此基础上，根据国外精明收缩型城市再生的政策战略和方法措施，为东北三省收缩城市提出空间规划优化建议与空间规划实施方案。最后，针对当前东北三省收缩城市空间收缩的形成动因以及空间结构的现实问题，根据精明收缩型城市再生的战略方法以及美、德、日三国精明收缩型城市再生的规划策略，为东北三省收缩城市提出国土空间规划的空间优化建议与规划实施方案。

他山之石，可以攻玉。本研究尝试对中国东北三省收缩城市空间的再生和优化问题展开探讨。第一，通过精明收缩型城市再生理念的提出，深化对城镇化发展阶段内涵的全面理解，展现国外发达国家城市收缩应对的新理念；第二，通过对东北三省城市收缩的形成轨迹与空间格局的深层剖析，发掘东北三省收缩城市的形成机制和存在问题；第三，通过对美德日三国精明收缩型城市空间再生和规划策略的探讨分析，可以梳理归纳在精明收缩视角下国外城市空间的再生方向和规划战略；第四，基于前期的探究和分析，可以为东北三省收缩城市的新一轮国土空间规划编制提供重要的实践依据和实施建议，从而提高后增长主义时代中国收缩城市的规划应对能力和空间治理水平。

目　录

第一章　城市收缩的西方语境和理论性探析

第一节　城市收缩的缘起和概念

一　西方语境的收缩现象

古往今来，城市发展及其在区域、国家和世界城市体系中的位序涨落是经济地理研究领域广泛关注的经典命题，城市发展位序可通过人口数量、就业规模、交通网络和企业组织等诸多方面来表征。[①] 漫漫的历史轨迹中，此起彼伏的自然灾害、战争、瘟疫、气候变化、技术革命和经济危机都会引发城市的兴衰变迁，导致城市在演变过程中不可避免地经历"产生—发展—衰落—消亡"的生命周期。无论从毁于战争的迦太基到亡于天灾的庞贝，还是因未知原因而消失的楼兰古城，无不彰显着城市生命周期中的"收缩"维度。

近代以来，人类文明先后经历工业革命、城市化进程和全球化浪潮，大部分理论模式和实践政策都以持久性增长作为基本论调，或所有城市和区域发展研究的前提假设。[②] 虽然传统性理论一定程度上承认城市衰退的可能性，但一般只将其视为城市生命周期中的一个暂时性过渡阶段，其后还会是一个新的增长周期。[③]

20世纪中后期以来，在郊区化、去工业化、全球化和金融危机等多样化因素的交叠作用下，欧洲、美洲、亚洲甚至大洋洲全都先后出现经

---

① 吴康、孙东琪：《城市收缩的研究进展与展望》，《经济地理》2017年第37期。

② 徐博、庞德良：《增长与衰退：国际城市收缩问题研究及对中国的启示》，《经济学家》2014年第4期。

③ 西尔维娅·索萨、保罗·皮诺：《为收缩而规划：一种悖论还是新范式?》，《国际城市规划》2020年第2期。

济衰退、人口减少以及随之而起的城市收缩现象，尤其是 20 世纪 70 年代以来欧美国家许多城市的大量城市人口流失，呈现出逐渐蔓延扩散之态势。[①] 此外，由于经济垄断的内部增长限制与全球化的外部效应，西欧大城市开始面临多样化的转型要求，特别是在内外部环境条件的作用下，去产业化和逆城市化现象给城市经济和社会带来负面影响。不过，西欧所有城市并非全都如此。部分城市采取确保新产业和经济结构多样化、提高生活环境质量等革新性措施去应对内外部变化，而那些未能采取改革和转变应对这种局势变化的城市，在禁锢于地区经济垄断的状态下遭遇了经济和社会的持续停滞。尤其是以单一主导产业为中心带动其他产业发展的城市，主导产业的没落给关联产业带来致命性的冲击，如急剧的就业人口减少、失业率上升、人口减少等，导致城市收缩和城市衰退的出现。

不仅如此，整个欧洲也出现了大范围的人口减少现象，尤其是中欧及东欧国家剧变后，在 20 世纪末经历了极其严重的人口减少和经济衰退。为了区分具有消极意味的"城市衰退"现象与城市收缩的差异，德国学者开始推介更具中性色彩的"城市收缩"，用于描述因人口社会结构变化所引发的人口减少和经济衰退现象。1988 年，德国学者 Häussermann 和 Siebel 在一篇关于德国鲁尔地区的实证研究中正式提出"收缩城市"（Schrumpfende Städte）的概念，最初是为描述去工业化引发的德国城市人口减少和经济衰退现象而开始使用的。1990 年德国统一之后，在研究经历急剧人口减少和去工业化的东德城市的情况下"收缩城市"这一概念才得以广泛应用。当时，德国由于人口减少结构性住宅空置现象逐渐蔓延，老龄化和基础设施的过度供给现象也相伴而生。在这样的状况之下，德国学者意识到扭转城市衰退问题似乎难以为继，开始尝试将视线转向结构性问题方面。[②]

然而，这样的收缩城市讨论最初一个时期内只发生在德国学者之间，几乎很少与其他国家的学者进行相互交流。而美国在"二战"后，

---

① Haase, A., Bernt Matthias, Grossmann Katrin, et al., "Varieties of Shrinkage in European Cities", European Urban & Regional Studies, Vol. 23, No. 1, June 2016, p. 2.

② Martinez-Fernandez, C., Audirac, I., Fol, S. and Cunningham-Sabot, E., "Shrinking Cities: Urban Challenges of Globalization", International Journal of Urban and Regional Research, Vol. 36, No. 2, February 2012, p. 215.

虽然郊区的增长与大都市和中小城市的大幅度收缩现象开始凸显，但只是对城市增长管理和市中心再生较为关注，而对收缩城市的研究明显不足。①

　　然而，推动收缩城市在国际上得到广泛关注的契机是德国研究者和建筑师们的"收缩城市项目（2002—2005）"。为使"城市收缩"（Urban Shrinkage）这一新兴概念能够适用于其他国际性现象，此研究项目获得了德国联邦文化财团的财政支援。2004 年，美国勃克林大学的城市地域开发研究所创建收缩城市国家研究网络（SCiRN：Shrinking Cities International Research Network），尝试从国际性角度开展全方位国别研究。

二　城市收缩的相关概念辨析

（一）城市收缩（Urban Shrinkage）

城市收缩概念源于德语 Schrumpfende Städte，是一个被视为与衰退、荒废、去城市化、城市危机、人口衰减等一样的负面性用语。② 在这个概念术语被提出之前，通常采用"城市衰退""去城市化""城市危机"等词语来描绘。如德国鲁尔区工矿城镇和英国曼彻斯特、利物浦等老工业城市的制造业衰退、20 世纪末苏联解体引发的东德城市危机、欧洲因为低出生率而导致的人口规模缩减和老龄化等问题③，就是置于不同国家或地区语境下的城市收缩现象。在这个术语产生之初，学界和政界几乎都笃信这样的现象只是昙花一现的暂时性现象。直到 20 世纪末，越来越多的城市陆续出现大量人口持续减少和住宅空置现象，此后城市收缩已逐渐演化成一个散布全球的地理事实和世界性社会经济问题，方才逐渐得到了学界和政界的普遍认可，被认为是地方城镇化与经济全球化进程中的必然性客观存在，并从最初的聚焦人口数量变化的研究到探讨诱发城市人口减少的

　　① Hollander, J., Pallagst, K., Schwarz, T. and Popper, F., "Planning Shrinking Cities", *Progress in Planning*, Vol. 72, No. 4, October 2009, p. 224.

　　② Haase Annegret, Rink Dieter, Grossmann Katrin, et al., "Conceptualizing Urban Shrinkage", *Environment and Planning A*, Vol. 46, No. 7, July 2014, p. 1520.

　　③ 马佐澎、李诚固、张婧等：《发达国家城市收缩现象及其对中国的启示》，《人文地理》2016 年第 2 期。

动力机制研究，进而探索城市收缩的应对策略和方法措施。①②③

一般来说，城市收缩并不意味着城市物质空间规模的缩小，而是在维持地理性边界和基础设施服务范围一致的同时，无论是人口方面还是经济方面，全都出现一定程度萎缩状况的城市现象④，而且通常表现出其对城市的诸多领域产生不同影响的过程，会出现在城市、地区、大城市局部地区或某些特定区域等不同维度的空间。⑤

（二）收缩城市（Shrinking Cities）

收缩城市的概念最早由德国学者 Häussermann 和 Siebel 于 1988 年提出，用来指代受去工业化、郊区化、老龄化以及政治体制转轨等因素影响而出现的城市人口流失乃至局部地区空心化的现象。近年来，随着收缩城市相关讨论的日益活跃，学术界开始尝试为收缩城市概念的确立进行多样化的尝试。

德国也在 20 世纪 90 年代经历过严重的人口流失问题，造成结构性住宅空巢化和基础设施的过量供给现象。在德国语境下，收缩城市可以说是人口减少的同时，过去增长主义时代建设的住宅和基础设施达到过度供给状态的城市。国外学者根据城市现象将收缩城市划分为两种类型。第一种类型是聚焦于人口和经济性角度的定义。绝大部分研究都会利用收缩城市国际研究网络（SCIRN）的概念定义，即收缩城市是至少拥有 1 万名居民、在超过 2 年的时间内大部分地区经历人口流失，还在经历以某种结构性危机为特征的经济转型的城市区域。⑥⑦ 收缩城市是结构性危

---

① Haase Annegret, Rink Dieter, Grossmann Katrin, et al., "Conceptualizing Urban Shrinkage", Environment and Planning A, Vol. 46, No. 7, July 2014, pp. 1530-1531.

② 栾志理、栾志贤:《城市收缩时代的适应战略和空间重构——基于日本网络型紧凑城市规划》，《热带地理》2019 年第 1 期。

③ 沈瑶、朱红飞、刘梦寒等:《少子化、老龄化背景下日本城市收缩时代的规划对策研究》，《国际城市规划》2020 年第 2 期。

④ Hollstein Leah Marie, Planning Decisions for Vacant Lots in the Context of Shrinking Cities: A Survey and Comparision of Practices in the Unitied States, Doctoral Thesis. The University of Texas at Austin, 2014, p. 23.

⑤ 이희연·한수경, 『길 잃은 축소도시 어디로 가야 하나』, 세종: 국토연구원, 2014, 13 쪽.

⑥ Wiechmann, T., "Errors Expected-aligning Urban Strategy with Demographic Uncertainty in Shrinking Cities", International Planning Studies, Vol. 13, No. 4, November 2008, pp. 434-435.

⑦ Hollander Justin B. and Jeremy Németh, "The Bounds of Smart Decline: A Foundational Theory for Planning Shrinking Cities", Housing Policy Debate, Vol. 21, No. 3, June 2011, pp. 349-367.

机的后续产物，而且正在经历人口减少、经济停滞、雇佣减少和社会问题丛生的城市地区。[①] 第二种类型是从空间性侧面考虑的定义。收缩城市是由于持续性的严重人口流失而导致闲置和弃置的物业房产不断增加的传统型产业城市[②]，与人口减少和空屋产生的地区密切相关。国内对于城市收缩的概念也是众说纷纭，尚未形成统一的定义。国家发改委认为，城区常住人口连续 3 年出现持续性下降的城市即收缩城市。2021 年 4 月发布的《城乡规划学名词》指出，收缩城市是因经济或社会环境变化等原因，地方人口呈现持续流失并难以扭转流失趋势的城市。张贝贝等认为，由于收缩城市的形成机理和社会经济发展背景的区域差异，宜采用差别化的界定标准。[③] 孙平军认为，城市收缩是城市"区域发展要素集聚能力"在区域关联中相对或绝对下降而使以人口为主要表征的发展要素做出"再区位"的一种市场行为，并引致具有单向性的空间作用效应——区域外部性：对流入城市产生正外部性效应、对收缩城市产生负外部性、发展要素被"空间剥夺"；发展过程具有客观规律性——在市场经济条件下发展要素由低效率城市流向高效率城市，实质上就是一个市场经济过程。[④]

总体来看，城市收缩是一个包含经济、人口、地理、社会和物质环境的多维过程[⑤]，是体现某城市处于生命周期中某一阶段的中性概念，能够客观体现和描述那些在相互竞争中落入颓势的城市境况，有利于动态地考察一个城市在其发展轨迹中的位置和未来发展的趋势。[⑥] 城市在出现收缩之前都会产生一种普遍性悖论现象，即陷入经济衰退等结构性危机

---

① Martinez-Fernandez, C. , Audirac, I. , Fol, S. and Cunningham-Sabot, E. , "Shrinking Cities：Urban Challenges of Globalization", *International Journal of Urban and Regional Research*, Vol. 36, No. 2, February 2012, pp. 213-225.

② Joseph Schilling and Jonathan Logan, "Greening the Rust Belt：A Green Infrastructure Model for Right Sizing America's Shrinking Cities", *Journal of the American Planning Association*, Vol. 74, No. 4, October 2008, pp. 451-466.

③ 张贝贝、李志刚：《"收缩城市"研究的国际进展与启示》，《城市规划》2017 年第 10 期。

④ 孙平军：《城市收缩：内涵·中国化·研究框架》，《地理科学进展》2022 年第 8 期。

⑤ Martinez-Fernandez, C. , Audirac, I. , Fol, S. and Cunningham-Sabot, E. , "Shrinking Cities：Urban Challenges of Globalization", *International Journal of Urban and Regional Research*, Vol. 36, No. 2, February 2012, pp. 213-225.

⑥ 杨振山、孙艺芸：《城市收缩现象、过程与问题》，《人文地理》2015 年第 4 期。

之后人口持续减少的同时，仍然按照增长主义时代的开发需求来建设过度过量的住宅和基础设施。收缩城市定义见表 1.1。

表 1.1 收缩城市定义

分类		概念定义
人口变化	Hollstein（2014）	某一空间范围内经历大量人口减少的城市，与人口减少和空屋产生的地区密切相关
	Hoekveld, J. J.（2012）	人口流失超过 5 年的城市地区
	Schilling and Logan（2008）	由于经历持续的人口流失（在过去 40 年间流失了超过 25% 的人口），空置废弃的住宅、商业和工业建筑不断增加的产业城市
	Cutler, D. M. and Glaeser, E. L.（2008）	被常住居民抛弃的，被贫穷的、低技能的新移民重新占领的城市，地区人口结构发生了从优到劣的转变
	Sousa, S. and Pinho, E.（2015）	暂时或永久性失去大量居民的城市，并且流失人口占总人口的 10% 或年均流失人口超过 1%
多维作用	Aglietta, M. and Boyer, R.（1986）	收缩城市是全球化进程中的空间特征，伴随集聚新政体的形成
	Pallagst, K.（2005）	城市收缩伴随着显著的人口减少、经济衰退或国内国际地位的下降，从而影响区域、都市区或城市某些地区的发展
	SCIRN	至少 1 万名居民的人口密集城市在超过 2 年的时间内面临人口流失的同时，还在经历以某种结构性变化的城市区域
	Reckin and Martinez-Fernandez（2011）	过去 40—50 年经历人口减少、就业减少以及长期性经济萎缩的城市和地区
	Martinez, Fernandez, C., Audirac, I., Fol, S., et al.（2012）	一个城市区域（包括一个城市、城市的局部、一个大都市区或者一个镇）持续经历着结构性危机（包括人口流失、经济下滑、就业减少、社会问题丛生）
	杨振山、孙艺芸（2015）	城市人口、社会经济发展遇到问题，失去增长动能的综合表现

资料来源：张京祥、冯灿芳、陈浩：《城市收缩的国际研究与中国本土化探索》，《国际城市规划》2017 年第 5 期。

（三）城市衰退（Urban Decay）

事实上，人口减少及其引发的多样化问题通常会与城市衰退这一概念彼此联系。一般来说，城市衰退是城市全体或城市部分地区由于某种原因随着时间的变迁状况不断恶化的一种现象。城市衰退的主要现象表现在人口减少、经济活力萎缩、房地产闲置和陈旧化等方面。由于与城市收缩所描述的现象具有很多的相似性，现实中两者常常被混淆，在大多研究中甚至直接互相替代。于是，许多学者会从这个角度把城市收缩单纯作为城市衰退的价值中立性概念来对待和研究。严格来讲，城市收缩和城市衰退在以下两个方面存在差异。

第一，城市衰退将来可能会转换成一个新的城市发展阶段，而城市收缩是无法恢复到曾经状态的危机状况。[①] 城市衰退是随着城市发展的循环周期暂时性或周期性出现的现象，而城市收缩是由于陷入结构性恶性循环呈现出长期性或持续性的现象。正如表1.1所示，收缩城市的定义中仅仅从"结构性危机的后续产物"这样的解释便可发现这一共通性特征。

第二，建筑和基础设施的供给不均衡成为收缩城市的突出性特征现象。[②] 国外收缩城市出现的共通性问题是，由于许多结构性原因开始经历严重人口流失的同时，匹配增长时代的开发需求而建设的硬件设施（住宅、基础设施等）已经达到了供给盈余的状态。如同城市衰退一样，人口和经济活动的暂时性萎缩引发物质性空间的供给盈余，如果人口和企业重新流入便可得以缓解，并不属于严重问题的行列。但是，对于无法恢复到以前状态且陷入恶性循环的收缩城市来说，倘若不是人为地缩减建筑和基础设施的规模，供给过盈现象只会持续恶化下去。为解决这样的问题，许多收缩城市通过拆除空置建筑或基础设施推动城市规模的适当化战略。

第三，收缩城市的概念确立方面，关键现象是持续性的严重人口减少及其引发的物质环境的供给盈余。因此，在本书中将收缩城市定义为"由于持续性的严重人口减少（人口收缩）、导致物质环境出现供给盈余（空间收缩）现象并存的城市"，这与Shilling和Logan定义的收缩城市概

① Cieśla, A., *Shrinking City in Eastern Germany: The Term in the Context of Urban Development in Poland*, Doctoral Thesis, Bauhaus-Universitat Weimar, 2013, p. 21.

② Grossmann, K., Arndt, T., Haase, A., Rink, D. and Steinfuhrer, A., "The Influence of Housing over Supply on Residential Segregation: Exploring the Post-socialist City of Leipzig", *Urban Geography*, Vol. 36, No. 4, May 2015, p. 94.

念较为相似①。本书后面章节部分将以此概念为基础，聚焦于人口收缩和空间收缩这两大现象来开展各种分析和讨论。

（四）工业遗产城市（Legacy Cities）

工业遗产城市是在政界人士排除和避讳收缩这一概念的状况下，作为美国收缩城市的一种形态表现而登场的。2011 年，美国哥伦比亚大学的 110 号美国会议首次提出此概念，用以描述具有悠久历史和丰富遗产但在变化无常的全球经济环境中孤军奋战的美国城市。

美国的工业遗产城市曾经既是产业发展的引擎动力，也是贸易、商业、服务的中心地。然而，20 世纪中叶之后，随着就业人数和人口总量的持续减少，经济性、社会性、物质性、经营性问题日渐凸显，拥有可成为城市再生催化剂的重要资产和活力的市中心地区、历史文化底蕴的社区、综合性交通网络、蓬勃发展的大学、医疗中心、丰富多样的艺术性和文化性资源持续减少。② 工业遗产城市的基本标准是"拥有 5 万以上的人口数，且较峰值人口数减少 20% 以上的城市"。这样的工业遗产城市大多分布在美国"锈带地区"（Rust Belt）的东北部和中西部周边地区，底特律、扬斯顿、布法罗和克利夫兰等曾经依靠制造业和钢铁产业繁华一时的老工业城市都属于这一行列。工业遗产城市如收缩城市一样，都在积极向更小、更强、更健康的城市目标而努力，重新营建具备提升生活品质的教育、运动以及与地区劳动力规模相适应的多样化就业机会的城市。

（五）精明收缩（Smart Shrinkage）

"精明收缩"源于德国对东欧相对贫穷和破旧的社会主义城市的管理模式，主要针对人口减少城市的经济和物质环境问题。③ 2002 年，罗格斯大学的弗兰克·波普尔教授和他的妻子在美国率先提出了精明收缩概念，

---

① Schilling 和 Logan 将由于持续性严重人口减少而引发空置闲置房产不断增加的老牌工业城市定义为收缩城市。转引自 Joseph Schilling and Jonathan Logan，"Greening the Rust Belt：A Green Infrastructure Model for Right Sizing America's Shrinking Cities"，*Journal of the American Planning Association*，Vol. 74，No. 4，October 2008，pp. 451–466.

② Mallach Alan and Brachman Lavea，*Regenerating America's Legacy Cities*，Cambridge，MA：Lincoln Institue of Land Policy，2013，pp. 2–3.

③ 邹叶枫、贺广瑜、单涛、何倞倩：《"精明收缩"视角下贫困山区规划建设对策研究——以阜平县楼房村为例》，《小城镇建设》2015 年第 12 期。

并将其定义为"更少的规划——更少的人、更少的建筑、更少的土地使用"。① 与20世纪90年代提出并广为人知的精明增长理论相比，精明收缩理论尚未形成，仍处于不断发展和完善的进程中。

城市规划的精明收缩主要解决城市建设的三大关键问题：第一，在人口减少的情况下如何保持区域的可持续发展？第二，如何应对大量的空置土地和房地产？第三，如何制定和实施有效的规划？② 精明收缩是在不可避免的城市衰退面前，将被动衰退转变为主动收缩的一种规划策略。它是一个发展和完善过程中的新战略，反映了对解决城市衰退问题的一个明智方法的客观要求。精明收缩为我们提供了一个崭新的城市研究视角，并提醒我们需要将城市收缩和精明收缩一起纳入城市研究和政策研究的视野，借以推动中国城市的持续性健康发展。

（六）紧凑城市（Compact City）

紧凑城市是针对城市无序蔓延发展而提出来的城市可持续发展理念。紧凑型城市首先是由 George B. Dantzig 和 Thomas I. Saaty 于 1973 年在其出版的专著《紧缩城市——适于居住的城市环境计划》中提出的。1990 年，欧洲社区委员会（CEC）于布鲁塞尔发布《城市环境绿皮书》，首次公开提出回归紧凑城市的城市形态，其最基本的事实依据就是许多欧洲城市历史城镇保持了紧凑而高密度的形态，并被普遍认为其是居住和工作的理想环境，要通过提高居住密度和功能复合化来强化城市空间的使用效率，应以实现土地使用的整合化和紧凑化为目的，并从以下五个方面定义了紧凑城市：①促进城市复兴，中心区的再开发；②保护农地，限制农村地区的大量开发；③更高的城市密度；④功能混合的用地布局；⑤优先发展公共交通，并在其节点处集中开发。

其实，早在 1985 年紧凑城市就已经成为荷兰国家、区域和地方各层

---

① 黄鹤：《精明收缩：应对城市衰退的规划策略及其在美国的实践》，《城市与区域规划研究》2017 年第 2 期。

② 匡贞胜：《城市收缩背景下我国的规划理念变革探讨》，《城市学刊》2019 年第 3 期。

面城市化政策的核心。英国在 1990 年提出的都市村庄（Urban Village）①理论，也可视为一种紧凑型城市规划模式，并将可持续性和紧凑城市的理念融入城市郊区开发的转变和增长管理政策之中。紧凑城市理论之所以在欧洲被广泛接受，是因为中世纪城市的紧凑型历史空间为世人所认可和传承，并成为易于理解的模式。在美国，可持续发展的城市和紧凑型城市的理念，作为城市及城市圈政策的精明增长策略，以及作为提倡进行符合人体尺度的高密度、复合功能开发的新城市主义②，在区域规划和城市规划等诸多领域得到广泛的运用。

　　一般来说，紧凑城市应具有四个方面的空间规划特征：①高密度，并力求使密度得到更进一步的提高；②从城市整体的中心（城市中心区，中心市区）到可以满足人口日常生活需求的邻里中心，进行不同层次的中心配置；③避免市区无序蔓延，尽可能使市区面积不向外扩展；④即使较少使用汽车交通，也可以满足日常生活需求，并能够方便利用邻近的绿地和开放空间等。③ 从紧凑城市理论的基本观点上看，为提高城市运行效率，城市中心区城市功能应当推动高层次和高密度的复合集聚，但在城市无序蔓延持续进行的状况下，许多城市特别是资源型城市的片区组团散置各处，倘若不考虑这些现实条件而坚持推动单中心紧凑城市构想恐怕难以实现。因此，除了市中心之外，还将城市片区中心或组团中心结合起来塑造统筹一体化的多中心紧凑型规划形态可能更具现实性和可行性。

――――――――――

　　① 都市村庄理论是 20 世纪 80 年代末由英国查尔斯王子发动的王储基金会（Prcince's Foundation，原为 Urban Villages Group）针对现代城镇建设提出的住区规划设计导则，活用人文尺度和复合用途等重要规划原则，在城镇中营造出具有传统乡村特色的自然环境特征。此理论旨在谋求城市特征（如接近公共交通）与村庄特征（依靠步行便可满足日常生活需要）有效结合，在社区空间内能进行居住、工作、商业和娱乐等各种活动，通过不同规格的多样化住宅建设来容纳不同的社会收入阶层，以此来增强都市村庄的可居性和社会包容性。

　　② 新城市主义（New Urbanism）是 20 世纪 90 年代初针对美国郊区无序蔓延引发的城市问题而提出的城市规划及设计理论，主张借鉴"二战"前美国小城镇和城镇规划优秀传统，塑造具有城镇生活氛围、紧凑的社区，取代郊区蔓延的发展模式。其基本原则包括步行性（Walkablity）、连接性（Connectivity）、复合用途开发（Mixed-Use）、多样化住宅（Mixed-Housing）、高质量的建筑和城市设计（Quality Architecture & Urban Design）、传统性邻里住区（Traditional Neighborhood Structure）和可持续性（Sustainability）。针对不同空间尺度，提出传统邻里社区开发（Traditional Neighborhood Development，TND）和公共交通主导型开发（Transit Oriented Development，TOD）两大发展模式。

　　③ ［日］海道清信：《紧凑型城市的规划与设计》，中国建筑工业出版社 2010 年版，第 3—4 页。

第二节 城市收缩的成因与表征

一 城市收缩的形成动因

城市收缩现象并不是由于某个因素而引发形成的，一般来说是在多维度的多元化因素复合叠加作用下逐渐累积产生的，而且不同城市都有其与众不同的形成过程。城市收缩的成因并不只是自身原因，城市无法决定自身的经济命运，即便是最周全的经济发展战略也无力回天[①]，因此城市收缩便成为经济衰退后的必然产物。

从现行研究来看，城市收缩的形成主要包括以下五种原因：经济条件变化（全球化、去工业化等），社会结构变化（低出生率、老龄化等），空间结构变化（郊区化、无序蔓延等），政治体制变化（社会主义制度解体等），环境性危机（自然灾害、环境污染等）。其中，与当前中国状况存在紧密关联的动因主要包括去工业化、老龄化和郊区化三大方面。2008年"5·12"汶川大地震和2013年"4·20"雅安地震，也会在一定程度上诱发人口大规模的外流。

（一）经济条件变化：全球化，去工业化

全球化成为当今世界不可逆转的重要发展趋势之一。全球化进程的演进，逐渐造就了一系列汇聚大量人才资本和创新资源的"全球城市"。这些全球城市占据着一枝独秀的制高点，集中高端金融和服务业活动、信息和通信网络。全球化产生了具有高度竞争性"全球城市"的同时，还导致全球市场对传统工业区产品需求的逐步降低。[②] 全球尺度范围内的生产空间体系重构、新一轮国家劳动分工体系的形成，造成人口在跨区域尺度上的流动更加明显，人口流入地区和人口流出地区此起彼伏。特别是未能及时谋求转型发展的传统性资源型工业城市无法在现有的国际竞争环境下生存，经济困境和双重的创新系统恰与努力寻找城市可持续

---

① Polèse Mario and Shearmur Richard, "Why Some Regions Will Decline: A Canadian Case Study with Thoughts on Local Development Strategies", *Papers in Regional Science*, Vol. 85, No. 1, March 2006, p. 43.

② Wiechmann Thorsten, "Errors Expected-aligning Urban Strategy with Demographic Uncertainty in Shrinking Cities", *International Planning Studies*, Vol. 13, No. 4, November 2008, pp. 431-446.

发展道路的居民社区参与形成鲜明的反差，尤其是那些过分依赖于单一产业与经济部门的城市，极易受到全球化的影响，澳大利亚的芒特艾萨（MtIsa）、加拿大的萨德伯里（Sudbury）、日本的夕张市（Yubar）、墨西哥的塞罗—德圣佩德罗（Cerro San Pedro），均属于"全球资源型收缩城市"的典型代表。

根据哈维的观点，企业采取"空间修复"（spatialfix）策略应对利润危机，要用地理扩张和地理重构来解决内部危机趋势的贪婪动力，通过把生产单位转移到低工资地区来消解危机。受限于人力成本和其他要素成本居高不下，跨国企业依靠着全球化和资本的力量不断在全球范围内重新布局，以完成资本主义的"空间修复"，这一观点在很大程度上解释了世界范围内不断深入演化的城市衰退现象。①

在许多城市增长理论之中，经济基本理论能够解释发展制造业城市才能得以发展，城市增长阶段作为经济支柱的制造业是不可或缺的要素。不过，越是以此为依托发展起来的城市，就越可能在经济性危机中遭受冲击性重创。特别是老工业基地集中暴露出集聚经济的缺点：缺乏劳动力工薪优势和新增业务空间。同时，技术创新也使区位越来越自由，交通和资源对区位的影响力下降，越来越多的企业搬离老工业基地，那些不熟练劳动者难以再度挤进劳动市场实现再就业，导致市区人口外流和社区共同体瓦解。事实上，海外许多收缩城市都是由于去工业化而遭遇大规模失业和人口流失的。②

去工业化（De-industrialization）是经济产业结构中制造业（基础产业）的就业和生产比重降低，服务业（非基础产业）的比重逐渐上升的现象。生动反映这一现象的库兹涅茨法则认为，引起产业结构变化的原因在于各产业部门在经济发展中所出现的相对国民收入的差异。此外，还与制造业部门的投资和生产萎缩、就业减少、贸易收支逆差等诸多问题有关。1973年10月第四次中东战争爆发，触发了第二次世界大战之后最严重的全球性经济危机，美国工业生产下降了14%，日本工业生产下降了20%以上，所有工业化国家的经济都明显放缓。许多企业为了降低

---

① 杜志威、李郇：《收缩城市的形成与规划启示——基于新马克思主义城市理论的视角》，《规划师》2017年第1期。

② Hollander Justin B., Pallagst Karina M., Schwarz Terry, et al., "Planning Shrinking Cities", *Progress in Planning*, Vol. 72, No. 4, Janurary 2009, p. 224.

生产成本和确保国际市场上的竞争力，开始将设备转移到劳务费用低廉的国家地区，选择在他国直接投资设厂，这就导致产业城市的制造业就业岗位急剧减少。

对于单纯过度依赖某一特定产业的城市来说，这种现象尤为突出。欧洲的煤炭产业（谢菲尔德，圣埃蒂安，莱比锡）、钢铁产业（毕尔巴鄂，谢菲尔德）、造船产业（不莱梅，毕尔巴鄂，贝尔法斯特）等制造业依赖度较高的城市都遭受了巨大打击。[①] 经历去工业化的欧洲产业城市的人口变化特征如图 1.1 所示，制造业的发展伴随着人口增加，到 20 世纪 70 年代，石油经济危机导致制造业的瓦解，同时人口也开始迅速减少。

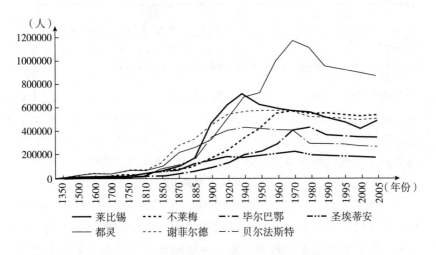

图 1.1 欧洲产业城市的人口变化（1350—2005 年）

资料来源：La Fabrique de la Cite，"Recovering Cities：How to Create Value for Cities. Experience of Seven Phoenix Cities"，https：//www. lafabriquedelacite. com/en/，p. 11.

1970 年至 1990 年，莱比锡等 7 个产业城市的制造业就业岗位急剧减少，在同一时期出现 30% 以上的工作岗位消失，特别是莱比锡、贝尔法斯特、谢菲尔德三个城市消失的工作岗位竟高达 70% 以上（见图 1.2）。在 20 世纪 80 年代中后期，大部分城市的失业率不断刷新纪录，此过程中

---

① Mallach Alan，eds.，*Rebuilding America's Legacy Cities：New Directions for the Industrial Heartland*，The American Assembly，Columbia University Press，2012，pp. 295–321.

受到影响最大的当属非熟练劳动者阶层。工厂迁移到劳动力成本低廉的地区，非熟练劳动者自然而然会先失去工作，若想再度进入劳动市场会变得愈加艰难，可能会陷入长期的失业状态之中。①

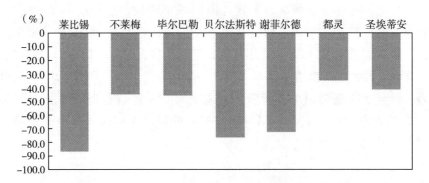

图 1.2　欧洲产业城市的制造业就业的变化（1970—1990 年）

资料来源：La Fabrique de la Cite，"Recovering Cities：How to Create Value for Cities. Experience of Seven Phoenix Cities"，https：//www. lafabriquedelacite. com/en/，p. 12.

　　无论是全球化还是去工业化，都在传递着一种自上而下、从全球至地方的影响逻辑。在经济全球化进程的推动下许多资源要素不断向具有初始优势的部分城市地区集聚，使那些缺乏竞争优势的城市只能接受人才和资本不断流失的命运，随后不得不面对城市收缩的出现。

　　（二）社会结构变化：低出生率，老龄化，生产性人口外流

　　低出生率、老龄化的社会结构变化会对城市收缩带来一定的影响。老龄化现象随着人口平均寿命的增加而出现，但受到出生率下降的影响会更大，尤其是低出生率现象，还成为加剧城市甚至整个国家自然性人口减少的主要动因。

　　在城市维度上，除了低出生率和老龄化等自然性人口减少原因之外，劳动年龄人口和育龄女性人口的外流也成为城市收缩的主要动因。由于城市的基础产业衰退和就业岗位减少，年轻人不断流向其他城市寻找工作，这必然会加剧低出生率和老龄化问题的恶化，迫使城市陷入人口减少和发展潜在力萎缩的恶性循环。事实上，许多东德城市在统一之后，

---

① Mallach Alan, eds. , *Rebuilding America's Legacy Cities：New Directions for the Industrial Heartland*, The American Assembly, Columbia University Press, 2012, p. 300.

由于大规模人口为了求职谋生涌向西德城市，经受着巨大的挑战。①

　　一般来说，经济增长是由劳动力、资本投入、技术进步带动的生产力提升决定的。假定资本投入量一定、生产力不变的情况下，如果劳动力投入减少，地区经济增长的停滞是难以避免的。特别是一个劳动力不足的地区，除了现有产业企业流出之外，还会造成新建企业的不愿流入，将会诱发工作岗位日益减少的恶性循环怪圈。

　　老龄化会引发的另一个重要问题便是地方财政负担的增加。随着劳动年龄人口的减少，税收总量也会逐渐减少，老年人数量的增加导致社保服务供给需求的增长，不断加重城市财政的负担。② 最终劳动力不足、工作机会减少和财政负担增加等各种原因，地区经济中心的活力萎缩，需求量减少便会导致生活、文化和社保服务相关部门的衰退。老龄化不仅引发人口收缩和社区税收减少，而且还会导致食品和服务需求萎缩和工厂倒闭，进而促使就业机会减少，公共基础设施供给萎缩，诱发人口持续性外流的恶性循环（见图1.3）。

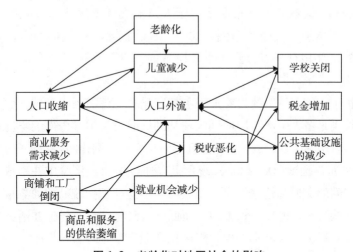

图 1.3　老龄化对地区社会的影响

资料来源：笔者自绘。

① Haase Annegret, Bernt Matthias, Grossmann Katrin, et al., "Varieties of Shrinkage in European Cities", *European Urban&Regional Studies*, Vol. 23, No. 1, June 2016, p. 92.

② 조명호·김점수·강종원·황규선·박상용·조근식, 『고령화에 대응한 강원 도의 지역 활력 증진방안』, 춘천: 강원발전연구원, 2015, 86 쪽.

（三）空间结构变化：郊区化，无序蔓延

郊区化和无序蔓延是市中心或现有建成区居住的市民向城市外围迁出的现象，与现有建成区的收缩具有密切的关联。城市产业发展集聚了大量的人口，但不同经济部门的区位变化和空间重构则影响了城市的扩张和蔓延，造成城市人口郊区化及迁移过程的形成。[1] 引发城市收缩的郊区化过程一般可分为中心城区的收缩和郊区收缩两种过程。中心城区的收缩（城市空心化）在美国许多城市十分普遍，低收入者和黑人持续向中心城区的迁移导致白人中产阶级大量外迁至近郊区，如美国锈带地区俄亥俄州的扬斯顿。[2]

不过，现有建成区的人口收缩和物质环境的荒废化不只是局限于某个区域，而且会逐渐向周边扩散，甚至诱发城市全域的收缩现象。特别是空置闲置土地初期主要集中于旧城中心，随着时间的推移，这一现象会呈现出慢慢向其周边渗透扩散的态势。[3] 此外，大部分收缩城市人口减少的同时，市区规模却在不断膨胀，就会催生许多空置闲置的房产或空地，德国和美国的收缩城市便是由于人口流失和郊区化而导致空屋和闲置设施急剧增加的代表性案例。由于郊区化而规模扩大的城市，居民分散居住的情况相对居多，公共服务设施的新设和维护肯定会带来更多的财政支出。

实际上，美国城市的收缩过程中郊区化和无序蔓延也是诱发收缩的导火索。特别是白人中产阶层向郊区迁移的同时，市中心内部的空屋和空地由低收入阶层和少数民族接管，进而导致市中心空洞化问题的出现。[4] 与此类似的"面包圈"（Doughnut）现象可以通过城市经济学中住房成本和通勤成本之间的交换理论来解释，高收入阶层能够承担较高的通勤成本，可以在郊区购买大户型住宅和土地，而低收入阶层却只能居住在通勤成本较低的市中心周边，这就必然导致郊区化和无序蔓延现象的发生。在这样的

---

[1]　Reckien Diana and Karecha Jay, *Sprawling European Cities：The Comparative Background*, Hoboken：Blackwell Publishing Ltd., 2008, pp. 39-67.

[2]　Rhodes James and Russo John, "Shrinking 'Smart'？：Urban Redevelopment and Shrinkage in Youngstown, Ohio", *Urban Geography*, Vol. 34, No. 3, May 2013, pp. 305-326.

[3]　성은영·임유경·심경미·윤주선, 『지영특성을 고려한 스마트 축소도시재생 전략 연구』, 세종：건축도시공간연구소, 2015, 77-79쪽.

[4]　이희연·한수경, 『길 잃은 축소도시 어디로 가야 하나』, 경기：국토연구원, 2014, 18쪽.

状况下，市中心周边的房产所有者察觉到住宅租赁价格的跌落，便会疏忽于住宅的维护管理，该地区物质环境就开始一步步地衰败。[①]

与美国的"面包圈"现象相比，在城市穿孔现象较为突出的德国，学术界对郊区化和无序蔓延的讨论有所不同。相对于郊区化和无序蔓延与城市收缩之间是一种因果关系的论说，德国更加关注郊区化和无序蔓延的演变过程中人口减少所引发的各种问题。Siedentop 和 Fina 认为，城市发展阶段初期会出现人口增加和城市蔓延并存的增长扩张（Growth Sprawl）现象，此后便会进入城市扩张而人口却在减少的收缩扩张（Shrinkage Sprawl）阶段，形成城市到处可见的马赛克式的城市穿孔现象。[②] 这表明郊区化和无序蔓延属于城市收缩的前期阶段，同时还在一定程度上加剧了城市收缩的深化。由于郊区化和无序蔓延而规模不断扩大的城市，较之于规模不增加的城市居住区更加稀疏分散，在同样人口减少的情况下，公共服务的共享和覆盖方面会面临更多的困难和挑战。

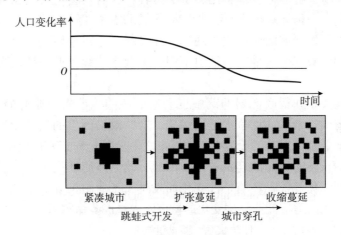

图 1.4 收缩蔓延的发展阶段

资料来源：Siedentop, S. and Fina, S., "Urban Sprawl beyond Growth: From a Growth to a Decline Perspective on the Cost of Sprawl", *Faibles Densités et Coûts du Développement Urbain*, Vol. 79-80, No. 1, January 2010, p. 5.

---

① Martinez-Fernandez, C., Audirac, I., Fol, S. and Cunningham-Sabot, E., "Shrinking Cities: Urban Challenges of Globalization", *International Journal of Urban and Regional Research*, Vol. 36, No. 2, February 2012, pp. 213-225.

② Siedentop Stefan and Fina Stefan, "Urban Sprawl beyond Growth: From a Growth to a Decline Perspective on the Cost of Sprawl", 44th ISOCARP Congress 2008. Dalian, China, September 19-23, 2008.

（四）政治因素：战争，政治体制，行政区划调整

战争一直都是影响国家、区域和城市发展的重要因素，甚至军队的调动都会引起城市人口的大幅流失，造成城市收缩。中东、南斯拉夫和加勒比群岛的许多国家中重要的城市都由于战争的原因而毁于一旦，不仅城市经济活动衰弱，人口外迁，而且战后的创伤难以恢复。[①]

"二战"后由政治因素造成的城市收缩现象便是由苏联解体所导致的东欧国家大量收缩城市的产生。1945年直至1990年苏联解体，维持社会主义体制的东德和东欧的城市，经历了市场经济体制的转换和急剧的人口减少。特别是东德城市在社会主义体制下，企业以扩大内需和以社会主义阵营国家为对象的贸易顺差实现经济繁荣。但1990年前后，东欧社会主义国家政治体制纷纷解体，社会主义体制瓦解之后商品生产和销售等企业之间展开了激烈的竞争，在完全竞争条件下商品大幅贬值。随后，在努力适应与赶上西欧资本主义国家的过程中产生了结构性危机。过去西方缓慢从福特制向后福特制转型的过程，在后社会主义国家却仅在短短数年间以一种休克疗法的形式出现。[②] 东欧后社会主义国家剧烈的后福特制转型引发严重的城市收缩现象，许多制造业在经历民营化转变过程中遭遇倒闭破产，大量工人被迫下岗，失业率持续攀升，诱发人口不断外迁。

行政关系和行政区划的调整也会造成一些城市失去原有的竞争力，最终在与周边城市的竞争中被边缘化。这些政治因素的波及影响，主要集中在产业结构以重工业为中心的城市之中。图1.5表现出体制转换促使城市从增长转向停滞的连贯关系。因此，政治体制转换由于市场化、私有化和国际化等各种环境条件变化而发生，产业结构开始变化，这就进一步导致无法适应产业结构变化的城市陷入经济萎缩的沼泽。

（五）环境危机：自然灾害，环境污染

影响城市聚落发展或收缩的大部分因素几乎都与经济或社会密切相关，但还存在一些自然性因素也与其有着或多或少的关联，包括自然灾害、自然资源和环境因素等。

自古以来，决定国家和城市盛衰、威胁生命和财产安全的重大自然

① Schetke Sophie and Haase Dagmar, "Multi-criteria Assessment of Socio-environmental Aspects in Shrinking Cities. Experiences from Eastern Germany", *Environmental Impact Assessment Review*, Vol. 28, No. 7, October 2008, pp. 483-503.

② Bontje Marco, "Facing the Challenge of Shrinking Cities in East Germany: The Case of Leipzig", *Geo-Journal*, Vol. 61, No. 1, September 2004, pp. 13-21.

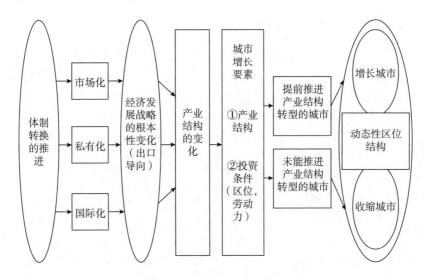

图 1.5　体制转换与城市增长和停滞的连贯关系

资料来源：笔者自绘。

灾害及其引发的复合型灾难断断续续地发生着。代表性的实例包括 2004 年印度苏门答腊岛大地震、2005 年美国飓风卡特里娜、2008 年四川"5·12"汶川大地震、2010 年海地大地震、2011 年东日本大地震等，遭遇这样大型自然灾害的城市无一例外都会经历快速的没落。

2005 年发生的飓风卡特里娜造成新奥尔良的急剧收缩，80% 的城市面积被淹没，30 万幢以上的住宅破损，灾难损失高达 1250 亿美元。45.22 万人口的新奥尔良在灾害发生后的一年间共减少了 22.30 万人，2007 年又回升至 32 万人左右，即便如此也没恢复到当初人口的 70%。[1] 2011 年 3 月 11 日，宫城县仙台东海岸发生的东日本大地震造成城市的快速收缩。当时地震引发的海啸冲毁了核电站，由于一系列核泄漏事故的影响，福岛地区的 3 个县（岩台县、宫城县、福岛县）数以万计的居民迁往他处。表 1.2 表明，2010—2015 年日本市町村人口减少的次序情况。可见，经历急剧人口减少的前 20 个地区中，有 8 个（楢叶町、温长川町、南三陆町、川内町、山元町、大慈町、广野町、南相马市）都属于东日本大地震的受灾城市。

① Sastry Narayan, "Tracing the Effects of Hurricane Katrina on the Population of New Orleans: The Displaced New Orleans Residents Pilot Study", *Sociological Methods & Research*, Vol. 38, No. 1, August 2009, p. 172.

表 1.2　　　　　2010—2015 年日本市町村的人口减少情况

次序	市町村	人口变化率（%）	次序	市町村	人口变化率（%）
1	楢叶町，福岛县	-87.3	11	川上村，奈良县	-19.7
2	温长川町，宫城县	-37.0	12	下市町，奈良县	-19.3
3	南三陆町，宫城县	-29.0	13	夕张市，北海道县	-19.0
4	川内町，福岛县	-28.3	14	马路村，科奇县	-18.9
5	山元町，宫城县	-26.3	15	东吉野村，奈良县	-18.6
6	神户山村，奈良县	-25.3	16	南相马市，福岛县	-18.5
7	大慈町，岩手县	-23.2	17	南牧村，群马县	-18.3
8	黑田村，奈良县	-22.0	18	曾尔村，奈良县	-18.3
9	广野町，福岛县	-20.2	19	歌志内市，北海道县	-18.2
10	卡扎马乌拉村，青森县	-19.7	20	天流村，长野县	-17.7

资料来源：Okada, Y., "Japan's Population Has Started to Shrink and Polarize Geographically: The Census Reveals the Concentration of People in Large Cities and City Centers", https://www.mizuho-ri.co.jp/publication/research/pdf/eo/MEA160530.pdf, p. 3.

不同于发达国家后工业化时代情境下的资源流失，许多发展中国家的老工业城市则出现了严重的资源枯竭现象，导致大量人口、企业外迁以及日渐凸显的城市收缩，如中国第一个煤炭资源枯竭型城市阜新市曾经是亚洲第一露天煤矿。此外，许多年轻人都因为城市污染而离开塔兰托奔向意大利其他城市建立家庭，抚养子女。[1]

二　城市收缩的表现特征

收缩城市的人口减少与建筑环境的供给盈余现象会诱发多样化问题。首先，许多地区居民间的社会性交流日益减少，共同体维持会愈加艰难。一般来说，在空置闲置土地不断增加的地区，根据玻璃破碎法则[2]可预测出居住环境的品质会不断下降，现有居民陆续离开，一些贫困阶层便会迁居于此。由于房地产贬值，廉价的住宅开始增加，贫困阶层的流入不

---

[1] Rhodes James and Russo John, "Shrinking 'Smart'?: Urban Redevelopment and Shrinkage in Youngstown, Ohio", *Urban Geography*, Vol. 34, No. 3, May 2013, pp. 305-326.

[2] 玻璃破碎法则主要用来解释星状的裂纹是从一个很小的碎片开始蔓延至整个挡风玻璃的现象，后来引申为环境对人们心理造成暗示性或引导性影响的一种认识。这里强调了闲置空置土地增多这一社区环境问题的出现，将会导致居住空间品质下降和人口减少等后续问题的陆续出现。

断加快①，进一步导致地区的社会规范脱离和秩序瓦解。在西欧的收缩城市，贫困阶层会向特定地区集中，犯罪事件屡屡发生，这就导致更多居民逐渐迁移出去。

对地方政府来说，财政萎缩是最伤脑筋的问题。所有基础设施都存在维持正常运营的最低人口规模要求，为了实现基础设施的可持续发展，必须确保人口规模的适当水平。但人口减少的状况下，倘若无法满足基础设施的最低要求，那么难以维持相关基础设施的地区会逐渐增加。而且，一旦税收开始萎缩，基础设施维护绝对是一种入不敷出的非理性经济行为。

图1.6表现出同样的人口规模条件下人口减少的收缩城市不必要的基础设施维护费用发生的机制。人口增加和人口减少两种状况下的费用函数是不一致的。这种差异产生的原因在于，与匹配人口增加而增设基础设施相比，匹配人口减少而快速拆除基础设施会更加困难。收缩城市在同样的人口规模条件下，正是这种差异导致不必要费用的产生。这样的基础设施维护和管理费用的增加问题，不只是限于地方自治体，而且还加重地区居民的税收负担，甚至最终成为人口流向其他地区的诱因。② 并且，城市财政状况的恶化会造成文化社会服务的萎缩或中断等状况的出现，这必然会导致该城市生活品质的下降，加快人口流失的步伐。

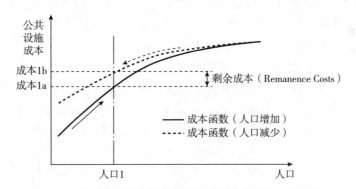

图1.6　人口减少引发基础设施关联剩余费用产生的原理

资料来源：Siedentop, S. and Fina, S., "Urban Sprawl beyond Growth: From a Growth to a Decline Perspective on the Cost of Sprawl", *Faibles densités et coûts du développement urbain*, Vol. 79-80, No. 1, January 2010, p. 6.

---

① Glaeser, E., *Triumph of the City: How Our Invention Makes Us Richer, Smarter, Greener, Healthier, and Happier*, New York: The Penguin Press, 2011, p. 64.

② Lindsey, C., "Smart Decline", *Panorama Whats New in Planning*, Vol. 15, 2007, pp. 17-21.

不过，也有学者认为不可以完全用否定的视角来看待收缩城市。首先，收缩城市的居民实际上亲身感受到的生活满足度相对来说还不是那么差。Delken 通过问卷调查发现，除了事业和公共服务中断的威胁等残忍的现实之外，收缩城市的生活满足度还是比较高的，人们生活得也比较幸福。① 而且，对于那些人口稠密、交通混杂、环境污染等外部不经济发生的城市来说，人口减少还是一种发挥积极作用的正面现象。对于市中心内部缺乏可用土地的收缩城市来说，可以在闲置土地上布置适合城市脉络的设施，从此种意义上来看，闲置土地还能够成为城市重要的财产。② 其次，英国卡迪夫大学学者 Maxwell Hartt 的研究报告指出，人口减少与经济衰退并非总是形影不离的，在知识时代人口的确是衡量城市发展水平的重要指标，但不是绝对性指标，有些人口下降的城市未必是经济萎缩的。在美国毗邻纽约、旧金山、芝加哥这样的大都市圈的大部分收缩城市并没有出现其他收缩城市所出现的经济衰退现象，这在印证城市收缩存在地方性特征的同时，还表明在现代城市产业结构变化引发的人口增减已经无法衡量城市的繁荣和衰退，因为当一座城市拥有一定数量以上受过大学教育的人口时，可以同时保持经济繁荣和人口减少这两个互相矛盾的特质。③

综上所述，城市收缩不是一种因果关系形成的单循环关系，而是城市不同的多样化因素复合交叉作用而产生的多维度演变过程，城市收缩形成机制的构成要素彼此关联，一个要素与另一个要素的结果无缝衔接。④ 在形成城市收缩的多种原因中，体制转变和环境型危机不是许多收缩城市普遍存在的现象。城市增长阶段作为经济支柱的制造业是不可或缺的要素，去工业化主要对制造业依赖型城市的影响比较大，工作岗位减少引发劳动人口的外部流失，去工业化等经济条件变化会成为制造业高依存度城市失业率增高和人口流出的主要原因。低生育率、老龄化等社会结构变化必然会加剧人口减少和物业闲置问题，劳动年龄人口和育龄妇女的外流也是城市收缩的主要动因所在。郊区化蔓延现象的叠加交

---

① Delken, E., "Happiness in Shrinking Cities in Germany: A Research Note", *Journal of Happiness Studies*, Vol. 9, No. 2, February 2008, pp. 213-218.

② 김상훈·남진, 『유휴공간 유형별 특성분석과 도시재생을 위한 복합적 토지이용기법에 관한 연구』, 한국지역개발학회지, 28권, 1호, 2016.

③ 孚园：《收缩城市就一定意味着经济后退吗》，https://www.jiemian.com/article/4898626.html，2022 年 10 月 22 日。

④ Nowak Marek, Nowosielski Michaa and Zachodni Instytut, eds., *Declining Cities/Developing Cities: Polish and German Perspectives*, Poznań: Instytut Zachodni, 2008, pp. 77-99.

叉作用，在初期与市中心收缩具有紧密的关联性，后来空置建筑和闲置土地不断向周边扩散，进而引发城市圈域范围的收缩现象。东德和东欧的城市，由于社会主义制度的瓦解短时间内经历了极其严重的城市收缩。此外，自然灾害和环境污染等环境性危机也会招致人口大规模外流和房地产的闲置和荒废。

　　经历以上过程而产生的人口减少和房地产闲置等城市收缩现象可能会诱发多样化的波及效果。居民之间的社会性交流日益减少，地区共同体的维持也变得愈加艰难。城市收缩会诱发多样化的波及效果，而受到最大冲击的当属城市弱势群体。他们所处地区可能会遭遇共同体崩溃的危机，居住环境持续恶化，容易变成犯罪易发区域。并且，税收渐渐萎缩的同时，公共设施的维护和管理费用却在不断增加，这就更加加剧了财政状况的恶化，从而导致公共服务的中断和覆盖范围的缩小。在诸如此类问题的影响下，城市地区的综合魅力指数和宜居性不断下降，这又反过来进一步加剧劳动年龄人口的持续性流失（见图1.7）。

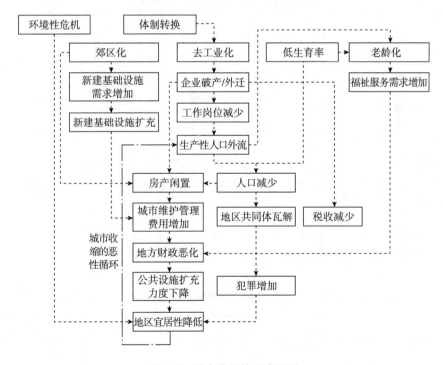

图1.7　城市收缩的形成机制

资料来源：笔者自绘。

第三节　城市发展阶段的规划思潮演变

一　城市发展阶段

根据城市发展阶段理论可知，一个城市往往需要经历城市化（Urbanization）、郊区化（Suburbanization）、逆城市化（Desurbanization）和再城市化（Reurbanization）四个阶段。[①] 其中，城市化阶段和郊区化阶段是人口增加的阶段，而逆城市化阶段和再城市化阶段是收缩（衰退）阶段。一个城市经过城市化进入郊区化阶段，郊区人口增加率会慢慢超越中心城区的人口增加率，之后便会到达相对分散的逆城市化阶段，城市整体上出现人口减少的状况，然后步入人口再度回流至中心城区的再城市化阶段（见表1.3），当前西欧的一部分后工业城市就已经进入了此阶段。

表1.3　　　　　　　Berg 等（1982）提出的城市发展阶段

发展阶段	类型	人口变化特征			备注
		中心	周边	全体	
城市化	绝对集中（1）	++	−	+	增长
	相对集中（2）	++	+	+++	
郊区化	绝对分散（3）	+	++	+++	
	相对分散（4）	−	++	+	
逆城市化	绝对分散（5）	−−	+	−	收缩（衰退）
	相对分散（6）	−−	−	−−−	
再城市化	绝对集中（7）	−	−−	−−−	
	相对集中（8）	+	−−	−	

资料来源：Berg Leo van den, Drewett Roy, Leo H. Klaassen, et al., *Urban Europe：A Study of Growth and Decline*, Oxford：Pergammon, 1982, p. 36.

不过，这样的增长周期理论在解释衰退之后无法重返增长轨道的收缩城市方面存在一定的局限性。因此，本书根据 Berg 等（1982）将城市发展阶段划分成城市化阶段、郊区化和城市收缩阶段，探讨分析城市规

[①] Berg Leo van den, Drewett Roy, Leo H. Klaassen, et al., *Urban Europe：A Study of Growth and Decline*, Oxford：Pergammon, 1982, p. 36.

划思潮的变化趋势。对于收缩城市来说，若以郊区化阶段以后难以重新回到增长阶段为前提，可以用城市收缩阶段来替代去城市化阶段和再城市化阶段。

二　规划思潮演变

（一）城市化阶段

19世纪欧洲和北美城市最显著的特征是人口向城市的大量涌入及其引发的公共卫生问题。第一次产业革命推动生产技术和城市化的飞速发展，同时催生出许多的产业城市。在产业革命的作用下，大机器生产开始取代工厂手工业，生产力得到突飞猛进的发展。与此同时，农业生产的科技含量也获得大幅度提高，把大量农民从繁重的农业劳动中解放出来，他们为寻求新的工作机会开始逐渐流入城市。在城市化快速进行的同时，城市为缩减建设费用，建设了大量低品质的高密度住宅，生活环境恶化问题日渐凸显。并且，住宅和工厂邻近布置，从工厂里排放出的煤烟和废水等成为破坏环境的重要隐患。英国和法国分别在1832年和1849年暴发了大规模霍乱，导致数以万计的市民为此而丧生。

为了解决城市的公共卫生问题制定颁布了各种法律规章，英国1948年的《公共卫生法》、美国纽约市1916年的《地域地区管制条例》成为当时最具代表性的实例。除了这种现实性对策，还尝试对城市居住模式进行重构调整，如英国社会改革学家埃比尼泽·霍华德的田园城市理论。霍华德目睹19世纪英国伦敦的混杂和污染状况，提出引导多余人口转移到城市外围的新城（田园城市）才是唯一对策的革新性观点。一座完整的田园城市包括了城市和乡村两个部分，城市的四周被农田所围绕，可以为城市的市民提供新鲜的果蔬。田园城市的居民不仅生活在这里，也在这里工作。田园城市是为摆脱城市的过密和繁杂，将城市的生产性和乡村的田园性有机结合而营造的低密度居住环境的愿景目标。此后直到20世纪初，这一规划模式开始在全球范围扩散流行起来。以莱奇沃斯（Letchworth）和韦林（Welwyn）为代表的田园城市为此后城市规划、人居环境的规划设计从理论的高度指明了方向，对美国和加拿大等许多国家的新城开发产生长远而广泛的影响。

（二）郊区化阶段

田园城市的规划模式逐渐传播到世界各国，掀起了一阵郊区住宅建设的热潮。19世纪20年代开始，机动车普及程度不断加深，郊区住宅开发更加活跃。20 世纪初大部分改革家认为城市无序混杂是最严重的弊病，而时隔今日，郊区化和城市蔓延现象却似乎成为大家所期待的。① 与此类似的以新城建设为中心的城市规划模式，在 20 世纪 60 年代以后引发交通成本增加、温室效应、优质农耕地被蚕食等多样化问题，已经受到各方的批判。

20 世纪后期，应对这样的城市蔓延现象的理想型城市结构规划理论——紧凑城市（Compact City）应运而生。紧凑城市是针对城市无序蔓延发展而提出来的城市可持续发展理念，借助高密度和复合性规划原则开展空间开发，其形态取决于城市中人口和建筑的密度，强调土地混合使用和密集开发的策略，主张人们居住在更靠近工作地点和日常生活所必需的服务设施的地方，是一种基于土地资源高效利用和城市精致发展的新思维。虽然目前紧凑城市尚未形成统一定义，但一般来说都认为其应具有高密度连接的开发形态、公共交通网络连接的市区、容易快捷到达地区服务设施和工作地点等特征。② 新城市主义创始人之一彼得·卡尔索普提出的公共交通导向型开发③（Transit Oriented Development，TOD）模式将紧凑城市概念进行了具体化阐释。而且，大多数学者都认为多中心网络型紧凑城市是最适合收缩城市的空间重构理念，也是应对地方城市衰退的一种城市再生理论和能够缓解财政危机的有效方案。

此外，20 世纪 60 年代后期美国为了遏制城市郊区化无序蔓延所带来的各种发展问题，取法欧洲的紧凑发展理念，90 年代积极推动包含一系列基本原理和综合性战略的精明增长（Smart Growth）运动（见表 1.4）。这样的城市增长管理和精明增长政策虽然起源于美国，但迅速传播到加拿大、澳大利亚、中国、日本和韩国等多个国家，而且现在成为城市规划的主流模式。

---

① 서충원·변창흠（역），『현대 도시계획의 이해』，경기：한울아카데미，2004，35 쪽.

② 国土交通省：《国土交通白书 2014》，http://www.mlit.go.jp/hakusyo/mlit/h25/index.html.

③ TOD（Transit-Oriented Development）是指以公共交通为导向的发展模式，即以公共交通站点为中心，以 5—10 分钟步行路程（400—800 米）为半径，形成集多样化功能于一体的区域中心，其特点在于集工作、商业、文化、教育、居住等于一体的"混合用途"，使居民和雇员在不排斥小汽车的同时能方便地选用公交、自行车、步行等多种出行方式，推动土地利用与道路交通的有机融合。

表 1.4 精明增长的十大基本原理

原则	内容
复合性土地利用	居住、商业、业务、教育和休闲等土地利用用途的复合化
活用高密度收缩开发的优势	提升步行和公共交通活性化和开敞空间接近性
提供多样化住宅选择	扩大住宅选择权的范围,实施不同收入阶层混合型用途管制和地域层次的公正住宅分配规划
创建步行亲和性社区	制定适宜步行的社区街道环境设计标准,强化街道空间有机联系
具有实际场所性的魅力社区	反映地区独特的历史、文化、经济、地理、环境性特性,构建具有场所性的社区
开敞空间,农田,环境性重要的地区保存	为了保护开敞空间、农田、环境性重要的地区,采用用途转让方法和多样化方式
引导现有社区的开发和再生	引导现有社区的开发和强化城市再生,积极活用适合迁移地区和空屋基地
提供交通工具多样化	提供多样化交通工具,促进步行和公共交通为主导的邻里地区开发
可预测、公平、降低成本的效率型开发决策	为了引导智慧增长项目的具体实施和民间部门的参与,开发决策具有可预测性和公平公正性,提高收支效益
开发决策过程中社区和理解当事者的协作促进	社区的开发决策过程中,促进居民和利益相关者之间的协作,实施社区的愿景开发活动

资料来源:笔者自制。

(三)城市收缩阶段

20 世纪后期开始,在郊区化、去工业化、全球化、局部金融危机和社会转型的交叠影响下,部分城市出现了明显的经济衰退、人口减少以及随之而起的城市收缩现象。当前,城市收缩正在作为一种"新常态"的普遍化现象席卷全球。调查结果显示,人口 2 万以上的欧洲城市约有 42%正在经历收缩问题,特别是东欧 3/4 的城市面临着人口减少问题,其中许多城市都被划分为收缩城市。[①] 根据前面提及的城市发展阶段理论,如果说在郊区化阶段人口收缩只是市中心才会出现的问题,那么城市收

① Haase Annegret, Bernt Matthias, Grossmann Katrin, et al., "Varieties of Shrinkage in European Cities", *European Urban & Regional Studies*, Vol. 23, No. 1, June 2013, p. 87.

缩阶段就是包括市中心及其周边地区的城市全域性问题。同时，收缩城市的建筑环境和基础设施的供给不均衡及其引起的生活品质下降成为主要的城市规划议题。

以往的城市政策惯例是基于新建供给诱发需求的增长主义发展模式，因为一旦通过新建开发供给基础设施，需求便会自动地纷至沓来。不过，城市收缩阶段以城市增长为前提的规划再也不能更好地发挥其效能，需要尝试向基于精明收缩理念的适当规模化（Right-Sizing）发展模式的转换。

精明收缩是城市再生战略中的一种空间重构发展理念，强调在收缩城市"复兴"前，精简城市现有建成规模以匹配当前或将来城市人口数量。基于精明收缩理念的城市再生以人口减少为前提而降低建筑和土地利用扩张建设规模，与引导城市人口和就业增加相比，更加关注现有居民的生活品质提高。其意味着将城市废弃的土地转变成生态绿地，提升步行空间质量，让城市空间更加美好，调控住宅价格的合理性，按照城市人口变化预测对城市基础设施进行重新调整，借以防止衰退产生恶性循环的城市再生战略。

目前，我国正处于应对城市收缩且推动差别化战略的关键时期，亟须通过精明收缩这一规划性增长管理策略构建可持续发展的城市空间发展体系。收缩城市应及时借鉴和遵循精明收缩理念，正视和承认人口减少的客观现实，根据人口减少变化结果，对由于设定更高人口规划目标而形成日渐膨胀的建成区盈余空间规模进行空间重构规划，并从未来的愿景目标中追求人口再度增加的复兴战略。

第四节　城市收缩的规划应对方式

长期以来，城市规划师和政府形成了一个思维定式，即保持持续性扩张和增长的城市才是正常合理的，这样的惯性思维容易引发规划决策的错判，进而导致一个城市的衰落和收缩。Hosper 将欧洲对收缩的应对方式分为四种：轻视收缩、对抗收缩、接受收缩和利用收缩，而其中"接受"和"利用"是一种更为合理与可持续的态度，敢于正视和接受城市收缩的客观事实，并在此基础上不断推动具有针对性的优化策略。由此，可将规划政策分为以城市再生为主导的复兴型规划、以精明收缩为主导的适应型规划两种类型：前者是指试图通过产业结构升级和城市再生逆转收缩并恢复增长的策略和措施；后者是指正视收缩的前提下试图通过精简城市空间规模来利用和优化收缩影响，实现收缩范式的转变和发展，而并非致力于终结收缩的策略和措施。

一　以城市再生为主导的复兴型规划

"复兴型"城市规划采用知识经济、文化创意和科技创新等新型经济发展方式，更新改造城市中的部分收缩空间，大幅度提升生活居住、商务办公和娱乐休闲的使用体验。一般来说，实现途径主要从产业结构升级和城市再生寻求突破口。一是更新升级产业结构，保留和培育城市具有竞争优势的核心产业，建构独具特色的产业集群，促使主导产业及其关联企业在特定空间内实现集聚效应；二是推动城市再生，结合城镇化进程中制约城市发展的障碍因素，不断制定相应的政策措施以解决相关问题，从而实现城市系统化的政策实施和空间治理。

以城市再生为代表的复兴型应对方式，将城市重新增长作为目标，构建城市更新政策，复兴收缩的市中心区，推动城市积极运营，重视公众参与和社区规划，将社区和市民视为政策行动的主体，市民的意见和需求成为决策考虑的重要依据。通过政府主导和公众参与的结合，采用升级产业系统、加强文化引领、提升空间品质、激发社会活力和科技驱动创新等方式，对城市中的收缩区域进行更新改造，并通过引入具有增长价值的项目，实现娱乐休闲、商务办公和生活居住等使用功能的提升。城市复兴型的典型案例有德国莱比锡、英国利物浦和曼彻斯特、美国匹兹堡等，可以说"复兴型"的应对策略是大多数收缩城市，尤其是工业衰落型城市和单一产业衰退的资源枯竭型城市采取的措施。资源枯竭型城市在经济全球化的发展前景中困难重重，很多城市采用强化在区域中的服务业中心地位、在工业基地进行旅游业发展和引进高新科技企业进行技术创新等措施（如澳大利亚芒特艾萨）；依托现代高科技实现矿业经济产业升级转型（加拿大的萨德伯里）；有的为提供就业岗位，进行矿产重开发，修订法律制度，允许国外企业投资开采（墨西哥塞罗—德圣佩德罗）。

不过，复兴增长的方式并不是屡试不爽的。美国克利夫兰为了保持城市的增长势头，将大型工程旗舰项目作为城市增长点来应对收缩，致力于在新的中心区新建高端零售业、商务办公来带来区域经济增长，对周边外围区域采取刺激性投资，而忽视对收缩区域的复兴，企图利用局部增长来拯救整体性收缩，但结果除了带来点状的人口经济增长外，郊区化趋势并未缓解，甚至造成更加严重的收缩现象。① 可见，在以增长主义价值观为导向的惯性思维和规划模式下推动复兴型城市再生是不相适宜的，应及时终结增长主义规划发展模式，在存量规划改造模式下对城市建成区存量土地进行优化、整治、功能提升，此规划方式可以有效控制城市建设用地增加和城市外延式增长。所谓存量规划，就是对城市建成区的渐进式微调，完善局部地区治理与公服设施，提升交通效率和人居环境质量，保护历史文化街区，发掘地域本土特色。盘活存量，将城市视为一个有机生命体，在城市再生与发展的肌体生长过程中，把握城市整体脉络，通过对城市生命体"穴位"——特定地点或地块的小尺度调整，激活其潜能，促其更新发展，进而对更大的城市区域产生积极影响，进而治疗城市疾病，激发城市活力和实现城市复兴。

二 以精明收缩为主导的适应型规划

适应型规划是一种接受和利用收缩的态度，接受收缩并认为其是一个不可回避的阶段，采取利用和优化现有收缩结果的一系列措施和策略。这是一种精简主义目标导向下改善城市生活环境的策略范式，意味着城市发展需要承认增长放缓的现实，以严控增量与盘活存量并举作为城市空间发展的主要形式，推动当地城市向"小而美"的方向转变，践行可持续发展方式，提升城市形象与居民生活质量，以打造更适宜居住和工作的城市为目标。主要方式包括精简城市规模以适应目前或预测的城市人口，倡导规模合理的城市组团、集约高效的土地利用、混合发展的功能布局、TOD导向的公交优先发展模式和网络分布的绿色空间体系。对于废弃的土地，可以通过建设高质量的绿地空间和开放空间，提高城市环境与居住质量，吸引退休或度假人员定居或旅居，从而促进收缩城市的积极发展。

伴随收缩城市数量在全球范围内的剧增，仍拘泥于"城市必须增长"惯性思维和期望人口回流的政策方向备受质疑，甚至有人认为作为收缩

---

① 李翔、陈可石、郭新：《增长主义价值观转变背景下的收缩城市复兴策略比较——以美国与德国为例》，《国际城市规划》2015年第2期。

对立面的增长并不是一个可持续的发展模式或目标。当前，许多规划理论家和实践者过于关注探索扭转收缩态势、重归增长轨道的路径和方法，却没有将收缩看成一种需要我们去适应的新阶段和新机制，是一次调整和反思的新机遇，是一次回头弥补未解决问题的修整期。①② 如果能够换个角度思考，就不会将"收缩"视为一个消极问题，反而是城市创新转型的机会——利用减法来做加法，通过空间集聚、功能优化等挖掘潜在动力、提升区域效率、增进城市活力，以此来实现城市的高质量发展和市民的高品质生活。收缩可以疏解增长带来的压力，在人口增长的情况下可以进行收缩规划，也可以在人口减少的情况下进行发展规划。

　　当前，精明收缩已经成为大部分西方发达国家城市收缩最有效和普遍的响应策略。莱布钦斯基和林内曼为美国空置土地的替代性、适应型用途提出了建议：公园、游乐场和娱乐场所（商业的或非商业的）等，应利用企业赞助（或广告服务）来维持日常维护；水平城市，通过加强居民区的规划控制，降低密度并根据当前的需求调整住房类型；解除与私人开发商的关联，通过出售来筹集资金，补偿城市基础设施及安全服务的替换和维护费用，强化和填充城市肌理，创建更具活力的、更小的城市；用公共或私人资金清理房产，允许实施对房产环境质量有明显改善的开发项目。林和杉山针对日本城市提出了具体的适应型策略——去郊区化和社会资本化，并提出以下要求：形成未来土地利用的共识，改革区划法规，协调建筑控制和税收，评估场地的社会价值和社会成本，为房地产市场创造社会资本提供激励机制，并将发展收益转移到保护区。③

　　目前，适应型规划的案例相对较少，具有代表性的美国扬斯顿以"精明收缩"为主导，打造主动压缩城市规模的"小而美"城市模范样本。有些收缩城市的市民和社区出现了适应收缩自组织行为，如德国马格德堡将收缩视为稳定城市中心与周边区域的良好机会，通过降低城市

---

　　① 栾志理、栾志贤：《城市收缩时代的适应战略和空间重构——基于日本网络型紧凑城市规划》，《热带地理》2019 年第 1 期。

　　② 孙平军：《城市收缩：内涵·中国化·研究框架》，《地理科学进展》2022 年第 8 期。

　　③ Hayashi Yoshitsugu and Sugiyama Ikuo, "Dual Strategies for the Environmental and Financial Goals of Sustainable Cities: De-suburbanization and Social Capitalization", *Built Environment*, Vol. 29, No. 1, 2003, pp. 8-15.

边缘密度，提高城市中心设施使用效率，修建沿河休闲步道等改善环境措施，提高居民生活质量与城市中心区吸引力，使市区人口显著增加，城市居住密度增大，设施利用率提高，城市公共开支减少。[①]

第五节　本章小结

综上所述，城市发展阶段可以划分为城市化阶段、郊区化阶段和城市收缩阶段。各个阶段的核心议题所对应的问题以及解决这些问题的相关战略和规划思潮在表1.5中全部罗列出来。第一，城市化阶段是人口和建成区规模同时增加的阶段。此阶段城市过密和公共卫生成为核心议题，为此导入公共卫生法和用途分区管制制度，同时田园城市理论作为主要规划思潮登场。第二，郊区化阶段人口和建成区规模同时在增加，但与人口增加相比，建成区规模增加更为突出，人口密度开始不断减少。此阶段规划无序的市区扩张及其引发的资源浪费成为核心议题，为此精明增长政策开始登场。第三，城市收缩阶段是建成区规模增加或者保持不变的状态下人口减少的阶段。此阶段闲置房产增加及物质空间的供给盈余现象成为核心议题，为此精明收缩、紧凑城市和规模适当化战略得到重视和运用。紧凑城市在此阶段仍然是值得探讨和运用的重要规划理论，但匹配人口减少对城市功能进行集约化布置这一点与以往战略多少有所不同。

表1.5　　　　　　　　　　不同城市发展阶段的规划思潮变化

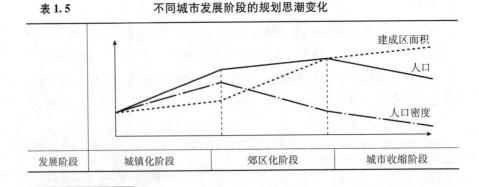

| 发展阶段 | 城镇化阶段 | 郊区化阶段 | 城市收缩阶段 |

---

① 李翔、陈可石、郭新：《增长主义价值观转变背景下的收缩城市复兴策略比较——以美国与德国为例》，《国际城市规划》2015年第2期。

续表

核心议题	城市过密，公共卫生	市区扩张，资源浪费	建筑设施的供给盈余
规划思潮	• 公共卫生法 • 用途地区制 • 田园城市理论	• 精明增长 • 新城市主义 • 紧凑城市	• 精明收缩 • 规模适当化 • 收缩城市理论

资料来源：笔者自制。

城市收缩最早出现于第二次世界大战后的西方发达国家，并迅速席卷全球，作为一个客观存在的地理事实将伴随城镇化、经济全球化进程的推进而陆续在世界更多区域出现，给当前仍处于集聚城镇化阶段的国家城市和基于"增长情景模拟"的区域规划范式带来巨大的冲击和挑战。城市收缩是一个集现象、过程与问题于一体的集合概念，不仅是城市在特定的体制机制环境和时段范围内出现以人口减少为表征的现象，还是一个嵌于全球化而根植于本土化、基于区域关联与"竞合"和本底发展约束共同作用的结果，导致不同发展语境下收缩城市形成背景、作用机理、响应模式的区域异质性[1]，城市收缩的本土化思考显得尤为重要。当初，许多学者认为城市收缩只是临时性的个案现象而已，但后来逐渐演化为一个散布全球的地理事实和世界性社会经济问题，也由此引发了学术界对城市收缩的关注和研究，并指出城市收缩是区域城镇化与经济全球化交叠作用下的一个必然结果。

从现行研究来看，城市收缩的主要动因包括经济条件变化、社会结构变化、体制变化、环境危机等诸多方面。在形成城市收缩的多种原因中，体制转变和环境型危机不是许多收缩城市普遍存在的现象。城市增长阶段作为经济支柱的制造业是不可或缺的要素，去产业化主要对制造业依赖型城市的影响比较大，工作岗位减少引发劳动人口的外部流失。制造业依存度高的城市，去工业化等经济条件变化会成为失业率增高和人口流出的主要原因。低生育率、老龄化等社会结构变化必然会加剧人口减少和物业闲置问题，生产性劳动人口和育龄妇女的外流也是城市收缩的主要动因所在。郊区化和城市蔓延现象的叠加交叉作用，在初期与市中心收缩具有紧密的关联性，后来空置建筑和闲置土地不断向周边扩

---

① 孙平军：《城市收缩：内涵·中国化·研究框架》，《地理科学进展》2022年第8期。

散，进而引发城市整体范围的收缩现象。东德和东欧的城市，由于社会主义制度的瓦解短时间内经历了极其严重的城市收缩。自然灾害和环境污染等环境性危机也会招致人口大规模外流和房地产的闲置和荒废。

面对这突如其来但又难以避免的城市收缩问题，现在学界和政界主要认同和推崇以城市再生为主导的复兴型规划和以精明收缩为主导的适应型规划两种应对方式。这两种应对方式的内涵大同小异，都是为收缩城市提供政策方向和发展策略，只是侧重点有所不同。复兴型规划注重从产业结构升级和城市再生寻求突破口来实现城市的再度崛起，但若在坚守增长主义价值观为基调的空间扩张规划模式下来推动，便可能会经历类似克利夫兰的遭遇。鉴于此，还需要推进以精明收缩为主导的适应型规划，借此实现规划建设模式由粗放扩张型向精明收缩型的转变。

第二章　精明收缩型城市再生的理论框架

第一节　精明收缩型城市再生的内涵辨析

一　人口增长时代与减少时代的城市规划

（一）人口增长时代的城市规划

城市规划这一用语是由于人口向城市集中而产生的。200 余年来，人类文明先后迎来了工业革命、城市化进程和全球化浪潮，世界人口向城市集聚和城市的繁荣使城市化和经济增长成了城市发展的"标准路径"，以至于大部分理论模式和实践政策都以广泛的甚至永久的增长为基调①。在这种"增长逻辑"的作用下，规划和发展政策关注点自然而然地集中到城市的经济增长和空间扩张之上。城市就像一个具备磁体功能的巨型容器一样，凭借最大限度的自我保护和最大限度的空间掠夺这一双重特点吸引外部人员源源流入。在此过程持续进行的很长时间内，人们积累了丰富广博的人口增长型规划经验和规划方法。

约翰·M. 利维认为，城市规划的存在是因为城市中存在大量的相互关联性和复杂性。在人口不多的情况下规划的重要性并不明显，但对于拥有大量人口的城市来说，在空间环境管理方面包含多样化技术手段的城市规划是不可或缺的。增长扩张的城市为了形成合理的土地利用模式需要增长主义价值观为导向的城市规划，意味着在抑制过密开发和过度分散开发的同时，还要使地区居民能够快捷到达商业、文化、教育和娱乐等多样化功能设施，构建有机连接、通畅便捷的道路网络，排除那些

---

① 徐博、庞德良：《增长与衰退：国际城市收缩问题研究及对中国的启示》，《经济学家》2014 年第 4 期。

不能产生集聚效应的土地利用。因此，人口向城市集中的过程中，自然就会产生住宅不足现象和住宅质量提升的多样化诉求，这就决定了现行城市规划应成为以人口增加为前提的空间构想、土地利用和设施分配等方面的未来规划。

（二）人口减少时代的城市规划

对于专业人士来说，编制人口增长的城市规划可谓轻车熟路，但当前人口减少的收缩城市规划却是一个全新的挑战和课题。作为城市衰退的接纳性态度，城市收缩并不是意味着城市物质空间规模的缩小，而是说明在维持地理性边界和基础设施的同时，人口和经济方面出现一定程度萎缩的城市现象。[①] 人口减少和经济衰退出现的城市或城市局部地区都可视为收缩城市，其核心观点是将城市衰退、人口减少和经济停滞视为主要城市问题，这不仅是一个转换成新规划机制的机会、重新认识地区发展潜力的契机，还能够疏解城市快速增长规划阶段的发展压力。正如伯恩和罗斯所说，收缩管理可促使区域和城市政府完善新基础设施和社会服务的需求，并解决紧迫的环境问题。班扎夫等将这种"逆开发"（counter development）看成是一次机会，用于将未来土地消耗最小化、调整城市内部结构、再利用空置住宅和城市棕地，创造新的开放空间或规划城市加密（densification）项目[②]。在中心城区收缩的情况下，人口密度下降给城市提供了一个在内部或由内向外调整内部形态的机会。在随机穿孔收缩的情况下，过去有待完善的开放空间，可以通过建筑拆除或用地生态化策略得到补偿，尝试把废弃土地活用成农业、环保和休闲设施，借以提升现有居民的生活品质，将来给后代留下可持续性环境这一宝贵遗产，[③] 这样的现有空间环境改造机会在城市扩张增长阶段是无法想象的。

正如人口增长的城市不会顷刻间出现爆发性增加一样，慢速的人口减少并不会立即给城市地区带来负面影响，也不会立即使城市陷入危机

---

① Hollstein Leah Marie, Planning Decisions for Vacant Lots in the Context of Shrinking Cities: A survey and Comparision of Practices in the Unitied States, Doctoral Thesis, The University of Texas at Austin, 2014, p. 23.

② 西尔维娅·索萨、保罗·皮诺：《为收缩而规划：一种悖论还是新范式?》，《国际城市规划》2020 年第 2 期。

③ Hollander Justin B., Pallagst Karina M., Schwarz Terry, et al., "Planning Shrinking Cities", *Progress in Planning*, Vol. 72, No. 4, Janurary 2009, p. 224.

状况，即所谓的滞后效应。在不同的发展状态之下，城市需要尝试探索
多样化的应对方略。较早进入城市化进程的西欧经济社会经历了诸多变
迁和调整，针对一个阶段约有 20 年以上的长期循环，不断摸索解决此问
题对策的城市规划方法（见表 2.1）。

表 2.1　　　　　　　　根据人口变化的多样化状态类型

变迁分类	状态类型	定义
收缩 （Shrinkage）	持续性人口零增长	每 10 年间收缩持续发生的状态
	长期性收缩	20 世纪 70 年代收缩发生，持续的综合性零增长
	中期性收缩	20 世纪 80—90 年代之后收缩发生，综合性零增长
	近期收缩	2000 年以后收缩发生
稳定的收缩 （Stabilized Shrinkage）	收缩发生后稳定和增长趋势	综合性零增长
	长期性稳定收缩	稳定化（增长）在 20 世纪 70 年代以后持续存在，但仍处于收缩状态
	中期性稳定收缩	稳定化（增长）在 20 世纪 80—90 年代以后持续存在，但仍处于收缩状态
	近期的稳定收缩	稳定化（增长）从 2000 年以后开始，整体性收缩状态
增长 （Growth）	人口增长	每 10 年间连续性增长状态
	收缩前长期增长	20 世纪 70 年代开始增长，10 年间收缩，整体上增长
	收缩前中期增长	20 世纪 80—90 年代开始增长，20—30 年收缩，整体上增长
	收缩前近期增长	2000 年以后开始增长，40 年间收缩，整体上增长
再形成—脱离 （Relapsing-remitting）	经历 50 年以上增长和衰退的循环	无
	再形成—脱离增长	经过增长和收缩的循环，整体正增长
	再形成—脱离收缩	经过增长和收缩的循环，整体零增长

资料来源：Crisina Martinez-Fernandez, Tamara Weyman, Sylvie Fol, et al., "Shrinking Cities in Australia, Japan, Europe and the USA: From a Global Process to Local Policy Responses", *Progress in Planning*, Vol. 105, April 2016, p. 41.

二　精明收缩型城市再生的概念内涵

（一）精明收缩的内涵与发展理念

精明收缩源自德国东部前社会主义城市的管理模式，指在城市收缩的过程中，精简城市规模以匹配现有的城市人口数量。事实上，精明收缩的内涵主要是在人口数量持续减少的情况下，即城市收缩正在发生时，关注城市持续发展的潜在动力，注重合理的城市规模，以缩减土地开发为基础，科学合理地控制城市规模，正确规划人口布局，依据城市发展的优势和功能定位，转变长期以来城市无限扩张增长的发展理念，以此来保持城市长久发展的内在动力。在空间组织上，以集约利用为核心，判别重点区域进行更新，防止"破窗现象"的蔓延，对必要的衰败空间进行拆除整治。在土地利用上，以多元复合利用为核心，对人口、产业、基础设施等城市元素进行集中化整合，保持集中区域的良性运行，并对居住、工业用地进行减量规划，对公共服务、绿地用地进行增量规划。①在公共服务设施上，以提高服务水平为核心，采取增加绿色基础设施等多样化手段。在参与主体上，强调多方利益主体参与，政府机构作为基本保障，市场化运营是项目落地可行的重要前提，公众和邻里的积极参与也是不可或缺的。

城市精明收缩承认人口减少这一客观事实，核心思想是采取紧凑集约化的发展模式，提高资源利用效率，调整城市空间结构，激发城市二次发展的活力。但精明收缩并不意味着城市发展的退步，而是试图建立一种新的发展范式，调整城市规划理念和规划方式，浓缩精华实现再提升，对于解决中国的城市收缩问题具有十分重要的指导意义。

（二）城市精明收缩的基本原则

城市精明收缩的核心在于精简空间规模，鼓励人们集中居住，确定适宜的空间规模，避免出现闲置的基础设施。一般来说，精明收缩遵循三大基本原则：一是多样化原则。无论是精明收缩的推进还是城市发展的调整，都离不开"人"的作用，实现信息渠道的多样性，全面了解社会公众的想法和需求，对于充分发挥精明收缩的效用至关重要，同时也要保证城市发展的多样化，不仅仅是城市功能的多样化，产业、社会

① ［德］奥斯瓦尔特：《收缩的城市》（第1卷　国际研究），同济大学出版社2012年版，第695—698页。

服务、社会角色等也应实现多样化，确保城市的发展韧性，以抵抗外部因素的侵扰。二是适宜性原则。在精明收缩的过程中，要进行弹性城市规划，对城市精简过程中所遇到的问题进行灵活处理，充分结合当地的发展情况做出应对安排，以实现城市发展活力的二次激发。三是整体性原则。在进行精明收缩的规划和调整之前，对整个城市以及所在区域进行整体性识别，避免二次收缩的发生，也保证土地空间、产业资源等可被充分利用。遵循城市精明收缩的基本原则，可以避免城市精简过程中产生不必要的主观错误，从而实现城市发展活力的再度激发。

（三）精明收缩的地位和作用

1. 基于对城市蔓延和衰退的恶性循环反省的城市规划模式

精明增长、紧凑城市、新城市主义、都市村庄都是 20 世纪 90 年代以后出现的规划理论，至今仍然是推动城市地区可持续发展的城市规划新潮流。为了解决城市蔓延和市中心衰退所引发的一系列问题，20 世纪 90 年代前后美国的新城市主义和英国的都市村庄应运而生，强调传统性邻里住区的价值，提出高密度、混合土地利用、步行中心的邻里生活空间环境等主要概念，由此体现出对紧凑城市进行具体化阐释的萌动和兴起。

精明增长具有与紧凑城市同样的规划哲学，其"精明"之处主要体现在两个方面：一是增长产生的综合效益。有效的增长必然是符合市场经济规律、自然生态环境条件以及人们生活习惯的发展方式，不仅能够振兴城市经济，还能保护生态环境和提升生活品质。二是容纳城市增长的路径。通过土地开发的时空顺序进行操控和治理，将城市边缘的绿色地带发展压力转移到基础设施完备的近城市地区，从而遏制城市建成区的空间扩张和水平增长。

2. 精明增长与精明收缩

精明增长依然是以增长为中心的发展模式延伸出来的概念，而当城市面临收缩或衰退现象的情况下需要谋求向新的发展模式——精明收缩进行转变。精明收缩为收缩城市提供了一种新的规划观点，具有从精明增长的经验之中拓展出来的、开启新规划潮流方向的潜在力。因此，作为精明增长规划方法的紧凑城市原则仍然可以作为精明收缩的规划方法得以有效运用①。精明增长是强调管理城市增长的规划方向的一种发展机制，保护环境的同时还要追求持续性经济增长的具体方式，与紧凑城市、新城市主义和都市村庄等理论的规划原则是大同小异的（见图2.1）。

　　不过，即使精明收缩和精明增长采用类似的方式，但精明收缩不是以人口和经济规模将来仍会继续增长为假设的，而是正面和接纳收缩这一客观事实，并提出应对收缩的城市规划方向，从这一点来看，其与精明增长所追求的方向是根本不同的。

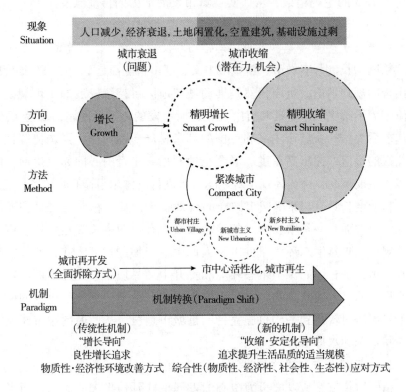

图2.1　精明收缩与现有规划机制的关系

资料来源：성은영·임유경·심경미·윤주선，『지역특성을 고려한 스마트 축소도시 재생 전략 연구』，세종：건축도시공간연구소，2015，25 쪽．

---

①　박종철，『 인구감소시대의 축소 도시계획 수립방안：전라남도 중소도시의 도시 공간구조를 중심으로』，『한국지역개발학회지』，23 권，4 호，2011，55-88．

（四）精明收缩型城市再生的理念内涵

精明收缩与2000年以来学术界广泛讨论的精明缩退（Smart Decline）可谓是相同的概念。弗兰克·波普尔（F. J. Popper）认为，精明缩退是更少的规划（Planning for Less），主要是更少的人口，更少的建筑，更少的土地利用，主张"小而美"（Small can be Beautiful）的规划思路。[①] 2002年，美国扬斯顿发布融入这种精明缩退概念的《扬斯顿2010年规划》（Youngstown 2010 Plan），宣扬与城市增长相比，提升现有居民生活品质为中心的"更好更小的扬斯顿"（better, smaller Youngstown）口号。[②]《扬斯顿2010规划》正式承认城市收缩客观事实，制定向小城市转变的规划思路，完善现有建筑、基础设施、经济活动和居住环境，提高市民生活品质，为实现城市可持续发展推进公园绿地化战略。2006年，《纽约时代周刊》评选扬斯顿为最具魅力和创意且包含"创造性收缩"（Creative Shrinkage）理念的百佳城市之一。

重视生态环境容量限制的今天，理当反省过去盲目扩张消耗优良土地的非理智行为，重视生活环境质量，把握品质提升的机会，在精明收缩的城市政策中强化以收缩为代价重新创造品质提升的含义渗透。[③] 不过，城市化率和城市人口密度较高的我国同欧美等国家一样追求精明收缩方式并非易事。在锈带地区的初期，产业城市产生大规模收缩、经历大规模土地荒废化的美国，以及由于德国统一"人去楼空"的许多东德城市，对荒废土地采取绿地化整改，使储存大量土地的积极性腾空规划得以实现，但我国具有较高密度的城市结构，需要对城市空间进行分类区划，把一部分地区腾出来的同时，还要对局部地区进行再开发，推动采用确保城市可持续发展的"精明收缩+城市再生"战略。

精明收缩型城市再生是在现有的精明缩退和精明收缩等概念的基础上拓展延伸出来的新概念，是以降低建筑和土地的开发强度为目标，与推进城市人口和就业增长相比更加注重现有市民生活空间环境提升的城市再生理念。以此理念为基础的规划战略意味着要推动城市废弃土地向

---

① Popper, D. E. and Popper, F. J., "Small can be Beautiful: Coming to Terms with Decline", *Planning*, Vol. 68, No. 7, Janurary 2002, pp. 20-23.

② Hollander Justin B., "Can a City Successfully Shrink? Evidence from Survey Data on Neighborhood Quality", *Urban Affairs Review*, Vol. 72, No. 4, August 2010, p. 131.

③ 야하기 히로시, 『도시축소의 시대』, 서금홍, 오용식 (역), 서울: 기문동, 2013, 8쪽.

生态绿地的转换，改善步行空间，促使城市空间更具宜居性，将住宅价格调整为人们所能承受的合理区间，根据人口变化对城市基础设施进行重组调配，从而防止城市衰退陷入恶性循环的怪圈。① 此理念属于收缩城市人口减少管理战略的一部分，能提供闲置建筑和空地进行有效整治的方案。②

在城市经历过产生和繁荣之后，由于多样化内外环境条件的变化和叠加作用，出现人口外流和空间低效利用等问题，为激发城市活力再生需要探索行之有效的空间管理规划和策略措施。在衣服不能满足身体需求的情况下，就要开始判断是身体（居民和地区特性）去主动适应衣服（空间环境），还是衣服（空间环境）去主动适应身体（居民和地区特性）。此时，引导不合身的衣服主动去适应身体需求而进行适当裁剪的规划就可以称为精明收缩型城市再生规划，如图 2.2 所示。

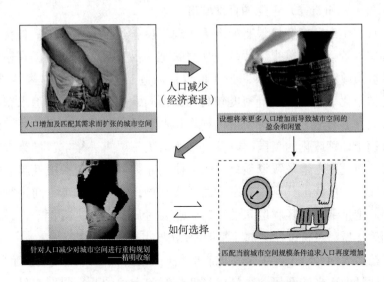

人口减少
（经济衰退）

人口增加及匹配其需求而扩张的城市空间

设想将来更多人口增加而导致城市空间的盈余和闲置

针对人口减少对城市空间进行重构规划
——精明收缩

如何选择

匹配当前城市空间规模条件追求人口再度增加

图 2.2　精明收缩的规划方向和空间治理

资料来源：성은영·임유경·심경미·윤주선，『지역특성을 고려한 스마트 축소 도시재생 전략 연구』，세종：건축도시공간연구소，2015，29쪽.

① Wiechmann Thorsten, "Errors Expected-aligning Urban Strategy with Demographic Uncertainty in Shrinking Cities", *International Planning Studies*, Vol. 13, No. 4, December 2008, pp. 431-446.

② Hollander Justin B., "Can a City Successfully Shrink? Evidence from Survey Data on Neighborhood Quality", *Urban Affairs Review*, Vol. 47, No. 1, August 2011, p. 132.

第二节　精明收缩型城市再生的空间治理规划

精明收缩型城市再生是针对地区自身特性适当缩减空间开发规模的规划，侧重于强化现有建成空间充分利用的存量规划，而不是物质环境和城市密度的增量开发。

一　土地集约化和设施网络化的空间规划

精明收缩的核心理念是在空间规模适当化（Right Sizing）的指引下，在已开发利用的空间范围内尽可能进行紧凑化调整治理，将不必要的空间转换到开发之前的状态，向空间密度弱化的方向进行规划①，设定居民的城市生活中心，引导多样化城市功能集中布置，通过交通网络有机串联城市外围地区的低层次居住中心，在这样的空间结构体系中针对地区需求进行设施再布置。而且，通过减少不必要的功能布置遏制无序蔓延的持续性扩散。

从理念和目标来看，精明收缩和紧凑城市具有许多相似点，可谓是一脉相通。比如，日本北海道遵循精明收缩的发展理念，在空间发展上贯彻紧凑城市策略，促进空间减量提质和网络化发展，在产业发展上充分挖掘地区优势资源，促进产业转型升级和经济增长。目前紧凑城市虽然尚未形成统一定义，但一般来说其应具有高密度连接的开发形态、公共交通网络连接的市区、容易快捷到达地区服务设施和工作地点等特征。大多数学者都认为多中心网络型紧凑城市是最适合收缩城市的空间重构理念，也是应对地方城市衰退的一种城市再生理论和能够缓解财政危机的有效方案。从紧凑城市理论的基本观点上看，为提高城市运行效率城市中心区城市功能应当推动高层次和高密度的复合集聚，但在城市无序蔓延持续进行的状况下，中小规模的地区生活圈散置各处，倘若不考虑这些现实条件而开展单核紧凑城市构想恐怕难以实现。因此，通过公共交通网络将市中心和城市生活节点连接起来塑造统筹一体化的多核网络化紧凑型规划形态可能更加具有现实性和可行性。

---

① 성은영·임유경·심경미·윤주선，『지역특성을 고려한 스마트 축소 도시재생 전략 연구』，세종：건축도시공간연구소，2015，31 쪽.

二 公共设施的规模适当化

规模适当化是近年来北美和欧洲的收缩城市广泛运用的规划模式，融合收入阶层混合、土地利用复合等规划理念的城市空间重构，摆脱增长主义价值观为主导的城市规划弊端①，摒弃当前扩张蔓延的低效化土地利用模式，提高社会公平性和生活基础设施的利用效率。不过，同时也存在这样的批判，空间和公共设施的规模适当化只不过是另一种城市再开发政策系列而已。其实，从美国的底特律州弗林特、莱切斯特和扬斯顿等城市案例中不难发现，收缩规划是可以通过规模适当化得以实现的，特别是公共设施的规模适当化可谓是推进社会公平性的空间管理方式。许多学者指出，推动收缩规划的地区，仍然坚持增长反而只会带来反面效果。② 如此看来，公共设施的规模适当化可以成为精明收缩规划的主要方式，改善收缩城市的市中心周边和开发中心的交通网络接近性，通过调整公共设施服务水平的规模适当化摸索精明收缩型城市再生的具体实现方案是具有重要意义的。

三 精明收缩型城市再生的体系转换

当前一些收缩衰退地区的再生整治规划同其他城市规划一样，全然不顾人口减少的趋势而执意设定更多的人口数和住宅户数的规划目标，通过拆除式再开发扩大开发容量（容积率）并利用以此获得的开发收益增设基础设施。然而，这样的基础设施扩充会给公共部门带来不断加重的财政负担，形成把这样的开发效应转嫁给现有居民和新居民的恶性循环结构。同时，长时间形成的地区时空延续出现断节，布置大规模公寓住区和基础设施，将迫使无力承担的居民选择逃离。特别在经济方面，由于以不能实现的开发目标作为担保布置公共基础设施，这就容易带来无法保障的投资风险性。例如，将低层住宅区再开发成高密度公寓的情况下，开发之后的地价未能达到预期收益，居民数量不足将引发税收萎缩，进而导致开发主体和公共部门的投资失败。

人口社会方面，开发建设带动地价上升，无力承受高企房价的原有居民只能选择离开，随之便会出现大量新旧居民的交替轮换，这就造成

---

① Hackworth Jason, "Righting Sizing as Spatial Austerity in the American Rust Belt", *Environment and Planning A*, Vol. 47, No. 4, April 2015, p. 766.

② Hollander Justin B., "Can a City Successfully Shrink? Evidence from Survey Data on Neighborhood Quality", *Urban Affairs Review*, Vol. 47, No. 1, August 2011, pp. 129–141.

现有地区特性的消失。这种不符合地区需要的过度开发的盲目性追求，无法保障环境和社会方面的可持续发展。因此，以无法实现的开发目标为动机的再生规划与高质量发展时代背道而驰，设定过度增长目标的收缩衰退地区再生规划是难以实现预期目标的（见图 2.3）。

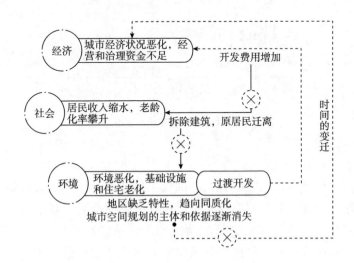

图 2.3　过度增长开发的恶性循环

资料来源：笔者自绘。

　　相反，基于精明收缩的城市再生是在物质环境方面删减不必要空间的空间再开发，将由于人口减少而产生的空置建筑或闲置空间转变成开发前的状态或者居民所需要的设施和空间。空间品质的提高促使居民生活品质的上升，提高地区的经济和社会方面的知名度，还有助于地区经济的活力创造和税收稳定，因此对恶劣的居住环境进行改善存在再投资的必要性。倘若获得再投资，居民的流动性会逐渐弱化，长期留居的稳定主体数量得以确保，有可能实现自主性空间治理，还有助于创造出促使人和空间形成安定化的城市再生型良性循环结构（见图 2.4）。

四　可持续发展的城市空间增长管理体系

　　即使是有序规划建设的城市，在将来经历城市增长和衰退的情况下，城市扩张时期无序蔓延所形成的建成区由于人口减少引起的空间开发不再如同曾经那般强烈，也可能遭遇闲置土地增加和无规划性管理问题。为了给居民营造一个安心幸福的生活居住环境，需要根据地区特性进行

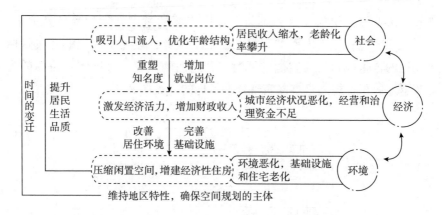

图 2.4　精明收缩型城市再生的良性循环

资料来源：笔者自绘。

科学规划且有序推进的空间收缩，推进规模适当合理的精明收缩型城市再生战略，通过市中心的集约化利用和开敞空间修复实现空间的高效利用，并对设定为将来扩张之需的功能预留区域进行再整治。只有如此，考虑收缩地区特性的规模适当化城市收缩治理才有可能实现，通过与开展精明收缩的周边城市之间的跨界协同空间规划对接和功能联系，才能在区域规划体系中获得新发展。因此，精明收缩型城市再生除考虑城市的增长和收缩相互交替的有机体特性之外，为了夯实城市的规划性增长管理基础，还要通过城市整治来构建持续的城市规划体系（见图2.5）。

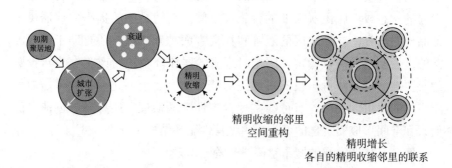

图 2.5　基于精明收缩型城市再生的城市空间重构

资料来源：성은영·임유경·심경미·윤주선，『지역특성을 고려한 스마트 축소 도시재생 전략 연구』，세종：건축도시공간연구소，2015，34쪽.

第三节　精明收缩型城市再生的战略和方法

一　城市维度

(一) 规模适当化战略

城市收缩应对战略，随着政府对城市收缩现象的认识差异而不同，同时忽视排斥还是积极接纳城市收缩的规划价值观决定城市的不同未来。规模适当化意味着政府正面接纳城市收缩，针对现在和将来的人口变化和开发条件变化对收缩中的城市建筑环境（建筑和基础设施）进行的再度调整，抑制城市蔓延等低效率土地利用，确保社会环境方面的公平性以及生活基础设施的高效供给（见图2.6）。

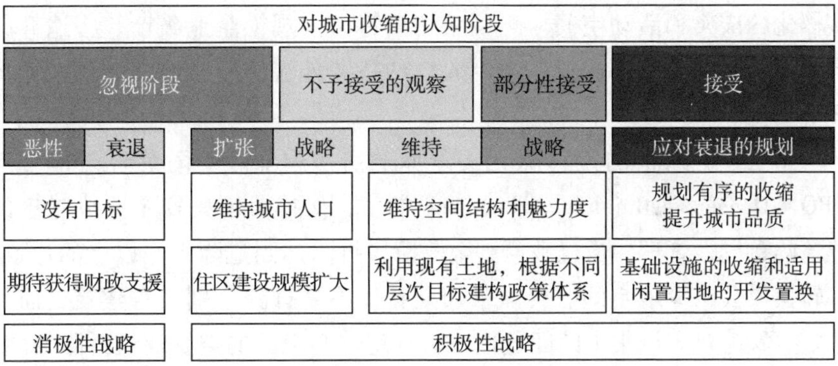

对城市收缩的认知阶段			
忽视阶段	不予接受的观察	部分性接受	接受
恶性　衰退	扩张　战略	维持　战略	应对衰退的规划
没有目标	维持城市人口	维持空间结构和魅力度	规划有序的收缩提升城市品质
期待获得财政支援	住区建设规模扩大	利用现有土地，根据不同层次目标建构政策体系	基础设施的收缩和适用闲置用地的开发置换
消极性战略	积极性战略		

图2.6　不同认知阶段城市收缩的应对战略

资料来源：Pallagst, et al. , "What Drives Planning in a Shrinking City? Tales from German and Two American Cases in Town Planning Review", *Special Issue on Shrinking Cities*, Vol. 88, No. 1, January 2017, pp. 15-28.

1. 规模适当化的战略类型

规模适当化可以借用精明缩退（Smart Decline）和战略性收缩（Strategic Shrinkage）等概念来说明，包括社会开发（Community Development）、行政规模调整（Administrative Resizing）、建成区环境变化（Built-environment Changes）和民主化收缩（Democratizing Shrinkage）四

大战略①。其中，物质环境变化的具体战略还可细分为土地银行（Land banking）、重建（Rehabilitation）、拆除（Demolition）、绿化（Greening）、整合（Consolidation）五类（见图 2.7）。

第一，土地银行意味着对收缩城市的土地资产进行获取、储备、管理和再开发或者销售。政府针对将来需要买入土地进行储备的制度，为了公共事业租赁或信托给民众，用以推进社区活力再生。美国的土地储备制度自 1971 年密苏里州圣路易斯市成立第一家土地银行开始，至 2018 年约有 172 个地区正在运营。扬斯顿市成立担当城市全体土地储备的组织地区开发公司（Youngstown Neighborhood Development Corporation），将空置建筑以高标准进行翻新之后，再以适当的价格售卖或租赁，运营提升居住安定性的项目。

第二，重建是指对建筑进行复原和维护。美国萨吉诺市发掘文化性活用价值较高的现存建筑和场所空间，将其登记为国家资产之后活用成多样化的庆典和活动空间。美国莱切斯特市大规模企业破产，将遗弃的企业用地租赁给新兴企业，遏制人口的持续外流，形成城市的良性循环经济结构。

第三，拆除指的是移除无法复原的房产物业。美国萨吉诺市导入 DBO（Dangerous Building Ordinance）制度，保持对市民安全造成隐患的建筑的持续性管理，通过政府基金分阶段拆除达到危险水平以上的建筑，并转换成公园绿地空间。美国莱切斯特市不是拆除个别空置建筑，而是选定空置建筑大量集中的问题地区，制定这些地区的空置建筑拆除规划，实行阶段性拆除。

第四，绿化指的是将空置土地通过绿地化战略转变成散步路、绿道、绿地、社区公园等开敞空间。美国扬斯顿市为应对城市收缩，在土地利用规划中导入了反映绿地化战略的娱乐公园地区、农业地区和绿色工业地区等新用途地区。并且，拆除空置建筑和闲置设施之后，没有选择再开发方式，而是活用成绿地、宅旁绿地等生活功能用地。

第五，整合指的是从城市内部的收缩地区将居民迁移到自立自足性较强的地区来提高密度。美国萨吉诺市将多样化用途地区一律转变成复

① Hummel Daniel, "Right-sizing Cities in the United States: Defining Its Strategies", *Journal of Urban Affairs*, Vol. 37, No. 4, October 2015, pp. 397-409.

合用途地区，遏制市中心空洞化现象，尽可能使复合用途地区升格成城市中心地区。

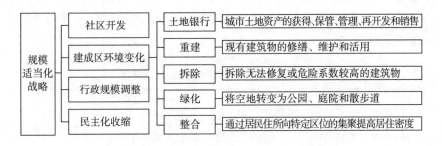

图 2.7　规模适当化战略的构成要素

资料来源：성은영·임주선·김용국，『지방중소도시의 스마트축소 도시재생 모델개발』，세종：건축도시공간연구소，2018，24 쪽.

2. 规模适当化战略与城市规划的关系

为保障规模适当化战略的实现，强化其与城市规划体系之间的关联是必不可少的。正视和接纳城市收缩，使规模适当化战略在城市的空间结构、土地利用、交通、居住设施、公共设施规划中得以体现，并对相关制度进行修订调整。美国率先将规模适当化战略在城市总体规划中体现出来的扬斯顿市，自 20 世纪 70 年代开始经历城市收缩，直至 2005 年仍然没有放弃基于城市再生战略的新增长模型构建，这才制定出以维持现有人口规模为目标、空地管理和现有市民的生活品质提升为主要框架的《扬斯顿 2010 规划》。此规划遵循精明收缩理念，以"更小、更绿、更清洁、更有效利用现有资源、更充分发挥城市的文化特色和商业能力"为主题，主动采取收缩城市规模、更新城市定位、建设绿色基础设施、设置土地银行、抑制住区分散、设定城市增长地区等一系列措施。改造原先用于工业的水道和现有的工业废弃地，使其成为公共休闲娱乐场所；在工业地区植入工业艺术公园等新功能，实施商业孵化项目，培育潜在发展动力；积极利用闲置用地，有机串联起来，建立城市绿色空间网络，并进而与地区、州以及国家的绿地网络相联系；收缩中心区规模，商业区收缩为商业街，闲置土地转换为公共绿地、城市农业、社区花园、社区设施；为了推动城市收缩，扬斯顿市还创新了土地银行机制，活用土地储备制度，支持土地银行快速回收城市空置、荒废土地以推动再利用①。

为了保障规模适当化战略的高效实施，首先要在城市总体规划中补充收缩重点管理区域设定的相关内容，推进规模适当化规划的制度化转变。而且，还要遵循精明收缩型城市再生理念修改城市总体规划的制定标准（见表2.2）。

表2.2   **城市总体规划的精明收缩城市规划项目**

类别		分析指标
规划的内容和制定原则		分为增长稳定型和收缩型 ——增长稳定型：最近20年间年平均人口变化率为-0.15%以上 ——收缩型：最近20年间年平均人口变化率不足-0.15%
不同部门的规划制定标准（收缩型）	规划的目标和指标设定	不同空间单位的总人口和老年人的分布预测 将来人口的总量采用统计局人口预测值
	城市空间结构	设定城市服务地区和城市生活节点
	土地利用规划	制定建成区预留用地中未建设用地的保存用地转变规划
	基础设施	设定城市生活节点内部的引导设施 构想闲置设施的合并和功能复合化方案
	市中心和居住环境	拆除空置房屋和制定再活用规划 老人共同生活住宅供给方案构想
	规划实施	市民参与和支援体系
城市总体规划制定时所必需的基础调查项目	人口	总人口和老年人分布变化、建成区人口密度变化、将来人口展望等
	土地利用	建成区的开发行为许可地区分布变化、闲置不动产分布变化等
	城市交通	公共交通网络、服务质量、利用人数变化等
	城市功能	公共服务分布、供需现状等
	经济活动	商店的分布和销售额变化、店铺数和就业人数的变化等
	地价	不同地区的地价动态、平均地价等
	灾害	灾害危险地区现状等
	财政	税收和支出的构成、不同年度公共设施分布和维护成本、医疗福利费用的变化趋势等

资料来源：성은영·임주선·김용국，『지방중소도시의 스마트축소 도시재생 모델개발』，세종：건축도시공간연구소，2018，24 쪽.

---

① 张京祥、冯灿芳、陈浩：《城市收缩的国际研究与中国本土化探索》，《国际城市规划》2017 年第 5 期。

（二）公共设施的 PRE/FM（Public Real Estate/Facility Management）
战略

1. PRE/FM 战略的概念

PRE/FM 战略是将民间的企业房地产战略扩展为公共房地产的活动。
设施管理（Facility Management）指的是从经营战略角度，将企业团体保
有或适用的所有设施资产及其使用环境进行综合详细的策划、管理和活
用的经营活动。PRE/FM 战略意味着针对社会结构变化以财产活用和设
施运营的合理化为目标，对公共设施进行规划性和综合性的维护、管理
和更新。

PRE/FM 战略的实施应先于城市总体规划编制。在上位城市规划层
面提出紧凑型城市结构形成等城市地区长期性目标之前，应提前推动公
共设施的整合或再布置。例如，日本国土交通省从 2014 年开始推进乡土
村落生活圈形成战略，主要在地区内外接近性良好的特定地块进行医疗
和文化等日常生活设施的集聚整合，形成若干个小规模紧凑型节点和村
落，并通过公共交通网络有机连接起来。

2. PRE/FM 战略的进程

PRE/FM 战略结合城镇建设推动时需要经历五个阶段：第一阶段是
确定城镇建设的方向性、制定城镇建设总体规划的阶段。在人口变化或
财政展望的基础上，构想城镇建设的未来愿景。PRE/FM 战略在有限的
财政预算范围内无法融入筹划公共设施服务提供的收缩均衡活动，不可
只注重现在的发展趋势，而要以现象为依据引导城镇向什么方向发展能
进一步提高居民的福祉水平作为重中之重。第二阶段是 PRE 信息整理和
一元化的阶段。此过程中，需要制定公共设施白皮书，确认所有公共设
施的现状和课题。根据 PRE/FM 战略的整合和再布置停留在总论上也许
没有太大的反对之声，但若从分论来看，可能会出现多样化的意见和反
驳。为了避免在总论中赞成而在分论中反对这种左右为难的窘况，强化
PRE/FM 战略和城镇建设的统筹融合是极其重要的。在地图上整理公共
设施白皮书中保存的全部 PRE 信息，掌握其内容概要。第三阶段是筹备
PRE 再布置的基本构想方案（整理和明确公共设施再布置的基本方针）。
第四阶段是探讨公共房地产的具体再布置方式（制定公共设施再布置规
划）的阶段。第五阶段是开展个别事业项目内容（具体的项目实施规划）
的探讨阶段。

二　社区维度

（一）空置建筑或空地比率的分级化管理

根据邻里地区的空置建筑或空间所占的比重来决定是获取、拆除、整合还是改造。闲置用地率较低的邻里地区，应当积极活用空置建筑和空地，通过空地开发可在住宅之间打造出美丽宜居的庭院。闲置用地率中等水平的邻里地区分为分散型和集聚型两种，可将闲置用地转换成居民地区所需的用途，如社区公园、运动场地等休闲空间。闲置用地率较高的邻里地区可以合并废弃住宅和空置住宅以备将来开发之需，或者将土地利用储备起来，或者活用为现有建筑的附属用途（见表 2.3）。

表 2.3　　　　　　　　　不同类型闲置用地的管理战略

空间模式		管理战略
低密度闲置用地	现有建筑	灵活利用空置建筑和空地，可活用成宅旁绿地（Side Yard）
中密度闲置用地	现有建筑 分散型　集聚型	•分散型：适合居住用途的方式转换闲置用地，可以活用成宅旁绿地或庭院，但禁止用作停车场 •集聚型：适合居住用途的方式转换用途和引导整合，公共可以利用的开敞空间，可以活用成考虑景观的地区停车区域
高密度闲置用地	现有建筑 分散型　集聚型　一侧集聚型	•分散型：优先考虑街道墙的强化，活用成宅旁绿地和地区停车空间的情况下形成围栏或造景等富有魅力的边界 •集聚型：为了未来大规模开发行为将闲置空间合并管理，采用现存建筑的高度闲置规制，探讨城市农业可行性 •一侧集聚型：活用休闲用地和空地，在邻里地区安定的一侧设置街道墙

资料来源：Philadelphia Land Bank, *Strategic Plan & Performance Report*, 2017, p. 20.

（二）填充式开发与宅旁绿地形成

综合分析现有建筑之间未利用的空间与周边地区的脉络进行新开发，或者活用成庭院等生活功能空间。空地开发时必须与现有建筑的高度协调一致，形成楼顶庭院等开敞空间。并且，为预防犯罪确保靠近道路边的玻璃窗的透明效果，考虑包括残疾人在内的移动能力存在障碍的人群诉求设置出入口。通过空地的灵活运用，建成具有庭院、游戏场地等的宅旁绿地，借此提高周边住宅和邻里地区居民的生活品质（见表2.4）。

表 2.4　　　　　　　　　不同类型闲置用地的管理方案

	低密度闲置用地	中密度闲置用地	高密度闲置用地
建筑	单个单元的空地开发和房屋改造有助于邻里社区的安定化	活用空地的新建住区开发在维持住区特性和规模的同时，还有助于街道的整治	通过功能混合和公共交通导向型开发实现整个住区再开发
宅旁绿地/开敞空间	即便是小空间也要通过造景实现宅旁绿地的庭院化，营造出安乐的景观氛围	分散的宅旁绿地可与住区的开敞空间对接规划设计，营造出街道的氛围	若想整洁地维护和管理住区的闲置用地，可将其用作地区社会的开敞空间
城市农业	打造口袋公园。合并小空间活用成作物生产空间，特别是街道闲置空间的活用	打造社区公园。合并空间，创建社区居民可以进行作物生产和社会交往的空间	打造城市农场，形成大面积覆盖的作物生产和市场销售空间

资料来源：Philadelphia Land Bank, *Strategic Plan & Performance Report*, 2017, p. 21.

第三章 美国的精明收缩型城市再生

——"锈带地区"收缩城市的规模适当化规划战略

收缩城市最早源于"二战"后的欧美等发达国家，在全球化、去工业化、郊区化等多样化因素的叠加作用下，迅速演变为一个全球性、多维度的经济社会现象，成为当今全球城市研究的热点问题。特别是城市化起步较早的美国、德国、日本等发达国家，全都呈现出不同表征的城市收缩现象。自从美国步入以第三产业为主的经济体系之后，以钢铁、机动车工业等制造业为基础产业发展成长起来的"锈带地区①"出现城市收缩现象。开发较早且城市体系成熟的美国锈带地区，110 年前的城市化水平就和我国东北地区旗鼓相当。研究锈带地区收缩城市的形成动因和政策策略，可为我国更加准确把握和探索中国东北地区城市收缩的规划方向和应对策略，提出较为切合实际的规划发展建议提供有益借鉴。

第一节 城市收缩的形成动因：郊区化和经济转型导致的面包圈收缩现象

在美国，城市收缩的出现主要归因于郊区化和去工业化，这是由于制造业衰落而导致的一个长期且波动的产业转型过程。早在 20 世纪初，

---

① 美国"锈带地区"（Rust Belt）包括美国中西部的伊利诺伊州、印第安纳州、密歇根州，俄亥俄州、威斯康星州以及东北部的宾夕法尼亚州、纽约州和新泽西州。19 世纪后期到 20 世纪初，因水运便利、矿产丰富，美国的五大湖周边很多城市成为重工业中心，象征着美国工业文明的汽车、钢铁、化工等大多聚集在这个地方，诞生了匹兹堡、底特律等一批工业明星城市。然而，随着美国华尔街的崛起，资本逐步向全球转移产能，这些地区逐渐走向衰败，很多工厂被废弃，机器布满铁锈，因此被称为"锈带地区"。现通常指美国五大湖附近传统工业衰退地区，也泛指全球范围内制造业衰退的地区。

西部部分矿业城市和港口城市的人口数达到峰值后便开始持续下降，如纽瓦克和斯克兰顿，不过这仅仅被视为城市持续增长轨迹上的暂时性异常状况，难以引起学术界和政界人士的广泛关注。

在 1820—1930 年的 110 年间，仅有为数不多的港口城市出现人口减少现象，这些城市的总人口不及 300 万人，仅占 1930 年全国人口的 2%，其衰落原因是铁路和港口等交通方式的发达进步，或者是遭遇火灾或干旱等自然灾难。[①] 然而，美国的城市收缩问题往往会被郊区化与城市蔓延所导致的城市空洞化所掩饰，20 世纪 50—60 年代的早期城市收缩现象正是由郊区化所引起的。[②] 美国大城市和中小城市的大规模收缩始于第二次世界大战之后，但近年来出现的以底特律为代表的"锈带地区"城市收缩和部分中心城市收缩主要源于城市郊区化和去工业化。

由于 20 世纪 50 年代以来的郊区化和去工业化，美国涌现出大量的收缩城市，其中大部分均位于"锈带地区"（见图 3.1）。"锈带地区"收缩城市的中心区地位面临着大型购物中心和花园式办公空间设施不断增加的郊区的巨大挑战，城市建成区不断向外围扩展和蔓延，引发城市中心区人口急剧减少、社会排斥、种族隔离和贫困等各种社会问题，这种"去中心化"的收缩作用使城市空间呈现出一种类似于"圈饼状"的空间形态，即收缩发生在市中心，而市中心外围的人口和就业却在持续增长。[③] 与欧洲的传统产业地区不同，美国城市收缩主要发生在大城市的中心城区或核心地带，而外围郊区地带却保持着人口和就业的持续增长态势。

一　郊区化与无序蔓延

郊区化成为美国许多城市出现收缩的重要动因之一，郊区化的研究分析对于厘清城市收缩的来龙去脉显现出重要意义。美国出现郊区化的原因包括以下六个方面：

第一，20 世纪 60 年代以后的人口郊区化。郊区的人口流入始于"二战"结束至 20 世纪 50 年代这一住宅刚性缺乏的时期，战后归乡士兵

① Mallach Alan, "What We Talk about When We Talk about Shrinking Cities: the Ambiguity of Discourse and Policy Response in the United States", *Cities*, Vol. 69, September 2017, pp. 109-115.

② Wiechmann Thorsten and Pallagst Karina M., "Urban Shrinkage in Germany and the USA: A Comparison of Transformation Patterns and Local Strategies", *International Journal of Urban and Regional Research*, Vol. 36, No. 2, June 2012, pp. 261-280.

③ 李翔、陈可石、郭新：《增长主义价值观转变背景下的收缩城市复兴策略比较——以美国与德国为例》，《国际城市规划》2015 年第 2 期。

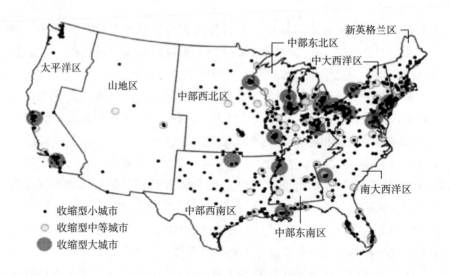

图 3.1　美国收缩城市的空间分布

资料来源：孚园：《收缩城市就一定意味着经济后退吗》，https://www.jiemian.com/article/4898626.html，2022 年 10 月 22 日。

和家人渴望到郊区开启新的生活。与此同时，战争期间获得丰厚收益的中高收入阶层到郊区购买花园式低层住宅的迁移活动日益活跃，作为美国梦的郊区低层住宅生活意象逐渐向整体社会内部深入渗透。而这样的美国梦得以实现，得益于使得市中心上下班成为可能的私家车交通发达进步、郊区旺盛的住宅开发，以及大型生活服务设施的选址更新带动郊区生活便利性的快速提升。而且，联邦政府政策对长期稳定的住宅资金借贷市场发展繁荣也是不容忽视的重要因素。相比之下，最具决定性的因素便是联邦政府发起的郊区住宅项目。美国人一直将附带庭院和停车场的郊区单独住宅作为夙愿，但这样的住宅普遍价格高昂，办理银行贷款又颇为困难。美国联邦住宅管理局（Federal Housing Authority，FHA）成立于 1934 年，其设立之前购买住宅时，一般来说需要预先支付住宅价格 50% 左右的首付款，剩余 50% 的本息需在 5—7 年内还清。为了稳定和振兴住房产业，开始降低郊区住宅建设的贷款利息，可以预付 10% 的首付款，并将最长尾款还清期限延长至 30 年，大大降低了购置住房的门槛和经济压力，使白人中产阶级和工人阶级具备了在郊区购房的能力，揭开了浩浩荡荡郊区化时代的序幕。这些国家层面的政策重构了城市区域空间，催生出人口、工业、商业渐进地向郊区扩散的跳蛙式增长模式，造成了中心地区废弃与边缘地区发展的空间分异。

第二，高速公路整治和机动车普及化。基于区划理念（Zoning）的土地用途管制得以贯彻落实的美国郊区住宅区，不仅住宅和绿地的规模庞大，且不论商店和餐饮店，甚至连诊所和学校都不在步行范围之内。上下班、子女上学、购物出行等日常生活行为几乎都离不开私家车，形成了一种终极性机动车社会形态。自 1956 年《联邦援助高速道路法》发布以来，在联邦政府充沛的资金支援下州际高速公路建设得到前所未有的快速推进。中国的高速公路主要是供大型物流货车使用的，或者出行较远距离时人们才会使用的基础设施，但美国的高速公路并非如此，属于一般市民日常生活中频繁使用的不可或缺的基础设施。

具体来看，美国高速公路具有三大特征：

第一，由于州际高速公路的整治带有军事性意义，在美国所有城市之中，高速公路不绕路市中心，反而以市中心为节点以放射状形态向郊区延伸。因此，驾驶私家车在市中心和郊区之间上下班既快速又便利。

第二，美国的高速公路正如其英语"freeway"所表达的一样，原则上是通行免费的，不会造成任何经济性负担。尽管东部地区存在部分收费路段，但过路费较为低廉。中、美两国这种差异主要与高速公路建设费用的承担方式和建设机制不同有关，不过根本上归因于人口密度差异。倘若中国高速公路实行免费通行，大部分城市本来已经成为"城市病"的交通拥堵问题将会雪上加霜。美国高速公路虽名为州际高速道路，但已具备城市内部交通道路的特征和功能，而且在人口密集地区已经形成高密度的交通网络体系。城市内部每间隔数千米就设置一个互通式立交，即便是较近的目的地只要方向正确，高速公路是最为普遍的交通选择。

第三，商业功能郊区化与大型商业设施的发达。在人口郊区化和私家车普及化的过程中，由传统性小型店铺构成的市中心商铺和餐饮店慢慢失去了顾客基础。市区的治安恶化更是进一步加剧了这一现象的深入，许多城市原来的商业集聚几乎陷入无法挽回的衰败境地，工厂也开始向地价低廉且腹地广阔的郊区迁移。"二战"后推行"凯恩斯主义"新政及 1956 年《联邦高速道路法》（*Interstate Highway Act*）实施以来，将郊区化视为刺激经济需求和摆脱大萧条的办法，在城市内部和各个城市之间修建绵延千里的州际公路，为城市外围地区的工厂企业提供交通便利。

此外，机动车普及化快速攀升的 20 世纪 50 年代，附带大型停车场的购物中心（Shopping Center）开始在郊区登场，20世纪60年代著名的廉价商店沃尔玛1号店正式营业。20世纪80年代廉价商店数量剧增，还出现由一家或若干大型专业廉价商店领头合并而成的购物中心（Power Center）。诸如此类的大型购物中心为郊区生活提供更多的便利性和舒适性，但却又反过来加速了人口郊区化和私家车大众化的进程，形成"人口郊区化→商业郊区化→人口郊区化"的循环体系，不断推动着美国郊区化的层层深入。

第四，业务功能郊区化与边缘城市①（Edge City）的形成。20世纪20年代以后美国的现代郊区化变迁过程经历了三个阶段，而第三个阶段就是边缘城市的时代。众所周知，第一个阶段是始于1920年的居住郊区化时期。"二战"归来的数百万士兵们跨越传统的城市边界，涌向城市郊区安居乐业。郊区人口的增长率大于城市中心区，城市郊区不断蔓延膨胀，扩张速度迅猛。第二个阶段是商业功能郊区化时期。随着居住向郊区的大规模迁移，制造业、商业和服务业纷纷入驻郊区。20世纪60—70年代人们离开城市中心区迁向郊区，再也没有必要像以往一样为满足生活需求而靠近中心区居住。第三个阶段是功能复合化的边缘城市形成的时期。20世纪70年代以后企业总部开始陆续迁入具有居住和商业功能的郊区，随后业务功能的郊区化也拉开了序幕，使得郊区的自足能力更加完善，郊区不再是曾经的郊区，已然成为新兴的城市地区。

这样的边缘城市形成，是现有城市郊区化的结果使然，但新市区集聚形成的机制也在发挥作用这一点也不容忽视，同时享受郊区生活方式的美国人对替换原来城市功能的新市中心区的期待和诉求也是边缘城市形成的重要动因。

第五，地方政府财政困难与市中心基础设施的陈旧老化。美国几乎所有城市圈中，市中心和郊区被区划分割成若干个互不相同的地方政府。

---

① 边缘城市是指随着消费需求和就业机会迁离传统的核心城市，而在大城市的边缘地区形成的相对独立的新人口经济集聚区，此概念是《华盛顿邮报》记者埃尔·伽罗（Joel Garreau）于1991年出版的专著《边缘城市：生活在新的边界》中提出来的，并指出美国的边缘城市具有以下特点：不存在高密度的高层建筑群，建筑多以低层建筑的形态分散在广阔的地域范围内，停车设施完备的现代化写字楼分散在良好的生态环境之中，配备机场或高速公路，飞机和小汽车成为主要对外交通方式。

在里根政府的新联邦主义政策下，美国地方政府只能追求财政自立，在确保税收（平均税收的 74% 属于固定资产税）的同时，减轻公共服务财政预算负担成为亟须率先解决的问题。因此，增加中薪阶层数量和留置民间企业业务部门是最合理的选择。美国农地基金（AFT）调查结果显示，大型办公设施选址所带来的税收相当于公共服务支出的 9.81 倍，酒店和购物中心的税收效果分别是 4.13 倍和 2.14 倍，而政府机关和医疗设施免税优惠等超出税收总额之外的公共服务支出由地方政府无条件承担。结果，从郊区地方政府为使自身地区聚集更多带来税收效应的业务功能和商业功能的角度来看，边缘城市的形成可谓是一种早有预谋的政策性目的。而且，由于美国 20 世纪 30 年代以来城市规划法的编制权限由州政府转让给地方政府，地方政府为实现所提出的政策目标，必然会设法在城市规划法的编制上做文章，借助区划制（Zoning）、宅基地分割（Subdivision）等城市规划方法留置办公设施和中高阶层的郊区住宅。

这样的地方政府自主性财政和城市规划编制，成为激化城市中心区政府和郊区地方政府之间形成人口和经济活动恶性竞争的罪魁祸首。正如我们当前所看到的，郊区地方政府在相互竞争中赢得胜利。财政收入殷实的郊区地方政府，可以毫无负担地更新升级城市基础设施和扩大扩容公共服务，助推郊区形成不断繁荣的良性发展局面。因此，市中心区的地方政府税源逐渐萎缩，在维持基础设施和公共服务方面受到各种各样的限制束缚，20 世纪 80 年代出现财政破产危机的城市不断增加，城市的衰落就这样在全国范围内星火燎原般地扩散开来。

第六，社会性排斥、贫困和露宿等社会性问题较之欧洲更加普遍性存在。随着 20 世纪 50—60 年代的黑人暴动进一步恶化，特别是黑人与白人在中心城区和郊区的截然分裂，加剧了"白人群飞"（White flight）[①]现象，白人中产阶层在城市中心遗留的破败空置房屋和废弃地块比比皆是，后来大部分都由黑人劳动者接管和使用。

二 去工业化与经济转型

当然，郊区化并不是美国产生城市收缩的唯一形成动因。大多数西

---

① 在 20 世纪 60 年代"白人群飞"是美国社会非常熟悉的术语。在结束种族隔离制度后，黑白人种混合入校。由于黑人学生的学术表现差、犯罪率高，或者存在许多白人家长所认为的劣等品质，白人家庭如同候鸟群飞一样，纷纷离开大都市的学校，同时白人还担心市中心的治安问题，于是选择搬往郊区居住。这一现象被称作"白人群飞"。

方城市通常借助工业化推动城市化的进程，由于长期以来城市的兴衰演变与工业发展息息相关，去工业化过程中的制造业衰退也成为不容忽视的重要原因。在制造业衰退普遍化的影响下，许多老工业城市难以适应后工业化从制造业向服务业转型的这一深远性变革，进而导致大量失业与人口外流。①

20世纪70年代之后，美国制造业开始经历长期的衰退过程，并引发后工业化时代的经济转型，收缩现象开始在整个国家迅速蔓延。随后，服务业、高科技以及娱乐业的兴起导致了区域性的劳动力外迁，最具代表性的便是处于美国东北部"锈带地区"的城市。克利夫兰（Cleveland）20世纪初是石油和钢铁产业的中心城市，经受去工业化的同时开始急剧衰退。邻近的扬斯顿（Youngstown）也是由于钢铁产业的衰退导致近年来仍然在面对严峻的城市衰退和经济危机，"汽车之城"底特律也身处类似的境地。扬斯顿、匹兹堡、底特律、布法罗、克利夫兰五大城市自2008年至今人口减少了一半以上，房屋空置率全都比2000年超出10%以上，其中布法罗甚至超出了15.70%（见表3.1）。20世纪90年代末，美国住房和城市发展部（HUD）将这些城市称为正在经历螺旋式下降的城市，并将其命名为"收缩城市"。②

表3.1　　　　　　　　美国产业城市的人口变化和房屋空置率

城市	峰值人口数	2008年人口数（人）	峰值后的变化率（%）	1980—2000年变化率（%）	2000年房屋闲置率（%）
扬斯顿	168330（1950年）	72925	-56.7	-28.9	13.4
弗林特	196940（1960年）	112900	-42.7	-21.7	12.1
匹兹堡	676806（1950年）	310037	-54.2	-21.1	12.0
底特律	1849568（1950年）	912062	-50.7	-20.9	10.3
布法罗	580132（1950年）	276059	-52.4	-18.2	15.7

① Blanco Hilda, Alberti Marina, Olshansky Robert, et al., "Shaken, Shrinking, Hot, Impoverished and Informal: Emerging Research Agendas in Planning", *Progress in Planning*, Vol. 72, No. 4, June 2009, pp. 195-250.

② Martinez-Fernandez Cristina, Weyman Tamara, Fol Sylvie, et al., "Shrinking cities in Australia, Japan, Europe and the USA: From a Global Process to Local Policy Responses", *Progress in Planning*, Vol. 105, April 2016, pp. 1-48.

续表

城市	峰值人口数	2008 年人口数（人）	峰值后的变化率（%）	1980—2000 年变化率（%）	2000 年房屋闲置率（%）
克利夫兰	914808（1950 年）	433748	−59.0	−16.6	11.7
辛辛那提	503998（1950 年）	333336	−33.9	−14.1	10.8

资料来源：Schilling, J. and Logan, J., "Greening the Rust Belt: A Green Infrastructure Model for Right Sizing America's Shrinking Cities", *Journal of the American Planning Association*, Vol. 74, No. 4, October 2008, p. 452.

第二节　城市收缩应对策略

一　规划范式的转变：从精明增长转向规模适当化

早在 20 世纪 50 年代美国城市收缩现象就开始萌芽扩散，随后开始经历土地闲置、公共服务缩减、露宿者和贫困阶层增加等各种经济社会现象，但长期以来美国将城市视为"增长机器"，许多城市崇尚于以市场为导向、以房地产开发商为驱动的规划哲学，中央政府并没有积极地采取应对措施[1]，主要聚焦于城市蔓延的空间治理，而精明增长则成为美国实现可持续发展的核心政策取向。[2]

精明增长是一种高效、集约、紧凑的城市发展模式，其规划范式主要体现在两个方面：一是增长的效益。城市的有效增长和高质量发展不但能繁荣经济，还能保护环境和提高人们的生活品质，通过紧凑型社区规划建设，充分发挥现有基础设施的效能，借助更加多样化的交通和住房选择遏制城市无序蔓延。二是容纳城市增长的途径。按其优先考虑的顺序依次为：现有城区的再利用—基础设施完善、生态环境许可的区域内熟地开发—生态环境许可的其他区域内生地开发，通过土地开发的时

---

① ACHP (Advisory Council on Historic Preservation), "Managing Change: Preservation and Rightsizing in America", Washington, D. C.: Advisory Council on Historic Preservation, http://www.achp.gov/RightsizingReport.pdf.

② Wiechmann Thorsten and Pallagst Karina M., "Urban shrinkage in Germany and the USA: A Comparison of Transformation Patterns and Local Strategies", *International Journal of Urban and Regional Research*, Vol. 36, No. 2, June 2012, pp. 261–280.

空顺序控制，将城市边缘带农田的发展压力转移到城市或基础设施完善的近城市区域。① 在这种规划范式主导的大环境背景下，承认美国城市衰退的做法属于"文化和政治的禁忌"，而城市收缩规划等于接受城市不健康的衰退，与当地决策者的理想背道而驰。② 因此，很长一段时间内城市收缩一直未得到国家政策层面的关注。

直到 20 世纪 90 年代末，城市收缩方才逐渐引起地方政府的关注。与德国较为相似，城市收缩的最初政策是为了应对遭受破坏和废弃的房地产。③ 传统上，美国地方政府采用将止赎后的物业进行拍卖来处置空置物业，由物业储备与交易机构接收、维护止赎物业并为其提供拍卖机会。④ 而在 2006 年，美国国家空置物业运动（NVPC）提出注重城市核心区高密度开发的调整方法，其原则是在不断缩小的城市中，优化土地和支持性基础设施资源的配给方式，为较小的人口规模提供服务，这是对精明收缩理念的一次新尝试。⑤

基于精明收缩理念的规模适当化策略，根据预测的未来人口需求调整城市开发用地总量，以更合理的方式提供可开发土地的数量以稳定失调的市场和激活衰败的社区。该策略主要包括三方面内容：一是实施绿色基础设施项目，把城区荒弃的土地改造成小型开放空间或绿地公园，储备起来等待城市发展的后续开发，把城市郊区的废弃土地改造成农田或娱乐设施，借以美化城市景观⑥；二是创立土地银行来实施管理，负责将空置、废弃和拖欠税款的财产转化为生产性用途而不仅仅是被动的土地储备；三是通过协作性的邻里规划来建立社区共识，决策者和规划者

① 韩洁怡：《城市土地资源可持续利用研究》，硕士学位论文，华中科技大学，2006 年，第 11 页。

② Mallach Alan, "What We Talk about When We Talk about Shrinking Cities: the Ambiguity of Discourse and Policy Response in the United States", *Cities*, Vol. 69, September 2017, pp. 109−115.

③ Hollander Justin B. and Jeremy Németh, "The Bounds of Smart Decline: A Foundational Theory for Planning Shrinking Cities", *Housing Policy Debate*, Vol. 21, No. 3, June 2011, pp. 349−367.

④ Martinez-Dernandez, C., Weyman, T., Fol, S., et al., "Shrinking Cities in Australia, Japan, Europe and the USA: From a Global Process to Local Policy Responses", *Progress in Planning*, Vol. 105, April 2016, pp. 1−48.

⑤ 杜志威、金利霞、张虹鸥：《精明收缩理念下城市空置问题的规划响应与启示——基于德国、美国和日本的比较》，《国际城市规划》2020 年第 21 期。

⑥ Joseph Schilling and Jonathan Logan, "Greening the Rust Belt: A Green Infrastructure Model for Right Sizing America's Shrinking Cities", *Journal of the American Planning Association*, Vol. 74, No. 4, October 2008, pp. 451−466.

积极引导社区中的利益相关者参与进来，赋予居民权利，参与到全面的绿色基础设施网络和合理精简的倡议之中。

二　联邦政府的应对政策：社区稳定计划（NSP）

近年来，美国的政治官僚、学者和规划者对适当规模化的讨论变得愈加活跃，主要针对空置闲置土地增加所引发的邻里地区不安定问题。废弃空屋是近代社会所有城市疾病的最终产物，这样的问题认识是 20 世纪 70 年代提出来的。自 20 世纪 80 年代起对废弃土地的关注度开始降低，并不是因为废弃土地问题的缓解，而是以增长为主导的城市政策陆续发布实施，短时间内无法全部接受。① 特别是 2007 年次贷危机发生后出现大规模住宅扣押事件，破产扣押的住宅如雨后春笋般不断涌现，空置房屋问题日渐严重，期待处于被动局面的联邦政府提出政策性应对的呼声日益高涨。2008 年美国共有超 233 万栋住宅由于未能偿还债务等原因而收到扣押通知，较之上一年猛增 81%，创下了三年来的历史最差纪录，为解决空置闲置土地问题亟须采取相应的特殊措施。

为了保障那些受止赎和废弃严重影响的社区的稳定性和可持续性，美国住房和城市发展部实施《社区稳定计划》（*Neighbourhood Stabilisation Program*，NSP），以使处于危机中的社区不会陷入绝境。NSP 购入废弃住宅进行房屋改造之后，或者拍卖，或者为新的住宅所有者进行融资，此外还会通过拆除等各种方法推动邻里安定化项目的实施。②

（一）NSP 设立的背景与目的

美国 2008 年经历金融危机之后，扣押、破产和闲置的住宅数量急剧增加，其原因在于政府住宅抵押市场的规制缓和政策，利息率高和风险大的次贷市场贷款激增。当时低收入阶层充满拥有住宅的渴望，但由于低收入和信用指数等原因，获得购买住宅的抵押许可并非易事。次贷市场贷款虽然需要交纳较高的利息，但抵押许可方面的门槛较低，便成为低收入阶层购置住房的主要方式。

不过，当时由于高利息率，取得贷款的低收入阶层即使成为住宅所有者，也可能无力承担每月需要分期交纳的包括利息在内的贷款，最终

① Hackworth Jason, *The Neoliberal City：Governane, Ideology and Development in American Urbanism*, Ithaca, NY：Cornell University Rress, 2007, p. 201.

② Jocie and A. Paul, "Neighborhood Stabilization Program", *Cityscape*, Vol. 13, No. 1, April 2011, pp. 135–141.

只能在收到扣押和破产申请后腾出住宅。2000 年后，整个美国取得次贷市场贷款的低收入阶层和少数阶层所在社区，由于破产问题而遭到遗弃的住宅数急剧增加。① 意识到此类邻里社区住宅问题亟须加以解决的必要性，美国联邦政府 2008 年制定《住宅与经济恢复法》（Housing and Economic Recovery Act，HERA）的同时，开始推动邻里住区安定化项目（NSP1）。这是在美国住宅与城市开发部（HUD）首次为解决由于房产闲置或抵押遭到破坏的地区安定化问题而推行的援助金政策。2009 年 1 月，根据《美国复苏和再投资法》实施了第二期邻里地区安定化项目（NSP2），与以公式来分配支援金的第一期项目不同，采取了相互竞争的分配方式。而且，支援对象进一步覆盖到非营利组织，最后州政府、地方政府和非营利组织总共获得了 19.30 亿美元支援金。2010 年 9 月又推动了第三期邻里地区安定化项目（NSP3），像第一期项目一样以公式标准来分配 9.70 亿美元的支援金。

这三期邻里地区安定化项目的支援金主要用于：①对扣押住宅买家的财政支援，②闲置和扣押房产的购买和翻新，③土地银行的设立和运营，④破损建筑的拆除，⑤空置住宅的拆除或再开发等方面。② 地方政府只有制定邻里地区安定化项目实施规划才能获得相应的支援金，并要阐明指定财政投入最为迫切的区域以及如何对支援金进行分配等相关事项。

（二）NSP 的类型与支援对象

NSP 在联邦政府主导下经过三个阶段，总财政投入金额为 70 亿美元，用于邻里社区安定和高效率处理破产遗弃住宅的问题，分别分配给州政府、地方政府和非营利团体。③ 第一个阶段，经国会审核通过的《住宅与经济恢复法》决定，调拨 39.20 亿美元用于邻里安定化事业，帮助州政府和地方政府解决破产遗弃住宅问题和恢复经济活力而实施的第一个邻里安定化项目（NSP1），约有 309 个地区（55 个州政府和 254 个地

---

① Ommerglcuk Dan，"From the Subprime to the Exotic: Excessive Mortgage Market Risk and Foreclosure"，*Journal of the American Planning Association*，Vol. 74，No. 1，February 2008，pp. 59-76.

② PD&R（Policy Development and Research），"The Evaluation of the Neighborhood Stabilization Program"，U. S Development of Housing and Urban Development，http://www. huduser. gov/publications/pdf/neighborhood_ Stailiz-ation. pdf，2015.

③ Immerglck Dan and Wang Kyungsoon，"U. S. Housing and Mortgage Markets and Community Development Planning"，*Planning and Policy*，No. 395，Septemper 2014，pp. 65-81.

方政府）共收到 39. 20 亿美元的支援金。第二个阶段，国会通过《美国复苏与再投资法》（*American Recovery and Reinvestment Act*，ARRA），追加 20 亿美元的资助金用以解决破产遗弃房产问题（NSP2）。第三个阶段，借助《多德—弗兰克华尔街改革与消费者保护法》生效实施的契机，再次提供约为 10 亿美元的资金支持（NSP3）。

NSP 资助金主要用于抵押合同金、住房融资的相关使用、破产遗弃住宅的获得和再生、土地银行、陈旧建筑拆除、空屋再开发六大事业项目之中。项目的适用对象基本上只是破产遗弃住宅，但 NSP 服务对象是周边家庭平均工资的 120% 以内的家庭，一部分资金必须要用于周边家庭平均工资 50% 的家庭之上。[①]

（三）NSP 援助金分配方法

NSP1 资金分配额度是依据公式利用破产住宅数量的大数据经过两个阶段的计算过程计算得出的。第一个阶段是联邦政府分配给州政府的过程，第二个阶段是州政府在行政管辖范围进行分配的过程。州政府采用的是经济回归分析模型，其中从属变数是扣押破产住宅，为预测其数值而使用的独立变数是住宅价格、次贷市场贷款和地方失业率。

《美国恢复与再投资法》的制定期间，地方政府和社区开发团体指出 NSP1 的公式和资金分配计算方法方面存在的问题，并要求进行修正。[②] 由此，NSP2 针对 NSP1 的许多问题进行完善，导入名为现有社区开发地块支援（CDBG）的项目，以竞争性方式分配补助金的公式，还赋予住房和城市发展部相对更多的项目权限。NSP1 单纯适用于住宅，而 NSP2 除了住宅之外还适用于城市开发，并且在强调地方特性和力量的同时还可以与其他资金共同使用。NSP2 支援的团体在支援书中单纯提及空屋问题是很难有机会获得资金的，还要把遗弃房产相关地区的固有问题、邻里安定化基本规划、实施手段的可行性等方面补充陈述之后才有获得资金优惠的胜算机会。并且，为解决 NSP1 中难以判断预想给予资金支援地区的经济现状这一问题，在 NSP2 中设置以网页为基础的地理信息系统

---

① Jocie and A. Paul，"Neighborhood Stabilization Program"，*Cityscape*，Vol. 13，No. 1，April 2011，pp. 135–141.

② Immergluck Dan，"The Local Wreckage of Global Capital：The Subprime Crisis，Federal Policy and High-foreclosure Neighborhoods in the US"，*International Journal of Urban and Regional Research*，Vol. 35，No. 1，August 2011，pp. 130–146.

（GIS），借以让支援者标示出需要资金支援的邻里地区边界。GIS 技术能够通过各人口普查区单位标示出破产住宅和遗弃住宅的风险指数，每一项分别占 20 分，平均 18 分以上才具备获得资金支援的资格。这种风险指数制度后来在客观反映方面出现多方争议，于是 NSP3 实施时将平均风险指数降低至平均 17 分。[①]

（四）NSP 资金运营效果与评价

NSP 是联邦政府应对经济危机实施的空间中心性政策，最短的时间内在全国范围分配最多的一项事业，以单独住宅为主，以一定比率的住宅所有者为对象，与以往的空间中心性政策（如 1940—1960 年的市中心再开发和 20 世纪 90 年代的 HOPE VI）有所不同。不过，相对于经济危机的影响后果来说，NSP 资金活用的难度和资金规模分配较低等方面受到指责。[②][③]

1. NSP1 评价

通过社区开发地块援助（CDBG）项目，能够获得 NSP1 支援的只局限于以前获得联邦政府支援的政府和团体。符合美国 CDBG 条件的 1201 个地方政府和州政府中，有 308 个政府获得了 NSP1 支援金，支援额度至少 200 万美元，最多 622 万美元（均值为 430 万美元）。不过，NSP1 受到许多社区开发专家们的批判，其中共性问题就是 18 个月期间内要把支援金全都用完这一义务性条款，若想正常实施规划就要在极其短暂的时间限制内；以 5%—15% 的折扣价格购入破产住宅的条款在现实中是不可能实现的，而且原则上支援金的一半要均匀分配到城市郊区和乡村地区，但许多州外围地区的破产住宅和空置住宅数量不多，这种未能全面考虑地区特性的项目运营表现出关联性不足的缺陷。从许多地方政府需要管理的大量破产住宅或空间上集中空置住宅的整体问题来看，NSP1 不仅支援金数额较少，而且不属于能够高效使用支援金的项目。[④]

① Jocie and A. Paul, "Neighborhood Stabilization Program", *Cityscape*, Vol. 13, No. 1, April 2011, pp. 135-141.

② Fraser James C. and Oakley Deirdre, "The Neighborhood Stabilization Program: Stable for Whom?", *Journal of Urban Affairs*, Vol. 37, No. 1, January 2015, pp. 38-41.

③ Immergluck Dan, "Too Little, Too Late, and Too Timid: The Federal Reponse to the Foreclosure Crisis at the Fiver-year Mark", *Housing Policy Debate*, Vol. 23, No. 1, November 2013, pp. 199-232.

④ Immergluck Dan, "The Local Wreckage of Global Capital: The Subprime Crisis, Federal Policy and High-Foreclosure Neighborhoods in the US", *International Journal of Urban and Regional Research*, Vol. 35, No. 1, August 2010, pp. 130-146.

2. NSP2 评价

州政府和地方政府阶段性地分别自动计算 NSP1 资金的分配方式，导致支援金由许多城市地区共同分摊，而且获得金额均比较有限。为克服这些问题，NSP2 在经济危机之后开始对落后地区和经济复苏速率较慢的地区进行集中投资。一般来说，联邦政府的经济支援金要求快速使用，NSP2 也在 2013 年 2 月完成了全额分配。以美国六个州为对象的 NSP2 投资效果分析研究发现，随着地区特性的不同支援金的使用目的呈现出多样化。例如，划分收缩城市和低增长地区的俄亥俄州库亚霍加县和密歇根州韦恩县较多用于住宅拆除和土地银行；经济危机期间，经历地价骤升骤降的美国西部和南部沙州的佛罗里达州迈阿密和加利福尼亚州洛杉矶主要将资金用于城市再生和再开发；其他州的资金使用方式属于这两个州的混合方式。Spader 等的研究结果发现，NSP2 在降低犯罪率和增进邻里安定化方面表现出一定的成效。① 对获得支援金的芝加哥、克利夫兰和丹佛的研究表明，虽然只有克利夫兰地区成效甚微，但在与住宅关联的犯罪减少和邻里安定化方面还是做出了一定的贡献。综上所述，NSP2 同 NSP1 一样，支援金较之于现有住宅量和落后程度相对较少，效果也不甚显著。

第三节　典型收缩城市案例分析

一　扬斯顿市

（一）收缩轨迹

扬斯顿是美国俄亥俄州东北部重工业城市，面积约为 89.61 平方千米，2010 年城市人口达到 66982 人。曾经是美国第三大钢铁产业城市，20 世纪 20—60 年代是扬斯顿薄板管（Youngstown Sheet and Tube）、共和国钢铁（Republic Steel）和美国钢铁（U. S. Steel）的总部所在地。19 世纪末第一家钢铁企业入驻以后，1900 年人口从 3000 人骤增至 45000 人，1960 年增至 166000 人。

---

① Spader Jonathan, Schuets Jenny and Cortes Alvaro, "Fewer Vacants, Fewer Crimes? Impacts of Neighborhood Revitalization Policies on Crime", *Regional Science and Urban Economics*, Vol. 35, September 2016, pp. 73-84.

20 世纪 50 年代随着经济放缓和全球化带来的激烈竞争，这个美国第三位钢铁城市在钢铁行业的地位一落千丈，走上了一条无法迷途知返的下坡路。20 世纪 70 年代的石油危机及随后席卷全美的去工业化浪潮，以及企业经营效益萎缩、劳动生产率升高、国外竞争深化、国内外需求等多样化因素的叠加影响，20 世纪 60—70 年代美国钢铁产业之间的相互竞争愈演愈烈，导致扬斯顿薄板管、美国钢铁公司和共和国钢铁等许多企业陆续破产倒闭，造成 5 万个制造业就业岗位消失。[①] 与此同时，郊区化、"白人群飞"和阳光地带崛起使扬斯顿雪上加霜。1977 年 9 月 19 日，扬斯顿薄板管公司第一个宣告倒闭，导致 1979—1981 年失去了 1 万个就业岗位，间接导致城市人口从 1950 年的 168330 人减至 2008 年的 72925 人。随之而来的人口减少引发城市财政恶化，较之人口数过多供给的城市基础设施维护变得愈加艰难，大部分住宅是 1950 年之前建成的，其中，许多住宅用的是石棉和含铅涂料等毒性物质，拆除和修缮需要大量的人力和费用。

城市人口从 1960 年的 16.70 万人减少到 2010 年的 6.70 万人，50 年间以年均约 1.80% 的速率逐渐减少，人口减少造成住宅供给相对过剩，产生超过 4000 套的空置房屋和 22000 个以上的空地，同时一些地区的新建住宅开发又引发其他住区的衰败，以致 2000 年 13.40% 的住房空置率飙升至美国最高水平，住房需求迅速萎缩，成千上万的空置房屋严重破坏了当地的房地产市场，进一步侵蚀曾经建立在工业基础上的社会架构。在此过程中，遭到废弃的产业设施和住宅数量急剧增加，道路和上下水道等基础设施和公共服务的维护费用也不断升高，这也一定程度上加速了邻里社区的衰退进程。

经过长期的持续性人口流失，住宅需求也随之急剧减少，一个地区的新住宅开发将会诱发其他地区的住宅区走向荒废，出现许多没有主人的房屋、杂草茂盛的空地、犯罪、老弱病残集中居住的邻里地区。[②] 同时，社会结构也随之发生巨大变化，1980 年白人约占总人口的 64%，而

---

① Linkon, Sherry Lee and Russo John, *Steel-Town U.S.A: Work and Memory in Youngstown*, Lawrence: University Press of Kansas, 2002, p.131.

② Hollander Justin B., Pallagst Karina M., Schwarz Terry, et al., "Planning Shrinking Cities", *Progress in Planning*, Vol.72, No.4, October 2009, p.223.

2000 年才勉强达到 50%。①

（二）推进政策

曾几何时，扬斯顿成为美国萎缩最快的城市之一，在试图复兴崛起的那些年代里，不仅没有变得更好，反而更加糟糕了。在失败中反思和总结经验教训之后，开始接受可能再也无法重返繁荣时期的现实，不再执迷于回到 17 万人口城市的荣耀时代，转而信奉"小而美"的发展理念，于 2005 年制定实施《扬斯顿 2010 规划》，成为全美首个明确提出精明收缩（Smart Shrinkage）发展的规划案例。这是扬斯顿州立大学和城市政府携手共同完成的规划，规划制定过程中充分活用了市民参与规划的方式，数次举行了多方面利害关系者参加的专题讨论会和地区会议。在市政府开展长达七个多月的市民参与活动和市民教育课程，汇集代表邻里住区、地方政府、非营利机构、经济团体、宗教团体、劳动者协会、教育机构、媒体部门的 200 多名地区成员代表举办了 12 届研讨会。

1. 城市层面的收缩战略

《扬斯顿 2010 规划》以"更小、更绿、更清洁、更有效利用现有资源、更充分发挥城市的文化特色和商业能力"为主题，奠定了主动接纳城市收缩的基调，积极活用现有的建筑、基础设施和行政服务，并提出四大愿景目标：

（1）正面承认扬斯顿是个缩小的城市。钢铁产业的崩溃造成 30 年间城市人口流失过半，产业基础丧失，基础设施供给过剩，通过战略性项目、社会责任感和财政可持续发展方式对城市基础设施进行重组整合。

（2）重新确立扬斯顿在地区经济中的新角色定位。由于钢铁产业不再是扬斯顿的主要产业，城市应准确反映地区经济的客观真实性，通过大学、医疗领域、艺术共同体等现有产业激活多样化、朝气蓬勃的城市经济。

（3）提升扬斯顿空间质量和生活品质。废弃的建筑和道路比比皆是，城市衰退进入常态化，支援破碎窗户更换以及针对教育体系、江河、市中心和住区的改善项目。

（4）倡导公众响应参与。引导广大市民和城市领导者的参与，通过实用性和行动导向性规划强化地区领导者的持续性参与。

---

① Youngstown，"Youngstown 2010 Plan"，http：//www.cityofyoungstownoh.com/about_youngstown/youngstown_2010/plan/plan.aspx.

为了实现这些愿景目标，《扬斯顿 2010 规划》提出六大战略措施：

（1）创造城市特性（Creating an Urban Character）

将高密度中心地区、扬斯顿州立大学、政府、公共行政机关和娱乐设施等城市重要资产集中起来，创造扬斯顿独特的城市特征。除了年度清扫、拆除建筑、城市美化、新公园等新资产建设的实施规划之外，还包括绿色产业地区、商业地区活力再生、开发规划等相关项目。

（2）营造富有韧性的城市社区（Creating Strong Neighborhood）

将城市内部 31 个地区整合成 11 个地区，通过现状评价构建各个地区的愿景目标。通过空地管理项目和拆除项目清除城市内部的废弃物业，重新售卖给地区社会团体和居民，催生废弃土地产生新的市场价值。扩大稳定地区投资的同时，缩减衰退地区投资。对空地较多的社区推行投资最小化战略，对空地较少的稳定发展地区进行优先重点投资，通过奖励制度引导迁入，使得城市更具竞争力和较高密度。并且，为减少空地和废弃房屋，通过税收购买居民、企业或教会舍弃的土地和住宅，将其重新转换成生产性用途，增加拆除废弃建筑的预算。依据住宅的扣押状态、地区密度、住宅占有率和社区活力再生程度选定 28 个地区，通过邻里地区安定化规划（NSP）给予联邦基金支援。

（3）收缩导向的土地利用规划（Contract-oriented Land Use Planning）

此规划在摒弃以往的增长主义主导型规划模式的同时，开创了精明收缩导向型规划的先河，这一点在土地利用规划中得到充分体现。扬斯顿在土地利用规划中，推出绿色网络、富有竞争力的工业地区、自立自足的邻里地区和富有活力的市中心四个规划主题，最大化反映出这些规划主题的内涵和特色。

具体来看，首先保护现有绿地地区，创造出新的娱乐休闲空间，与上一级娱乐绿地体系有机联系，借机建立城市绿色空间网络，并进而与地区、州以及国家的绿地网络相联系。而且，导入反映休闲公园地区、农业地区、绿色工业地区等绿地化战略的新用途管制地区，充分利用规模超过纽约市中心中央公园的米尔溪公园（Mill Creek Park）和玫瑰公园，提升城市的舒适性和宜居性，推进革新性活用历史文化资源的城市再生战略，对富有特色的近代历史文化建筑进行修缮翻新，并赋予其艺术工作室或 IT 系列事务所等新的功能。

同时，沿着连接马洪河（Mahong River）和市中心的主要交通轴，以集群形式布置商业、产业和公共机构用地，居住用地布置在商业轴之间的公园绿地之中，主动采取收缩城市规模、更新城市定位、建设绿色基础设施、设置土地银行、汲取公众建议等一系列措施，根据人口减少和经济活动的要求对居住地区、商业地区和工业地区进行精明收缩规划。居住地区方面，在人口减少、居住用地闲置的状况下，居住用地规模较原有规划减少30%；商业地区方面，收缩中心区规模，将商业区收缩为商业街，将多余土地转换为公共绿地、城市农业、社区花园或社区设施，保持小而精且富有活力的中心区功能，零售业的郊区商业用地达到供给饱和状态，将商业用地规模也减少了16%左右；工业用地方面，改造原先用于工业的水道和现有的工业废弃地，使其成为公共休闲娱乐场所。针对去工业化引发的制造业迁移问题，压缩重工业地区和轻工业地区的规模，布置不排放污染物质的环保型绿色工业，在工业地区植入工业艺术公园等新功能，实施商业孵化项目，培育潜在发展动力（见图3.2）。此外，为了推动城市收缩，扬斯顿还创新了土地银行机制，更新了法案，支持土地银行对城市空置土地和荒废土地的快速回收和再利用。

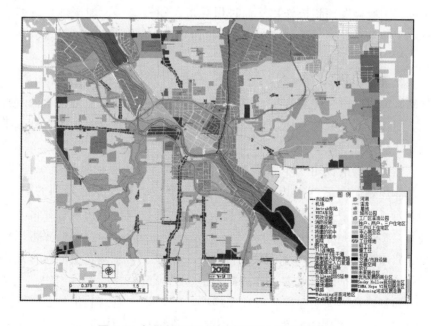

图 3.2　扬斯顿 2010 规划的将来土地利用规划

资料来源：Youngstown，"Youngstown 2010 Plan"，http：//www.cityofyoungstownoh.com/about_youngstown/youngstown_2010/plan/plan.aspx.

（4）创建功能性城市（Creating a Functional City）

虽然人口在减少，但城市规模保持不变，这就会造成人口低密度分散的问题。人口稀疏地区难以保障正常的公共服务供给，通过空地管理项目和拆除项目引导市民的迁入。在城市周边地区布置被遗弃的水资源关联基础设施，实现无追加投资情况下的城市收益提高，同时还通过共同经济开发区域（Joint Economic Development District，JEDD），将弃用的基础设施在整个区域内部进行重组以充分发挥其效能。使用现有扬斯顿的上水道和排水系统为周边村庄提供生活用水，使原来缺乏基础设施的地区获得更多的满足感。

（5）创建可持续发展的城市（Creating a Sustainable City）

为了保障未来城市经济的稳定，在市中心地区和现有制造业地区指定鼓励绿色产业发展的特定区域，并加强公园和河流等绿色基础设施的网络化，改善城市生活品质，发掘潜在性收益的创造源泉。

（6）市民参与（Involving the Public）

地区社会能够在新的城市愿景和方向确定方面给予很大的帮助，实施过程中能够发挥积极作用。通过引导市民积极参与，加深规划过程的理解，使其感受到自己在规划性收缩城市建设中的自豪感和主人翁作用。

2. 社区层面的收缩战略

在《扬斯顿 2010 规划》的编制过程中，为了更好地组织公众参与，规划人员将城市全体划分为 11 个社区，以便更加快速有效地征求公众意见。而在编制完成的总体规划中，明确提出未来需要编制社区规划，借以强化总体规划的实施。

然而，扬斯顿由于不断加重的财政负担与不完善的社区组织建设，在总体规划颁布后的很长一段时间内，一直无力开展社区规划的编制。2009 年 6 月，在扬斯顿市政府和私人基金会的支持下，扬斯顿社区发展公司（Youngstown Neighborhood Development Corporation，YNDC）得以成立。YNDC 是在 2009 年扬斯顿和雷蒙德·约翰·韦恩基金会的合作之下创建的，是一个促进城市全体战略性地区再投资的非营利性组织，主要职责包括：住宅购买商谈、空地绿地化、空置住宅更新和出售，为暂时难以偿还银行贷款的家庭提供低息贷款，维护与管理废弃物业等（见表3.2）。而且，扬斯顿社区发展公司还编制了一系列的规划和研究报告，包括社区行动规划、模范街区规划、街道整治规划等。

表 3.2　　　　　　　　　扬斯顿社区发展公司（YNDC）运营项目

项目名称	内容
待售房屋	• YNDC 采用高标准对空置房屋翻新之后以适当的价格售卖给新建住宅所有者
恢复住房抵押贷款	• RHM 为贫困的狩猎谷（Manhoning Valley）地区社会提供资本和教育机会，创造可持续发展的住宅拥有机会，促进邻里地区活力再生 • RHM 为无力满足现有银行商品（贷款等）要求条件的居民通过柔性的收购标准提供抵押贷款帮助，RHM 对信用点数的要求比一般贷款机构低
激活住房市场	• 提供良性的贷款服务和贷款机会
住房和城市发展部许可的住房咨询	• YNDC 是帮助持续拥有住宅的商谈机构 • 通过一对一商谈寻求拥有住宅的方法
安全上学项目	• 通过交通障碍物确认和 5Es（工程，教育，实施，奖励，评估），学生步行或自行车能够安全到达学校的方案筹划
色彩扬斯顿	• 改善住宅外观的资金支援
绿地化	• 通过绿地化战略将私有土地转变为公共绿地，借以达到改善社会大环境的目的

资料来源：성은영·임주선·김용국，*지방중소도시의 스마트축소 도시재생 모델개발*，세종：건축도시공간연구소，2018，97 쪽.

为高效提升地区魅力和激发活力再生，在扬斯顿市政府、扬斯顿大学和城市地区研究中心的密切协作之下，YNDC 通过数据基础分析制定发展战略和地区规划，主要包括社区行动规划、廊道型规划、投资最小化战略、规模适当化战略、绿地化战略等。

（1）社区行动规划

社区行动规划存在法令执行、住宅修理和不动产问题，道路包装和路灯整修等基础设施问题，城市犯罪问题，经济开发和共同体建设的建议等各种问题。YNDC 和扬斯顿为促进住宅市场低迷地区的经济开发和开敞空间保护，制定空置或税金未缴纳土地的征收战略，为解决脆弱市场地区的生活品质及其他相关问题还制定了资产基本详细规划。而且，社区行动规划还以扬斯顿现状和城市资源的理解为基础，提出四种社区规划战略地区，即现有规划地区（Existing Plan Area）、社区实践规划地区（Neighborhood Action Plan Area）、征收战略地区（Acquisition Strategy Area）和资产基础薄弱规划地区（Asset Based Micro Plan Areas）。

（2）廊道型规划

YNDC 制定的发展战略和社区规划中的廊道型规划，旨在激发扬斯顿江边地区的经济增长和社区环境改善，强化社区与江水之间的连接性。US422 廊道地区规划的主要内容包括：第一，为创造就业岗位的途径和提升 422 廊道的功能，提出清除江边垃圾、公园化、步行亲和性道路环境形成等规划项目；第二，确保创造就业的地区潜在力，提出保护可达性较高的大规模铁路用地和临时性使用的规划；第三，支援地区产业的活化；第四，居住地区的安定化；第五，自然资源的活化使用。

（3）投资最小化战略

扬斯顿对衰退地区采取投资最小化战略。过去，在非营利组织的主导下，利用联邦政府的税收优惠和州地方支援金在衰退邻里地区推动新住宅建设。后来，威廉姆斯市长在新的住宅建设规划制定之前勒令中止了新住宅建设。低收入居民的住宅维护支援方面，根据住宅的不同位置给予不同档次的补助金。与其给予被空地围绕的社区住宅一定的财政投资，不如采取优先向较为安定的社区进行投资的战略。[①]

空置闲置物业的应对方式主要针对房屋空置率较高的区域，考虑到公共服务维护成本的持续增加，便开始拆除闲置建筑和不必要的道路[②]，而拆除闲置建筑后的城市空地与其进行再开发，不如转换成绿地、宅旁绿地等生活用地，借以改善社区生活空间品质，并通过城市农业等共同作业和不定期社区研讨会增强居民的社区共同体意识。根据社区的状况和距离，低收入阶层的居住地区按照顺序分等级支援住宅修理费用，给予空屋密集居住地区的居民每户 5 万美元的搬迁奖励，鼓励他们搬到特定地区，将原住处转换成公园绿地。

（4）规模适当化战略：空置物业再生

2009 年 2 月发起空置物业（VPI）倡议，并与国家空置物业行动（NVPC）组织共同推出了《空置物业再生的扬斯顿和马霍宁县的再生战略：体制改善和市场的规模适当化》报告书，以空置物业的成长周期为基础，提出信息战略、预防和安定化战略、获得和管理战略、再活用和

---

① Lindsey, C., "Smart Decline", *Panorama Whats New in Planning*, Vol. 15, 2007, p. 19.

② Pallagst Karina M., Asaaied Seba and Fleschurz René, "The Shrinking Cities Phenomenon and its Influence on planning Cultures: Evidence from a German-American Comparison", AESOP-ACSP Joint Congress, Dublin, 15-19 July 2013.

规划战略四种规模适当化战略（见表3.3）。为推动这些战略的实现，还提出了地区物业信息系统制度化、城市和郊区规制实施、土地银行设立、适合收缩性市场的地区社会开发战略、邻里空置物业修复和《扬斯顿2010规划》综合规划实施五大政策课题。

表3.3　　　　　　　　　　扬斯顿市和马霍宁县的适当规模化战略

分类	内容
信息战略	●构建整合现场调查和公共资料系统的房地产信息系统 ●以闲置土地储备和社会经济指标为基础的邻里地区类别化 ●制定不同邻里社区的差别化战略
预防和安定化战略	●实行闲置土地登记条例，住宅定期检查制度等规制 ●活用商谈电话、贷款机构实务协议图、扣押商谈、紧急贷款、抵押诈骗监察等扣押预防措施
获得和管理战略	●维护或拆除建筑，通过剥夺合法所有权引导适当地再使用 ●通过土地银行获得闲置物业，并进行管理
再活用和规划战略	●综合/邻里规划，用途地区代码，掌握（再）开发过程中闲置土地的再活用潜在力和修复可能性 ●通过暂时性活用（绿地基础设施等）战略进行创新性活用

资料来源：Kildee, D., Logan, J., Mallach, A. and Shilling, J., *Regenerating Youngstown and Mahoning County through Vacant Property Reclamation*：*Reforming Systems and Right Sizing Markets*, Alexandria：National Vacant Properties Campaign, 2009, pp. 16–17.

（5）绿地化战略——扬斯顿Idora地区的绿地化规划

2009年扬斯顿社区发展公司（YNDC）将空地较多的Idora地区设定为再生地区，为实现房地产市场的活化、居民积极参与、社区形象更新的目标，制定空地转变为绿地的规划战略（Lot of Green Strategy）。规划的核心在于将Idora地区的120多块空地活用成与周边地区共享的公园、社区公园、1.50英亩的城市农场和实习中心。

Idora地区再生规划中，将部分地块设定为示范地区，必要时拆除建筑以后转换为绿地空间，用来运营多样化项目。对于尚未开发的住宅预留地，不再开展任何人为开发计划，保持其原生态面貌。Idora社区规划实施以后，房屋空置率显著减少，房地产市场趋向稳定，住房所有者逐渐增加。而且，民间投资活力得以激活，就业市场也呈现出欣欣向荣的景象。

（三）成果和局限性

1. 城市维度

《扬斯顿 2010 规划》的成果主要包括以下六个方面：第一，开发项目实现了部分市中心地区的再生。在艺术文化地区指定创建了酒吧、餐馆、俱乐部等商业设施和新型住区，通过与扬斯顿州立大学之间的合作新建威廉姆森大学经营行政学院建筑，通过作为绿色网络规划一环的俄亥俄州清洁援助基金（Clean Ohio Assistance Fund）在林肯公园东侧购买200 英亩规模的再开发空间。并且，连接河岸地区和密尔克里克公园的山间铺设自行车道路，拆除城市主要道路街道市场街（Market Street）的 48栋建筑，并将其中 16 所进行绿地化处理。商业区的中心部分进行持续性开发的同时，市中心邻里地区仍然保持较高的房屋空置率。由于拒绝了土地银行、州政府和环境保护厅（EPA）的支援，与快速人口减少的南部瀑布城大街（Falls Avenue）的"接轨"开发未能如愿以偿。并且，协同经济开发地区（Joint Economic Development District）规划以失败告终。第二，公园和休闲设施方面，考虑公园使用需要和财政状况实施公园缩减政策。在 40 个以上的公园之中，除 6 个被关闭之外，还有 12 个转变为个人所有。第三，人口变化方面，《扬斯顿 2010 规划》原本预测人口数量会维持在 8 万人左右，但实际上人口减少了 18.40%，超过了 2010 年以前40 年间的平均人口减少率（16%）。第四，2003—2012 年犯罪率减少 1/3，可判断为人口减少的作用结果。第五，教育方面，虽然高中和大学毕业人数增加，但城市人口仅有 20% 是中学毕业，仅有 16% 是大学毕业，处于美国的最低层次。按照《扬斯顿 2010 规划》，历史悠久的学校的翻新和绿地化项目得以顺利实施，但由于学生数较少而导致空间利用率很低。在人口低于 5 万人的美国城市中，2012 年之前扬斯顿的人口减少率是最高的。第六，收入水平方面，扬斯顿地区居民的平均收入为 24880 美元，是州整体平均水平的一半，连贫困户数比率（36%）也是美国最高水平。主导推进《扬斯顿 2010 规划》的杰伊·威廉姆斯（2005—2011 年扬斯顿市长）也承认此规划的不足之处，并强调《扬斯顿 2010 规划》并不是终点。城市层面的收缩规划只是实现了部分（物质环境改造）预期目标，但在市民的社会经济水平提高方面未能达到期待值。不过，运用收缩城市模型的个别邻里地区（如 Idora）还是取得了一定成效。

2. 社区维度

公共资源和财政预算都较为有限的收缩城市，若想短期内彻底拆除空置和废弃的物业几乎是不可能完成的任务，唯一的途径就是渐进动态地推进规划措施。过去由于缺少社区规划的方向引导，空置废弃建筑的拆除缺乏明确性和透明性，极易成为权力"寻租"的频发地。而且，自上而下的拆除行为缺乏明确的目标导向，地方政府和土地银行的工作人员在领导意志和公众意志的双向指引下无所适从，纵使竭尽全力行事也是收效甚微。

扬斯顿的社区行动规划可以成为解决这两种困难的有效方案和可行途径。以社区民众的意见为基础，结合规划编制人员对客观现状的分析与判断，给规划的实施者提供了有据可循的空间介入方法和改造建议。同时，行动规划还将规划的编制与实施紧密地结合在一起，通过组织以第三方成员为主的行动小组，监督规划的实施，并根据社区发展的最新情况调整规划内容，实现了规划的动态化调整和渐进式优化。

但是，扬斯顿的社区行动规划也存在一系列内生问题，同时面临着诸多挑战。第一，由于缺乏城市尺度的统一规划，在选择编制规划的社区这一环节上，极不透明；第二，任何一项社区行动规划内容的实施，都给周边的业主带来了正向的外溢，然而如何做到溢价归公，是规划编制与实施主体必须应对的问题。①

通过基于精明收缩理念的社区行动规划，空置房屋得以拆除和翻新，然后转变成公共庭院的过剩土地，可为地区居民日常活动所使用，打造成消除地区社会问题的活动空间。由此，Idora 地区引发富有居民的广泛关注，随之改变了该地区人口统计性的分布变化。2006—2010 年和 2010—2014 年的美国社区问卷调查结果显示，Idora 地区居民的平均收入和房价中间值逐渐降低，但与城市全体相比贫困率还是较低的。

由此可见，Idora 地区的状况得到了相对改善。城市整体上住宅所有者比率在减少、租借人在增加的同时，Idora 地区出现反向变化的趋势。2006—2010 年和 2010—2014 年，住宅所有者比率从 56.20% 增至 58.40%。同样，城市全体住宅费用在逐渐降低时 Idora 地区却在逆势升

① 高舒琦：《精明收缩理念在美国锈带地区规划实践中的新进展：扬斯顿市社区行动规划研究》，《国际城市规划》2020 年第 2 期。

高，月住宅费用从 545 美元增至 685 美元，而城市整体上从 560 美元降至 546 美元。特别是租赁费用大幅度上涨，Idora 地区的租赁费用从 437 美元升至 729 美元，而城市整体上从 549 美元增至 612 美元。其中，最明显的变化是此期间 Idora 地区的黑人从 84.80% 减至 72.60%，白人从 11.70% 增至 25.80%。

二　底特律

（一）收缩轨迹

底特律位于美国中西部密歇根州，城市面积约为 370.03 平方千米，曾经是美国汽车工业的代名词，拥有福特、通用和克莱斯勒全球三大汽车巨头，成为世界上独一无二的"汽车城"，数十个企业创造了数以万计的汽车产业就业岗位，成为诱发城市人口增长的最重要动因。

早期的现代化生产技术和生产线工作模式使得汽车工业进入了大量生产阶段，1900—1950 年底特律的人口从 28.60 万人增长到 185 万人，出现了标志性的经济飞跃和人口大爆发。而且，在 1890—1930 年城市中心许多多层工厂拔地而起，以火车站和交通节点为中心的工人集聚区开始出现。1900 年 28.60 万城市人口中工作人口达到 11.50 万人，1910 年 46.60 万城市人口中工作人口达到 21.50 万人。然而，20 世纪 70 年代初，城市郊区化浪潮席卷全美，人口流失的危机犹如阴霾般笼罩在底特律上空。底特律城区人口从 1950 年的 184.90 万人这一峰值减至 2000 年的 95.10 万人，几乎失去了 61% 的人口。

城市人口收缩的原因主要体现在汽车产业变化和政府政策变化两个方面。在汽车产业变化方面，第二次世界大战之后，由于工厂产业结构的变化，生产从原本在多层工厂不同楼层分散进行的方式向单一楼层集中生产的方式转变，这就促使工厂开始向能够提供大规模空间的郊区迁移，甚至开始向巴西和中国等廉价劳动力较多的海外地区转移。在生产要素在全球舞台上开始重组配置的背景下，新的汽车制造生产线转向墨西哥等成本更低的国家，底特律失去了成本优势和技术优势，越来越多的工厂步履维艰。2008 年金融危机以来，通用汽车、克莱斯勒和福特等密歇根州的许多城市的汽车产业陆续破产，对底特律的财政投资减少是情理之中的，这就加速了城市内部工作岗位和人口总量的"滑铁卢式"下降。

在政府政策变化方面，1956 年美国政府依据《州际高速公路法》（*Interstate Highway Act*）筹措资金建设 65600 千米的高速公路网络之后，

　　主要运输方式由铁路转变为高速公路，火车站周边的工人集聚区开始发生变化。美国这种以汽车道路作为基础、快速城镇化的发展模式导致了低密度的郊区无序蔓延问题，由此引发的各种变化对城市特征、市民身份认同、宜居性和可持续性都构成了巨大威胁。20世纪50年代和60年代德怀特·戴维·艾森豪威尔总统在任期间，联邦住宅管理局（FHA）为使美国白人中薪阶层和工人阶层购买郊区住房提供贷款利率方面的优惠制度。然而，市中心的公寓住房在棉花产业没落之后，逐渐由寻求新工作岗位的南部黑人迁入接管，由于根深蒂固的种族歧视白人进一步锐减，与城市基础设施维护日趋艰难的市中心不同，郊区由于白人的增多，商店、医院和工作岗位急剧增加。

　　由于汽车产业和政府政策的变化，市中心空洞化现象愈加严重，郊区迁移现象造成郊区开发越发活跃。市中心约有7万栋建筑被遗弃，包括3.10万栋空置建筑和超过9万块空地。2014年的老旧建筑调查结果显示，城市的26.10万个建筑之中约有5万个变成废墟，9000个以上的建筑遭受火灾，还有5000个即将面临拆除的命运。同时，城市人口从1950年的180万人逐渐减至2010年的70万人，市中心的人口减少问题尤为显著，成为人口流失最严重的地区。而且，杀人犯罪率比纽约高出10倍，甚至成为福布斯美国最危险城市排行榜的榜首城市。

　　从1950年开始，城市中心区工厂陆续分散外流，由于战略军事等原因，白人中产阶级流向郊区引发市中心人口减少的同时，韦恩、奥克兰、马科姆等郊外地区人口增加率却高达150%，与去工业化相比，底特律收缩过程中郊区化发挥出更加突出的主导作用。① 图3.3反映出1950年以后底特律不同地区人口密度和城区开发用地分布模式的变化过程。随着郊区化的深入，城市穿孔现象在建成区如瘟疫一般向四处蔓延。

　　当时，无人愿意对市中心的汽车工厂进行整改，而是在城市郊区建设新的厂房，吸引大量白人迁至郊区生活工作。1954年，在美国首个郊区型大型购物中心 Northland Center 开业的影响下，商业功能和办公业务设施都随之迁向郊区，内城区成为无业黑人的集聚区，犯罪和废弃土地比比皆是。因此，底特律中心区开始收缩，非裔人口增长到总人口的1/3，成为

①　임석회,『인구감소도시의 유형과 지리적 특성 분석』,『국토지리학회』, 42권, 1호, 2018, 65-84쪽.

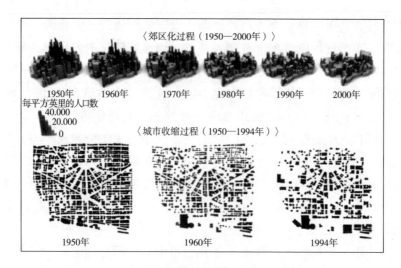

图 3.3　底特律的郊区化和城市收缩进程

资料来源：구형수·김태환·이승욱·민범식，저성장 시대의 축소도시 실태와 정책방안 연구，안양：국토연구원，2016，137쪽．

美国最早经历人口从市中心转移到城郊的城市。1967 年由于白人警察和黑人的冲突促发"第十二街骚乱"（The 12th Street Riot），这一美国历史上破坏力极强的暴动事件进一步加剧大量白人远走他乡，犯罪率持续升高，毒品大肆泛滥。此后，底特律多次试图重振经济，冀图再现"二战"后美国汽车城的繁荣。这些重振计划初衷很好，也得到了大量的资金支持，但没有一个能够阻止底特律工业滑坡、政府失灵以及人口缩减等消极趋势。

　　1970—1980 年，石油危机以及来自外国生产企业的竞争给底特律带来巨大的生存危机，但绝大部分企业还是以传统陈旧的工作方法来应对，未能谋求现代服务业和汽车产业链的横向衍生转变，由此带来结构性失业、城市空心化等问题。城区产业空心化和人口流失的加剧，城市税基萎缩，而工会运动和民权运动却在推动着底特律福利制度的扩张，最终导致底特律公共财政无力招架，在结构性矛盾中挣扎了数十年。

　　在此期间，底特律错过了许多可以实现产业转型和解决结构性矛盾的机会。增长主义价值范式在历届市长的头脑中发挥了支配性作用，最初应对是通过开发项目来推动城市的再建，全然不顾人口减少、需求低落的客观事实，过度扩大开发建设，甚至还开通了"People Mover"观光线路。底特律在相当长的时间里企望采用大规模借债和大规模工程等方式拉动城市增长，结果却迎来适得其反的收缩效应。庞大的资金投入不仅没换回一丝实效，反而给城市带来不堪重负的财政危机，城市政府赖以生存的房产税和消费税在短期内缩减大半，社会矛盾加重，大量居民外迁，最终导致底特律产业结构调整的彻底失败。2010 年人口继续减至 71.30 万人左右，约有 3.10 万块土地和 7.50 万栋建筑处于无人问津的状态。最终，2013 年 7 月这座曾经风光无限的汽车城因无法偿还 185 亿美元的巨额债务而宣告破产，这与其过度的基础设施投资有着不可推脱的关系。

不过，美国人口调查局发布的数据显示，底特律的人口流失速度减缓。而更值得关注的是，2012—2013 年底特律的白人数量从 7.50 万人增至近 9 万人，更多的白人逆向迁徙重返底特律这个以"白人大迁徙"著称的城市。此时不禁会产生一个疑问，这突如其来的白人逆迁徙会不会只是昙花一现呢？如果不是，那它产生的驱动力又是什么呢？

（二）推进政策

1. 城市层面的收缩战略

（1）地区安定化规划（Neighborhood Stabilization Plan，NSP）

面对城市收缩现象，市政府在 20 世纪 80 年代实施挽留企业的税收减免政策，这才最终留下了福特公司的振兴公园、通用汽车公司的波兰城大厦、克莱斯勒公司的工厂。[①] 尽管如此，仍然未能提供足够的就业岗位。

1990 年以后，通过步行道路系统整治积极推动市中心再开发，开放式办公建筑和新设休闲设施促使市中心重新焕发活力，同时还在努力加强与郊区之间的联系。地区安定化规划是底特律规划开发部（Planning and Development of the City of Detriot）提出推进的规划项目，以支援由于经济危机遭受冲击的地区社会的市场恢复和安定化为主要目标。在应对金融危机方面，随着 2008 年 7 月《住宅和经济恢复法》（*Housing and Economic Recovery Act*）的颁布实施，州、城市和县为了扣押或废弃居住房产的获取、翻新、拆除和再开发，虽然获得 39.20 亿美元的支援，但无法成为根本上解决问题的途径。底特律有 67000 个扣押房产，其中 65% 属于空置建筑，面临着美国 100 个大城市中最严重的危机。自经济危机之前

---

① Schett Simona，"An Analysis of Shrinking Cities"，http：//www.ess.co.at/URBANECOLOGY/Simona_Schett.pdf.

开始，底特律就早已出现人口减少、住宅需求供给不均衡、税收萎缩、老旧住宅和基础设施等多样化问题。为增进扣押危机发生之后的地区安定，探索扣押危机的应对策略，恢复市场稳定繁荣，提升生活环境品质，市政府开始着手制定地区安定化战略。参与该战略规划的部门包括规划开发部（The Planning & Development Department）、底特律地区开发拥护组织（Community Development Advocates of Detroit）、城市规划委员会（City Planning Commission）、密歇根州住宅开发厅（Michigan State Housing Development Authority）、扣押预防事务所（Office of Foreclosure Prevention）、LISC（Local Initiatives Support Corporation）、韦恩县（Wayne County）和金融机构等。

（2）规模适当化规划

为了解决城市收缩问题，近年来底特律将城市政策方向转向规模适当化战略。1990 年城市规划委员会发布《底特律空地调查》（Detroit Vacant Land Survey）报告书，提出彻底放弃开始荒废的地区，并让此地居民迁向那些发展潜力较高地区的战略。[①]

此后，底特律将规模适当化确定为城市政策的发展方针，2010年底特律发布推动收缩城市规模适当化的底特律改造项目（Detroit Works Project）。这是应对空置建筑和人口减少的底特律的新长期规划项目，重视地区合力的协同治理。2011 年 6 月此项目被分离成近期实施战略和长期规划[②]，其中的长期规划就是 2013 年 1 月制定实施的《底特律未来城市：2012 底特律战略总体规划》。

（3）底特律未来城市（Detroit Future City，DFC）

2013 年 1 月底特律的战略框架规划《底特律未来城市：2012 底特律战略总体规划》，确立了一系列新的政策方向和行动计划。这份迟到的规划，力求找到新的土地利用方式，通过重新配置城市要素，实现基础设施利用最大化，以提高现有居民的生活质量。在城市现有资产的基础上，创造更具吸引力的多样化社区，鼓励公众积极参与。这种基于收缩现状寻找可持续发展策略的规划思路，重点在于利用空置土地建立城市的绿

---

① Hollander Justin B., Pallagst Karina M., Schwarz Terry, et al., "Planning Shrinking Cities", *Progress in Planning*, Vol. 72, No. 4, October 2009, p. 231.

② 短期实施战略是城市的部分地区为了实施可行性和地区的反映调查而提供更好服务的领航项目，长期规划是为了城市发展而提出的更广范围的规划。

色空间网络，通过社区多样化培育具有活力的城市中心，充分体现出"精明收缩"的规划理念。精明收缩意味着"删繁就简"，转变增长主义价值观主导下的扩张式规划理念。总体而言，精明收缩是应对城市收缩的一种适应性策略，基于人口和城市现状的改进进行城市规划和治理，让城市在收缩状态下健康运行。

底特律未来城市是推动底特律未来 50 年愿景规划的战略性构想，提出将来城市拥有 10 万人以上市民的目标。公共机构和民间利益相关者携手合作，借助大数据战略，推进土地利用、环保、地区社会和经济开发等方面的全面发展。为践行战略构想的建议方案，发挥与利益相关者进行调解斡旋、提供信息和监督管理的作用，通过城市的高效率土地利用、就业岗位增加、经济发展繁荣、激发地区活力、布置成本合理的城市基础设施、发展建设高品质社区的方法战略，提供底特律长期性持续活力再生的方案。为此，此规划构想提出将来推动城市发展和整合的五大规划要素（见表 3.4），将市区划分为增长推进地区和投资限制地区，根据土地利用的变化情况对城市服务设施配置体系进行重新构建，将闲置物业转变成生活用途，推动邻里地区的安定化和持续性。

表 3.4　　　　　　　　　　底特律未来城市的规划要素

分类	规划要素
经济增长要素	• 四大经济增长动力（教育、医疗、数码和创新产业、传统和新技术）与地区企业的支援 • 就业岗位增加的 7 个地区，创办就业中心，推进核心投资 • 对地区企业家和少数独资企业进行奖励 • 教育和技术的开发 • 将城市土地转化为经济资产
土地利用要素	• 创建崭新的多样化开放空间 • 城市的廊道和道路的再整治 • 筹划革新性规划改革方案 • 反映多样化建筑特性和市场特性，引导未来城市规划和投资，区域框架规划 • 未来土地利用分为邻里、产业和绿地进行规划 • 分为居住、商业、绿地和产业四类开发类型，在特定土地利用中实现建筑和绿地的可视化开发

续表

分类	规划要素
城市系统要素	• 匹配当前人口的公共和民间服务改革 • 为了更好的环境和公共保健构建净化空气和水的绿色基础设施和蓝色基础设施 • 通过商业和个人交通方式的改革辅助货物运输产业，加强与邻近地区和业务地区的连接性 • 提高城市全体的照明效率 • 完善通信网络 • 强化城市层面的部门间协作，深化清除规制壁垒的讨论
邻里社区要素	• 应对影响市民生活品质的问题的城市整体性战略开发 • 便于步行且高密度的复合用途地区开发 • 在功能缺失的地区推动 Live+Make 住区开发，实现艺术和产业的融合 • 将空地转变为城市造景空间 • 具有历史价值的单独住宅的城市便利设施更新 • 通过绿色、蓝色基础设施等生产性景观的广范围使用，提高身处人口流失地区的居民的生活品质，奠定可持续发展城市的基础
土地与建筑要素	• 业务地区的公共空地和建筑开发 • 促进地区安定化的公共空地活用 • 在大规模空地上建设绿色/蓝色基础设施 • 将公共设施和财产用于较大城市规模的战略上 • 使用造景性方式开展再开发 • 为强化土地开发、再使用和管理战略积极使用规制手段

资料来源：Kresgeorg, 2012 *Detroit Strategic Framework Plan*，Detroit：Inland Press，2013，pp. 25-34.

（4）土地利用开发策略和土地框架区域

底特律虽有大量空置土地，但人均公园面积却远低于国家平均水平。当初建造的开放空间、娱乐设施、学校等基础服务设施，是为了适应当前底特律两倍以上的人口，规模过大与维护费用过高使得在当前状况下不能持续使用。除此之外，由于底特律过去的工业定位，以及当时缺乏考量的决策和做法给较贫穷地区带来了严重的环境污染，种种问题都在诉求一种新的土地利用方式。

《底特律未来城市：2012 底特律战略总体规划》指出，土地是底特律最大的资产，为实现底特律的可持续性转型，应当建立用地之间的相互联系，提出刺激经济增长的策略；整合城市系统，将闲置物业转变成生活用途，提供开放空间并加强邻里关系，并由一个全新的决策和监管体系提供支持，以便快速应对商业发展机会、居民生活质量提升需求等。

公共机构、私人非营利组织以及慈善部门需要全面了解底特律全市现有和预期的土地使用条件，以指导战略性投资获得长期效益，而"框架区域地图"为其提供了基本工具。

框架区域地图通过研究和绘制城市住宅、工业和商业用地的现状与市场情况来制定，边界由土地空置状况决定，同时重大基础设施或土地利用差异所造成的邻里识别和物理空间上的分离也对其有影响。依据现状空缺程度与预测空缺程度，框架区域地图有助于制定最恰当的战略投资范围，以便为土地使用决策者和投资者提供信息。

最终评估出来的底特律市区与街区的空置情况包含四种类型，即低空置区、中等空置区、高空置区和大中心区。大中心区最为突出，虽然仍有较多的土地空置，但其市场蕴藏着最大的机会；高空置区是现有建筑遭到明显侵蚀且土地长期处于休耕状态，对土地空置率最高的地区进行转型，可以大大提高当前居民的生活质量；中等空置区占据最大的土地面积，也拥有最多人口，通过部署稳定住房市场的战略、保持邻里外观和公共安全，可以为该地区提供一些较好的城市住房选择；低空置区在人口和住房价值方面一直保持稳定，相对于其他地区更具竞争力。

（5）可持续发展项目与开敞空间网络

底特律市内部的 12 万个空地中超过 71% 是一半以上市民居住的贫困地区。为创建可持续发展的城市，提出名为"底特律开敞空间网络"（Achieving an Integrated Open Space Network in Detroit）的愿景规划，以将空地转换为开敞空间网络为主要目标。依据战略框架，拆除废弃建筑会产生更多空地，拥有亲环境住宅的土地会不断增加。大约一半程度的城市空间归公共所有，且超过 1.50 万个空间处于公共所有空地周边，具备营造大规模开敞空间的条件。

2. 社区层面的收缩战略

（1）制定应对人口减少的社区适应性战略的城市总体规划

最初，底特律如日本过疏社区重组整治项目一样，推动落后地区的居民向相对较为发达的地区迁移的再布置战略，但是遭遇地区居民的强烈反对，最终未能如愿。①

---

① Hollander Justin B. , Pallagst Karina M. , Schwarz Terry, et al. , "Planning Shrinking Cities", *Progress in Planning*, Vol. 72, No. 4, October 2009, p. 231.

《底特律未来城市：2012 底特律战略总体规划》是首次承认城市自身再也无法重返曾经的人口高峰期的城市总体规划，在此观点的基础之上，此规划就将创造更高品质的生活环境和提供规划实施条件作为主要目的。[①]为顺利地完成规划目标和营建更高品质的生活环境，制定了经济发展、土地利用、城市体系、邻里社区、土地与建筑资产五大部门的规划（见图3.4）。

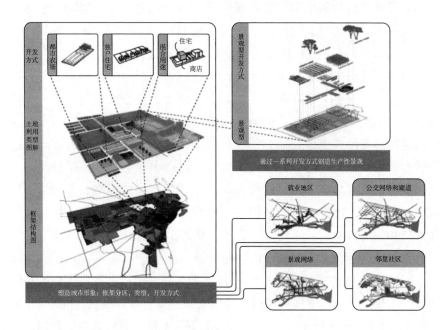

图 3.4　底特律未来城市的土地利用规划体系

资料来源：Detroit Works Project，*Detroit Future City*：2012 *Detroit Strategic Framework Plan*，2013，p. 222.

①经济发展

经济发展方面主要制定七大目标，即强势的就业岗位增加，经济均衡增长，战略性布置经济资产，城市产业活动的领跑者，保有地域性和世界性经济资产，培育少数民族企业，以及促进居住繁荣的即时性和长期性战略。为实现以上目标，底特律积极支援教育医疗、电子创新、工业、地区企业四大核心雇佣部门，活用促进城市增长的空间发展战略，

①　Detroit Works Project，"Detroit Future City：2012 Detroit Strategic Framework Plan"，2nd printing，http：//detroitfuturecity. com/wpcontent/uploads/2014/12/DFC_ Full_2nd.

鼓励地区企业和少数族裔企业的参与合作，推进技术创新和教育改革，加强城市土地的规制和买卖，采取一系列环境保护性措施。

②土地利用规划体系

土地利用规划体系由基本用途地区、土地利用类型、开发类型三个方面构成。基本用途地区作为将来土地利用和基础设施投资判定标准的功能用途地区，通过现在和将来的房屋空置率水平和不动产市场状况的综合性调查，以城市全体地区为对象设定所有规划的主要框架，在此基础上从城市体系、邻里社区、土地和建筑资产等部门制定差别化战略。基本用途地区包括大城市中心区、低房屋闲置率1、低房屋闲置率2、中房屋闲置率1、中房屋闲置率2、高房屋闲置率、工业功能强化和工业功能替换①（见表3.5）。土地利用类型以邻里社区为空间单位设定将来土地利用的目标，包括8种社区型、3种工业型和3种景观型。② 开发类型是将城市内部能够推进的开发形态划分为立体性和视角性两方面而提出的一种形态基础地区。

表 3.5　　　　　　　　　　　基本用途地区的主要特征

分类	主要特征	示意图
大城市中心区	•高密度复合的商业地区 •中等程度的空置房屋和空地比率 •丰富的开发预留地和现有高层建筑选址的高度开发承载力 •居住商业用途的强大市场需求 •相对较低的抵押比率	□占用　■空置

---

① Detroit Works Project, "Detroit Future City: 2012 Detroit Strategic Framework Plan", 2nd printing, http://detroitfuturecity.com/wpcontent/uploads/2014/12/DFC_Full_2nd.

② 居住社区的土地利用类型包括绿色住区（Green Residential）、传统低密度（Traditional Low-density）、传统中密度（Traditional Medium-density）和绿色混合高层（Green Mixed-rise）4种。复合用途社区的土地利用类型包括社区中心（Neighborhood Center）、地区中心（District Center）、城市中心（City Center）和生产居住混合（Live+Make）4种。工业型土地利用类型包括轻工业、一般工业、重工业/供给处理设施3种。景观型土地利用类型包括大公园（Large Park）、创新生态（Innovation Ecological）、创新生产（Innovation Productive）3种。转引自 Detroit Works Project, "Detroit Future City: 2012 Detroit Strategic Framework Plan", 2nd printing, http://detroit-futurecity.com/wpcontent/uploads/2014/12/DFC_Full_2nd.

续表

分类	主要特征	示意图
低房屋闲置率 1	• 极其低下的空置房屋和空地比率 • 相对稳定的住房需求 • 相对较低的抵押比率	
低房屋闲置率 2	• 程度较低的空置房屋和空地比率 • 维持传统性居住邻里社区的特性 • 较高的抵押比率和增长的空置房屋比率	□占用 ■空置
中房屋闲置率 1	• 中等程度的空置房屋和空地比率 • 低下的住房需求和较高的抵押比率 • 低房屋闲置率地区的邻近地区 较之于中房屋闲置率 2 更稳定的地区	
中房屋闲置率 2	• 中等和较高之间的空置房屋和空地比率 • 住区特性丧失之前阶段 • 较低的住宅需求和较高的抵押比率 • 高房屋空置率地区的邻近地区	□占用 ■空置
高房屋闲置率	• 很高程度的空置房屋和空地比率 • 丧失居住特性 • 大规模地区内部孤立的住区 • 较高的不法丢弃投放比率 • 较高的空地公有比率	 □占用 ■空置
工业功能强化	• 保存将来用作生产用途的最佳商业用地 • 担当其他产业商业活动关键作用的现有产业集聚区 • 较高的雇佣密度、良好的基础设施接近性，多样化适宜开发用地，存在与居住用地的隔离性	 □占用 ■空置
工业功能替换	• 大规模商业外迁的旧产业发展带和集聚区 • 过去适宜发展产业，现在有必要转换成更加合理用途的地区	 □占用 ■空置

资料来源：Detroit Works Project, *Detroit Future City*：2012 *Detroit Strategic Framework Plan*, 2013, pp. 236-241.

③城市体系

为了实现公共服务的高效化管理，制定不同地区的差别化管理战略。城市（服务）体系的管理战略包括完善和维持（Upgrade & Maintain）、更新和维持（Renew & Maintain）、缩减和维持（Reduce & Maintain）、维持（Maintain）、替换/用途变更/拆除（Replace，Repurpose or Decommission）五个阶段（见表3.6）。其中，完善和维持战略、更新和维持战略、缩减和维持战略、替换/用途变更/拆除战略主要分别适用于大城市中心区和产业用途强化地区、房屋空置率较低地区、房屋空置率中等地区、房屋空置率较高地区。

表3.6　　　　　　　底特律未来城市的城市服务体系管理战略

分类	内容
完善和维持	• （服务水平）品质提升至较高的服务水平 • （措施）全面性维持，更高服务水平的更新完善 • （结果）服务容量和恢复力提升的邻里地区
更新和维持	• （服务水平）同一水平，或者相对较高品质的中等水平 • （措施）全面性维持，更高服务水平的更新完善（必要情况下） • （结果）服务容量能够得以维持或增加的自立可能型邻里地区
缩减和维持	• （服务水平）中等程度，难以恢复到曾经人口规模 • （措施）维持，低容量的更新 • （结果）服务容量较低的自立可能型邻里地区
维持	• （服务水平）基础性服务水平，品质逐渐下降 • （措施）延长现有服务体系周期的规划 • （结果）将来20年服务体系的完全替换，服务容量缩小
替换/用途变更/拆除	• （服务水平）基础性服务水平，品质逐渐下降 • （措施）为延长现有服务体系周期的规划 • （结果）将来20—25年之内废除服务体系

资料来源：Detroit Works Project，*Detroit Future City*：2012 *Detroit Strategic Framework Plan*，2013，p. 395.

④邻里社区：解决生活品质问题且考虑不同特性的应对战略

邻里社区分为复合用途邻里（Mixed-use Neighborhoods）、城市居住+生产混合邻里（Urban Live + Make Neighborhoods）、绿色邻里（Green Neighborhoods）、传统邻里（Traditional Neighborhoods）、用途替换邻里（Alternative Use Areas）五种类型（见表3.7）。复合用途邻里创建高密度、适合步行、功能复合布置的邻里社区，城市居住+生产混合邻里通过艺术和产业的融合推进活力再生，绿色邻里将闲置用地转换成绿地，传统邻里通过生活服务的重组和集聚维持住区的特性，用途替换邻里通过最小化的生活服务确保和提供就业岗位以保障居住的持续性。

表 3.7　　　　　　　底特律未来城市不同类型邻里社区的应对战略

邻里类型	基础地区	土地利用类型	应对战略
复合用途邻里	• 大都市中心城区 • 房屋空置率低 1	 1 2 4 英里 ■ 城市中心 ■ 郊区中心	• 提高就业和休闲接近性的多样化交通工具（轻轨，BRT，单车专用道路，拼车）联系 • 对填充式开发和历史性建筑的居住商业性再活用所带来的密度增加提供相应奖励 • 支援居民为吸引城市和地区内部访问者提供服务和休闲的步行圈零售节点开发 • 创建促进良性发展的公共空间，活用成市民聚会场所
城市居住+生产混合邻里	• 工业功能替换 • 房屋空置率高	 1 2 4 英里 ■ 居住+生产	• 小规模企业活动，为了生产居住混合长期闲置和低使用产业设施的适应性再活用 • 赋予连接大规模空地的周边企业活动（仓库、流通、商业等）生产居住混合的机会 • 综合和活用植物净化方法和景观相关措施，净化已污染的旧产业地区 • 为确立邻里地区的特色，确保露天活动空间和活动推进
绿色邻里	• 房屋空置率低 2 • 房屋空置率中 1 • 房屋空置率中 2	 1 2 4 英里 ■ 绿色复合用途开发 ■ 绿色居住空间	• 通过拆除闲置设施改善环境条件，促进邻里地区安定化（学校周边优先） • 制定战略性推进闲置用地再活用的邻里基础规划 • 适合长期性绿色复合用途开发的土地掌握和合并 • 制定与水和绿地基础设施相互联系的闲置用地战略

续表

邻里类型	基础地区	土地利用类型	应对战略
传统邻里	• 房屋空置率低1 • 房屋空置率低2 • 房屋空置率中1	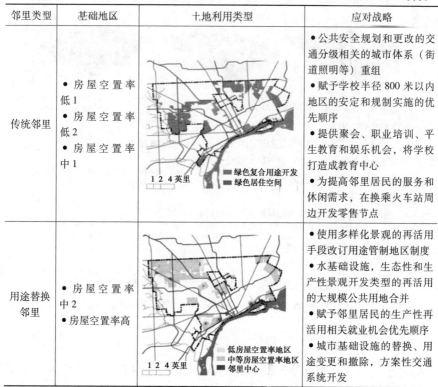绿色复合用途开发　绿色居住空间　1 2 4 英里	• 公共安全规划和更改的交通分级相关的城市体系（街道照明等）重组 • 赋予学校半径800米以内地区的安定和规制实施的优先顺序 • 提供聚会、职业培训、平生教育和娱乐机会，将学校打造成教育中心 • 为提高邻里居民的服务和休闲需求，在换乘火车站周边开发零售节点
用途替换邻里	• 房屋空置率中2 • 房屋空置率高	低房屋空置率地区　中等房屋空置率地区　邻里中心　1 2 4 英里	• 使用多样化景观的再活用手段改订用途管制地区制度 • 水基础设施，生态性和生产性景观开发类型的再活用的大规模公共用地合并 • 赋予邻里居民的生产性再活用相关就业机会优先顺序 • 城市基础设施的替换、用途变更和撤除，方案性交通系统开发

资料来源：Detroit Works Project，*Detroit Future City*：2012 *Detroit Strategic Framework Plan*，2013，pp. 484-489.

⑤土地与建筑资产

根据不同邻里社区的类型提出空置闲置不动产的差别化管理战略。第一，在房屋空置率较低的情况下，"空置房屋"售卖给住宅购买者，"需要修理的空置房屋"拆除和售卖给附属土地或者进行最小化管理，复原或售卖给住宅购买者，而"空地"活用成绿地或者最小化管理，作为附属土地售卖给邻近住宅所有者；第二，房屋空置率中等水平的情况下，"空置房屋"售卖给住宅购买者，"需要修理的空置房屋"活用成绿地或为了经济发展拆除和合并，拆除和售卖给附属土地或者最小化管理，而"空地"活用成绿地或者最小化管理；第三，房屋空置率较高的情况下，"需要修理的空置房屋"活用成绿地或为了经济发展拆除和合并，而"空地"为了实现大规模再活用需要合并（见图3.5）。

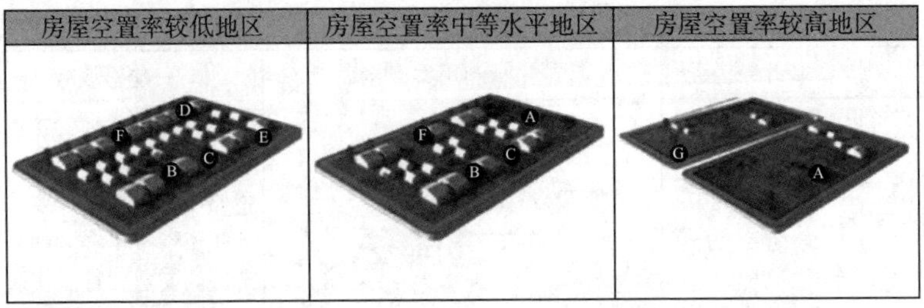

战略 STRATEGIES

Ⓐ 活用成绿地或者为经济发展而拆除和合并

Ⓑ 拆除和作为附属用地进行销售以实现最少化管理

Ⓒ 活用成绿地或者实现最小化管理

Ⓓ 修缮或者售卖给购房者

Ⓔ 售卖给邻近住宅主人作为附属用地

Ⓕ 售卖给邻近住宅主人

Ⓖ 为实现大规模再活用的合并

图例 LEGEND

▢ 使用中的住宅

■ 空家

■ 待修缮的空家

▢ 空地

图 3.5　底特律未来城市的空置物业管理战略

资料来源：Detroit Works Project，*Detroit Future City*：2012 *Detroit Strategic Framework Plan*，2013，p. 630.

对于房屋空置率水平较低的地区，尽量减少闲置物业的介入，而对房屋空置率水平较高的地区，通过拆除和合并的战略来推动绿地化区域扩大和经济发展。对于那些没有使用需求的公共设施，果断采取变换或废除原有用途的战略措施，这与以人口增加为前提侧重于公共设施扩容的我国城市规划是有所不同的。

（2）设定将居住用地转换为亲环境住区或绿地的阶段性土地利用战略

在新制定的土地利用战略中，在将来 50 年内，计划阶段性地将城市建设用地的 82%（居住 58%，商业 7%，工业 17%）转换成复合用途邻里（4%）、传统邻里（22%）、绿色邻里（22%）、绿地（29%）的形态结构。为此，将 50 年时间划分为 10 年以内、20 年以内、50 年以内三个阶段，谋划将来第一阶段完成安定化（Stabilize）和改善（Improve）、第二阶段完成状态维持（Sustain）、第三阶段完成转换（Transform）的一系列战略（见表 3.8）。

表 3.8　　　　　　　　　　　底特律未来城市的未来土地利用规划

目标	10 年目标: 安定与改善	20 年目标. 维持	50 年目标: 转换
主要内容	•设定 7 个主要雇佣地区 •设定市中心的人口增长地区 •强化传统邻里人口安定化的市场需求 •通过拆除和闲置用地管理推进闲置住宅与人口持续增长地区的安定化和重构 •房屋空置率较高的居住和工业地区导入创新性土地利用类型 •导入解决洪水管理问题的新基础设施	•7 个主要雇佣地区的持续增长 •中心城区外部的复合用途中心地区, 扩大人口增长地区 •明确邻里的战略性增长地区 •出现人口变化、空地和闲置房屋地区的安定化和重构战略 •公园、江、自然景观周边推进绿地复合高密度居住开发 •房屋空置率较高的居住和工业地区导入新土地利用类型 •扩大防护林带和卫生防护带 •扩大洪水管理网络基础设施	•7 大主要雇佣地区开发完成 •接近城市全体复合用途中心的容量密度 •传统邻里的战略性增长的地区扩大 •不再期待人口流入的绿色居住地区的基础设施容量缩小 •扩大公园、江、自然景观周边的绿地复合高密度居住开发 •水和绿地基础设施开发完成

资料来源: Detroit Works Project, *Detroit Future City*: 2012 *Detroit Strategic Framework Plan*, 2013, pp. 325-327.

（3）城市农场运动

在社会失业者和犯罪事件不断增加的情况下，社会性凝聚力正在逐渐衰弱，而城市农业恰好成为解决经济性问题和社会性问题的有效方案。底特律积极鼓励活用闲置空间的城市农业，重塑市民的社区认同感和共同体意识，提供可持续发展的都市生态空间环境，借以缓解日渐增加的空屋问题以及弱势群体的就业和生活问题。

伴随着地方政府层面的不懈努力，民间部门早已开始自发性探索应对策略，底特律的非营利组织和市民为了社区活力再生积极推进城市农场项目。[①] 底特律的城市农场运动不局限于城市的经济性问题，同时还致力于社会性问题的解决。当时，城市内部邻里社区由于基础产业的崩盘，

---

① 代表性非营利组织包括底特律农业网络（Detroit Agriculture Network，DAN）、土方工程城市农场（Earthworks Urban Farm）和底特律绿色营造（Greening of Detroit）。

失业者数量不断增加，犯罪和毒品致使社会秩序产生威胁和混乱，社会性凝聚力正在逐渐衰弱。这样的状况下，通过城市农业解决空置房屋问题就成了情理之中的选择，能够起到为挣扎在贫困线上的居民提供就业和食粮的双重效果。

且不论城市农业的实用性，此前底特律市政府推出马铃薯栽培项目①和空地获得项目②，对活用空地的城市农业活动进行奖励，却疏忽了相关法律的制定依据。不过，2013 年 4 月借助用途地区条例修订的契机，正式制定了城市农业的法律依据。例如，底特律市用途地区条例中的居住商业工业地区，明确规定了允许的城市农业活动，而且各个用途地区也明示正当性使用（By-Right Use）、条件性使用（Conditional Use）和禁止使用（Prohibited Use）三个层次许可标准。

近年来，为了推进空置闲置不动产急剧增加的邻里社区安定化，底特律市成立于 2008 年的土地银行一直在不懈努力，尽管最初没能充分发挥其功能效用，但随着 2014 年以后空置闲置不动产的快速增加，2016 年已经掌握了大约 9.60 万个不动产的管理权③，为妥善处理这些空置闲置不动产，推出和实施了拍卖项目（Auction Program）、即时拥有项目（Own It Now Program）、附属土地项目（Side Lot Program）和地区社会搭档项目（Community Partner Program）等多样化项目。④

（三）成果和局限性

地区安定化规划（NSP）由于政府政策实施迟延、城市基础设施规划和资金不合理分配等原因，出现运营低效率和成果不够显著的问题。

①　马铃薯栽培项目是由于 19 世纪 90 年代经济危机的余波影响而推出的允许失业者临时性使用闲置土地栽培马铃薯的支援项目。

②　空地获得项目（Adopt-A-Lot Program）是以免费或极其低廉的价格将住房周边的公共闲置土地租赁出去，从而活用成社区庭院和城市农场的项目。不过，所获得的土地不可以用于社区庭院和城市农场之外的用途。

③　Bennett Michelle, Cupp Maximilius, Hermann Alexander, et al., "Strengthening Land Bank Sales Programs to Stabilize Detroit Neighborhoods. Urban and Regional Planning Program, University of Mchigan, Ann Arbor", https：//taubmancollege. umich. edu/sites/default/files/files/mup/capstones/2016-capstone-StrengtheningLandBank SalesProgramsToStabilizeDetroitNeighborhoods. pdf.

④　拍卖项目是通过在线拍卖网站土地银行处理住宅的项目。即刻拥有项目是将不太清洁、无法保障安全的闲置不动产以现有状态进行销售的项目。附属土地项目是仅以 MYM100 就可以买到自身住宅周边的闲置土地（5000ft2 以下）的项目。地区社会搭档项目是选定符合一定条件标准的民间组织作为地区社会搭档，为推进有助于社区安定化的项目，赋予其购买特定地区的不动产或者向土地银行推荐承担该不动产改善的最佳人选的权限的项目。

而且，由于自上向下的政策运营方式还受到无法提供地区所需等批判和质疑。例如，底特律市中心的国际河岸地区规划，诱发排挤江边以渔业为生的黑人等社会性问题。这样的问题，在其他地区也同样存在，在将许多土地转换成公园和农业用地的过程中，与搬迁相关的社会问题陆续出现。与扬斯顿等小城市相比，底特律这样规模较大和废弃土地较多的城市，部分地区是难以获得再生机会的。因此，需要制定动态性和长期性的规划安排和愿景目标。

政府的腐败和过失催生失败的决策。2002—2008年担任底特律市长的夸梅·基尔帕特里克（Kwame Kilpatrick）的腐败、索贿和行贿等罪行间接导致城市宣告破产。过去和现在的底特律再生战略最大差别在于，其重心从再增长指向转向收缩城市指向的价值取向转变。当前规划旨在创建更加安定高效的城市，布置高密度的居住和商业地区，提供更加高效化的城市服务，其他土地用于城市农场、绿色基础设施等用途。不过，该规划短时间是难以实现的，而且能否适应不断变化的环境条件和技术发展还要拭目以待。

为适应城市收缩制定长期性土地利用规划战略，在城市全体范围内调查分析房屋空置程度和市场条件等多方面问题，对作为土地利用和基础设施投资判断标准的基础地区进行类型划分，并将其与不同部门的规划进行统筹协调。而且，清醒地认识到城市人口再也无法返回曾经的高峰期，尝试转变思维意识，将提升生活空间品质作为新阶段的城市发展目标，制定把现有城市用地（居住、商业、工业等）转换为绿地邻里和绿地公园等用途的三阶段土地利用战略。

根据邻里地区的收缩阶段制定差别化战略。拥有开发潜力的复合用途邻里和城市居住+生产混合邻里致力于就业岗位的创造和宜居性的确保，处于中等程度收缩阶段的绿色邻里和传统邻里着重绿地空间的改善和生活服务水平的维持，处于最为严重收缩阶段的用途替换地区需要确保居民的原居安老（Aging in Place）。特别在濒临消亡的用途替换地区，应优先向地区居民提供闲置用地的生产性再活用相关就业机会，在撤除城市基础设施或进行用途更换的同时，构建需求响应式公交等交通服务体系，这为老龄化日渐加深的我国收缩城市提供了许多重要借鉴。

三 罗切斯特

（一）收缩轨迹

位于美国纽约上州西部的罗切斯特城市面积约为 59.77 平方千米，2010 年总人口为 210565 人。自 19 世纪起，凭借杰纳西河丰富的水力和周边小麦栽培地区的地理优势，生产的面粉通过伊利（Erie）运河供应给美国东部而逐渐繁荣，获得"面粉城市"（Flour City）的美誉。19 世纪60 年代市民战争爆发以后，柯达公司、生产打印机和复印机的施乐（Xerox）公司、生产眼镜和光学产品的博士伦（Bausch & Lomb）公司等以图片处理技术、光学技术为基础的企业推动着城市增长和就业的发展。特别是柯达公司的创始人乔治·伊斯曼为罗切斯特大学和罗切斯特工科大学捐助了大量科研资金，还在 1980 年解决了 6.10 万地区市民的就业问题。进入 21 世纪，随着数码照相技术的发展，聚焦胶片为主导技术的柯达公司遭遇经营风险危机，到 2012 年职员数骤降至 0.70 万以下，最终于2013 年宣告破产。同时，施乐公司无法适应市场需求变化出现经营赤字，2018 年卖给日本富士胶片公司的合作法人富士施乐公司。

由于对城市经济竞争力有着巨大影响力的主要企业的衰落，三大企业 20 世纪 90 年代初拥有城市全体的 60% 劳动力，2012 年仅剩余 6%，同时城市总人口也从 1950 年的 33 万人减至 2012 年的 21 万人。根据民间企业 IBM 主导的精明城市革新（Smart Cities Challenge）项目中的罗切斯特报告书可知，罗切斯特 2015 年经历着美国第五位的高贫困率和第二位的高儿童贫困率问题。罗切斯特周边的地铁区生活圈具有较高收入水平和优越生活条件，但罗切斯特的市中心却存在高贫困率问题。富有的城市外围地区和衰败的城市中心形成鲜明对比的城市收缩引发人口外流问题，这又进一步导致市中心空洞化现象的出现。贫困问题伴随着低收入阶层工作岗位减少、城市财政萎缩和教育财政投资减少，进而引发教育质量下降、人口外流等一系列问题交错产生，这些皆可归结为城市收缩所产生的结果。

（二）精明收缩型再生战略

经历城市收缩的美国锈带地区的许多城市之中，俄亥俄州的扬斯顿2005 年率先为应对人口和城市规模减少问题提出适当规模化战略，推进城市治理的新机制，并制定了城市总体规划和各种发展政策。为了缓解人口减少和主要企业的衰落造成的城市财政恶化问题，罗切斯特效仿

"锈带地区"其他收缩城市的做法，推行以适当规模化为基础的绿色计划（Project Green）。绿色计划不是总体规划，而是发挥提出接受城市收缩客观事实、以适当规模化为基础的城市未来愿景目标的政策导则作用的文件。绿色计划报告书内容显示，2009年有3000多栋可以拆除的住宅，而将其拆除后促使居民搬迁入住正是绿色计划的主要目标之一。①

除了以城市空间结构的分析和对策提出为中心的绿色计划之外，罗切斯特还提出了城市收缩战略。第一，通过以官民协同治理为基础的城市治理模式，强化城市共同体意识，推行决策过程的透明性战略；第二，推动以自下而上为基础的地区再生战略；第三，维持城市增长和城市再生的关键在于城市中心产业的多元化和多边化，提高应对经济危机的韧性水平；第四，通过对有创新发展潜力的新进企业的全面支援培育城市未来产业。这是其他锈带地区收缩城市所没有而唯罗切斯特独有的精明收缩战略。

1. 城市层面的收缩战略

（1）适当规模化

罗切斯特提出"为克服有限的城市资源（就业、财政等）和人口减少危机，维持富有活力和繁荣城市社区"的适当规模化战略。适当规模化战略是为了改变城市规模减小导致城市走向衰退的发展轨迹。从长期性角度来看，城市规模的收缩有助于调整城市密度达到适当水平，维持城市生机活力，满足市民多样化需求，提升城市生活品质。

（2）制定拆除城市各地区特定废弃建筑的战略

废弃建筑拆除不是根据临时需要将散置在城市各个地区的废弃建筑进行个别性拆除，而是以废弃建筑较为集中的特定地区为对象，制定和实施废弃建筑或空置房屋的拆除规划；不是只把废弃建筑作为拆除对象，而是将其视为一种城市资源，在拆除过程中发现的具有历史价值的固定家具（如浴缸、坐便器等）都可以成为销售商品，废弃建筑中选定拆除对象时应积极倾听居民的意见。在废弃建筑拆除方面的精打细算也是罗切斯特独特的适当规模化战略。

（3）有形和无形的地区资源活用

---

① Hackworth Jason, "Right Sizing as Spatial Austerity in the American Rust Belt", *Environment and Planning A*, Vol. 47, No. 4, April 2015, pp. 766-782.

2013年柯达公司破产之后，柯达公司的技术和研究人员中失业的许多胶片、光学和图片处理领域的专业人员，借助市政府和州政府的多样化创业支援项目开始尝试自我创业。许多创业企业租赁罗切斯特的伊斯曼商业园（Eastman Business Park）的空间，有40多个企业成功入驻，这逐渐成为推进罗切斯特经济活力再生和就业岗位增加的重要基地。柯达的罗切斯特地区就业人数在鼎盛时期约为6.10万人，但在破产之后锐减至0.70万人，但由于新创建的各种中小企业和创业企业的发展，城市全体大约增加了9万个新就业岗位。积极利用城市内部的现存有形资源和无形资源，遏制优质市民流向其他城市，构建城市经济持续性高质量发展的良性循环结构。

（4）设定RMSPI（Rochester Monroe Anti-Poverty Initiative）项目方向

罗切斯特接受IBM智慧城市革新项目的支援，通过大数据分析探求市内贫困阶层问题的解决方案。通过市民社会性网络服务（Social Networking Service，SNS）特别是推特、Facebook等的相关数据访问模式进行分析，发现贫困阶层的社会性支援类型和实际贫困阶层所需要的社会性支援之间存在巨大的差异，全力在大数据基础上设定支援贫困阶层的城市行政政策的基调。除了IBM的数据分析专家之外，罗切斯特的城市行政专业人员也要熟悉大数据分析技术，以便于将来构建行政业务处理过程中能够熟练运用大数据的操作平台。在政策推进中反映尖端技术的尝试可能创造出低财政投入带来高满足度的效果，可谓是适用于财政状况并不乐观的收缩城市的有效模型。

（5）制定以使用者体验为根本的行政规划

绿色计划的分析结果显示，在城市房屋空置率上升和废弃建筑不断增加的状况下，2009年罗切斯特提供的经济适用房不仅未能得到适当使用，反而进一步加速着房屋空置率的升高。为解决诸如此类的问题，提供经济适用房的同时，还推动现有废弃建筑的适当均衡。在城市收缩及其引发的税收萎缩导致政府财政恶化的状况下，有助于推进预防浪费且行之有效的发展政策。

（6）构建空置房屋的地理信息系统（GIS）

罗切斯特在全国人口普查和城市调查内容的基础上，运营城市自身的地理信息系统。城市地理信息系统官网由城市管辖部门信息技术部进行管理。该部门属于市长直管部门，通过城市内部各种部门的共同协作管理地理信息系统。城市运营过程中所需要的各种信息，如土地利用、用途管制地区、分类回收日程、地块和街区相关信息、空置建筑和空地等，都可以从地理信息系统中找到。特别是，空置建筑和空地的相关网页上还能轻易找到详细的调查内容，包括地址、所有者、建筑的遗弃日期、违法事项和罚款缴付与否、调查者姓名、联系人和联系方式等。

与萨吉诺和扬斯顿相比，罗切斯特将开发相关信息用地理信息系统表现出来进行较为体系化的管理。地理信息系统所有信息与市民共享的平台实现协调统一，运营共享官民主导的各种开发项目信息的平台——罗切斯特开发项目和规划（Rochester Pojects and Plans）网页（罗切斯特地理信息系统的下位分类），介绍各种项目的具体信息，打造即时倾听市民心声的窗口。罗切斯特开发项目和规划不是市政府特意开发出来的网络平台，而是灵活运用美国最为普遍使用的商用 GIS 平台——ArchGIS 平台，将各种开发项目划分为五种类型①，然后在城市地图上标示出来，如果点击每个项目，项目的相关具体信息就会展现于眼前。罗切斯特开发项目和规划网页画面中的详细内容，主要包括项目概要、项目腹地照片、预算方案、项目腹地未来构想、项目相关行政规定等与该项目有关的所有必要信息。

2. 社区层面的收缩战略

（1）NBN（Neighbors Building Neighborhoods）项目

NBN 不是直接改变城市空间结构的方式，而是为了培育个别邻里地区居民的经济性和社会性力量，并使它们能够自发性改善邻里地区环境而采用的支援方式。锈带地区的收缩城市中，罗切斯特推行以无形价值为基础的城市收缩战略，能够有效规避那些收缩城市中出现的"人口减少→税收减少→城市环境和治安恶化→税率升高→人口持续减少→城市衰退"恶性循环怪圈产生。1994 年，罗切斯特发布 NBN 项目之际，时任市长的威廉·杰尔逊扬起市民自治和以人为本的新城市行政政策的旗帜。NBN 根据各个地区特性将城市划分为 10 个地区，地区居民自发制定本地区的发展目标和行动规划，并合力推动其实现。市政府对居民设定的发展目标给予支援，发挥辅助性角色作用，通过自下至上的方式促使居民

① 五大类型包括环境美化（Environmental Cleanup）、业务开发（Business Devolopment）、公共设施（Public Facilities）、住宅（Housing）、商业和复合用途开发（Commercial and MIxed Use）。

实现发展目标。在 NBN 项目的帮助下，地区居民在解决地区问题的过程中，与本地区的学校、企业、市民团体等建立起协同合作关系，确保预算和人力的充足，体现出自身在地区共同体之间活跃的纽带作用。无论是宏观上的新建设的酒店和医院的调整规模方面，还是微观上的地区环境美化方面，该项目渗透到多层面的地区问题之中，第一时间在网络上公布项目进程，使居民共同参与力度得到进一步强化。通过 1 期（1994—1999 年）、2 期（1999—2001 年）、3 期（2001—2003 年）这 10 年间的 NBN 项目，1655 个城市再生规划中超过 70% 的规划目标得以顺利实现。

（2）地区开发组织（Community Development Corporation，CDC）

地区开发组织是借助 NBN 项目构建的部门委员会所组成的非营利性社会组织，旨在形成解决市民就业问题和创造经济效益的模式。地区开发组织充分活用"历史性建筑购入的税收减免优惠"等多样化奖励政策，在城市经济状况和房地产市场萎缩的情况下，能够购入更多建筑并将其转换成其他用途，这对于维持城市活力具有巨大贡献。受益于历史性建筑的个性外观和地区居民的城市归属感，这样的现象才可能发生。作为 NBN 项目十大部门之一，为解决居民谋求生计的问题，名为 GRUB（Greater Rochester Urban Bounty）的城市农业项目开始萌芽，具有郊游娱乐设施和有机农产品销售网络的城市农场得以逐渐扩大。

（三）成果和局限性

不可否认，柯达和施乐等大型公司的没落给罗切斯特带来一定的冲击性影响，但由于多样化的中小企业、新建企业等多边化城市产业模型已经形成，大型公司没落迸射出的冲击波并没有造成毁灭性破坏。现在，多样化中小企业正在推动着城市经济的复苏和发展，而曾经离开罗切斯特的人们重新回归的态势正在显现。城市人口从 2000 年的 21.90 万人变为 2015 年的 20.90 万人，未出现大幅度减少现象。罗切斯特可谓是原本拥有坚实的产业基础但却经历城市收缩的典型案例。

罗切斯特与其他许多收缩城市一样，在酒店、足球运动场、高速公路立交枢纽等大型工程项目上提供大量公共资金投入。然而，真正使得罗切斯特发生全新改变的是自我组织化和人本主义方面的全方位努力。罗切斯特拥有许多吸引人们的魅力景区，如 Corn Hill、Park Avenue、South Wedge 和 Susan B Anthony 地区，虽然没有太多的建筑性价值，但其建筑性魅力足以让购买者怦然心动。并且，对过去遗弃的商业建筑进行翻新改造，转换成 LOFT 住宅，通过历史保护支援金获得税收减免，激活建筑的生机活力。罗切斯特的成功在于政策影响力度渗透到邻里层面甚至更小地区，扩大市内建筑的用途多样化，与高品质艺术文化相互结合，培育具有乡土情结的新生企业以及促使历史悠久社区重焕生机的公共空间和开敞空间所带来的一系列叠加影响。

社区层面的收缩战略 NBN 给罗切斯特地区整体带来出人意料的影响。第一，动力十足且偶尔激进式的改革效果明显。城市问题的急剧变化容易使得许多城市社区和政府经常犹豫不决，一般倾向于采取渐进式改革方式提出解决方案，但从罗切斯特来看，其与众不同的处理方式却获得意想不到的成功。新提出的倡议和项目计划难免会与现行的产生更多的竞争和比较，但单方面地做出重大决定具有一定的局限性，而罗切斯特自社区规划初期就做出从根本上推动转变的决定。第二，通过新的处理方式寻求地区治理的变化。与现有方式相比，更加注重地区性层面的处理方式，由地区居民推动进程，政府与地区社区保持协同合作的关系。第三，利用城市文化的模式变化改变地区文化。地区政府划分不同利害关系人的成果和责任，明确城市的自身特色。罗切斯特推动新交通系统项目的城市规划延长一年，此期间通过与因新项目受到影响的地区居民之间达成一致意见，从而实现更加广阔范围的协议。①

第四节　本章小结

相较于全国人口总量的持续增长，美国城市收缩在很大程度上是一种地区性现象，主要分布在美国东北部锈带地区和中部工业城市。这些工业城市的收缩主要归因于郊区化和去工业化的经济转型，其中郊区化在经济性因素的作用下，经历了居住功能的郊区化→商业功能的郊区化→业务功能的郊区化→边缘城市的形成→财政难引致的市中心基础设施老化等一系列过程；去工业化大体上经历了这样的过程，即城市主导

---

① Crocker Jarle, "The Neighborhors Building Neighborhoods Initiative in Rochester, New York", *National Civic Review*, Vol. 89, No. 3, Fall 2000, pp. 262-265.

产业衰退引发人口减少→低收入阶层和空置房屋数量增加→治安恶化和城市基础设施管理不善→治安和基础设施维护成本费用增加→税率升高→居民向其他城市外流→人口减少持续进行的恶性循环。在这两个主要因素的交叠作用下，美国工业城市收缩现象呈现出蔓延之势，如何在危境中探寻到生机就成为亟须解决的政策性课题。

然而，21 世纪以来，以美国为首的大部分工业化国家在制定城市发展目标中（特别是应对收缩现象时），仍然延续传统的增长主义价值观[①]，导致美国规划文化表现出明显的个体主义和"市场导向"特征。这样的规划文化使得精明收缩的实践在很大程度上是从地方层面出发，由地方领导者、非营利组织和公众形成合力来推动收缩城市的规划转型和城市再生。

相对来说，美国的精明收缩战略具有一定的系统性。在城市层面，主要推动的核心战略是"选择与集中"，制定以适当规模化为核心价值导向的收缩城市总体规划，重新设定用途管制地区，创建城市内部空置房屋和空地的大数据库，设定拆除和再使用标准，将空置房屋和空地购入之后转变成文化休闲空间。不过，一些案例分析结果显示，城市层面的收缩战略取得的成果并不显著，未能达到预期的社会经济性变化要求和目标，与以往的城市再生和城市更新（Urban Renewal）方式没有太大差异。从联邦政府和州政府获得财政支援的自上而下的应对方式在赢得居民们的心声共鸣上存在一定的局限性。

此外，社区层面通过民间组织、非营利组织和公共部门的共同合作创建咨询服务机构，该机构制定邻里层面的物质性和非物质性收缩战略。除了多样化空间规模的物质环境规划之外，还制定强化和支援邻里居民的社会经济性力量的规划。从长期性的观点来看，与追求渐进性改革的城市层面收缩战略有所不同，社区层面的收缩战略追求的是临时性和激进性的变化。在居民参与和居民意见征集的基础上制定的规划执行过程中，出现了许多小型邻里社区的成功案例。

综上所述，美国的精明收缩无论从城市层面还是社区层面都存在一定的成果和局限性。尽管如此，美国的精明收缩型城市再生仍然存在诸

---

① 李翔、陈可石、郭新：《增长主义价值观转变背景下的收缩城市复兴策略比较——以美国与德国为例》，《国际城市规划》2015 年第 2 期。

多值得我们学习借鉴之处。

（1）多样化原因引发的城市衰退加速精明收缩议题的扩散

人口向城市内部新开发地区迁移，必然会造成局部地区的经济出现衰退，人口也会随之进一步减少。一般来说，城市的增长发展过程中城市人口的增加和减少是较为正常的现象。但是，随着政治经济体制变迁、产业衰退、少子老龄化等要素条件的变化，城市收缩现象呈现出愈加严重的发展倾向，越来越多的学者认为这不是某特定地区的衰退，而是城市的收缩过程。

在美国，由于持续性郊区化和产业结构变化的交织影响，以制造业为基础产业发展成长起来的美国中心部和东北部出现城市收缩现象。随着基础产业的衰退，人们开始为寻找新的工作机会流向其他城市，工厂和住宅成为空置废弃用地，这种现象一直蔓延扩散到城市全体。收缩的形成动因虽有差异，但许多城市不得不面对再也无法重返曾经繁荣增长的现实，增长主义价值观主导下的城市规划发展模式面临终结且亟须转型的认同感正在形成一种共识。

（2）制定空置废弃建筑拆除以及闲置空间再活用和绿地化的法律和制度

在城市不断扩张的状况下，人口减少的收缩城市内部空置闲置土地和废弃建筑不断增加，基础设施效率也日益下降，这些空间的周边环境也随之开始恶化，进一步加速了城市收缩的恶性循环。由此，许多收缩城市为拆除、再利用和绿化空置的土地空间，制定了多样化的法律和制度性手段。扬斯顿和底特律导入特别用途地区制度，降低开发密度引导适当密度的城镇地区，将空地活用成为城市农场、社区、庭院、替代能源生产功能等多样化用途。而且，为顺利获得和活用闲置资产导入土地银行制度。

（3）为缩减规模和提高空间使用效率推动精明收缩型城市再生战略

美国政府和收缩城市政府为压缩城市规模和提高空间使用效率，推动精明收缩型城市再生规划战略。规划战略不局限于经济衰退和人口减少的特定地区的局部性规划，而是在城市全体范围缩减衰退地区的物理空间，引导城市功能向具有发展潜在力的地区集聚，属于对城市空间结构进行重构的综合性规划。美国扬斯顿的综合规划中，活用市中心的历史文化资源，推进革新性活用历史文化资源的城市再生战略，对富有特色的近代历史文化建筑进行修缮翻新，并赋予其艺术工作室或 IT 系列事务所等新的功能，吸引更多外来投资，拆除郊区居住地区的空置住宅，对闲置空地采取绿地化战略，从而降低城市空间开发密度，提升城市的舒适性和宜居性。

（4）制定承认收缩事实应对收缩问题的空间规划

美国锈带地区大多数城市敢于正视城市收缩现象，勇于承认城市正在收缩的客观事实，针对人口减少的客观现实正在制定新一轮压缩城市建设空间规模的城市总体规划。为了应对收缩问题制定收缩城市规划，推进"小而美"宜居性城市的精明收缩政策项目。以"小而美"的城市作为城市综合规划的基本原则，设定限制新开发、活用现存建筑和基础设施、创建适合生活的社区空间环境方面的愿景目标。其中，扬斯顿在城市总体规划中融入精明收缩理念缩减开发用地的规模，推进规模适当化规划，设立土地银行，将需求低迷的闲置或废弃用地转换成绿地、宅旁田地或娱乐休闲空间等生活用途。底特律根据邻里地区的房屋空置率，分别对公共设施和闲置物业采取了差别化管理战略，还根据邻里地区的收缩阶段采用不同类型的规模适当化战略，而且通过城市农业的支援和土地银行来推动邻里地区的安定化。特别是在制定规划的过程中，激发市民的自发参与，达成思想上的共识，实现地区社会的协同治理。

第四章 德国的精明收缩型城市再生

——拆除和重建叠加的精简主义规划

德国城市收缩除受到西欧人口出生率下降和欧盟空间非均衡发展的叠加影响之外，还经历了东西德分治与合并这一独特的历史事件，使得德国的收缩治理成为一个非常独特的样本。自德国统一之后，巨大的政治变革对东德地区的经济和社会发展造成动荡，东西德开始面临增长和收缩的竞争博弈。许多东德城市在后社会主义转型过程中无法适应全球化开放的自由贸易市场，在与西德地区的高质量产品以及与部分东欧国家廉价产品的竞争中失去优势，大量居民陆续流向西德或其他区域城市。制造业衰败导致城市中出现大量的废弃厂房和空置办公楼，随之引发的人口外流造成空置废弃建筑不断增多，使得城市空间上产生许多类似"穿孔状"的收缩空间，如何解决城市空置废弃建筑和闲置用地问题并实现城市复兴崛起和可持续发展成为德国政府亟须解决的核心课题。

第一节 城市收缩的形成动因：多维度因素
导致的城市空置收缩困境

自 20 世纪 90 年代德国实现统一以来，东西德迎来了两种截然不同的命运走向，具体表现为西德的持续增长和东德的收缩演进。一方面，原西德地区 GDP 呈现稳步增长之势，而原东德地区 GDP 却在一年内下降了近 30%，工业生产水平更是降至 1989 年 50% 的水平以下[①]，城市区域主导经济的崩盘更是引发失业率攀升、人口大量外流等一系列社会经济问

---

① Dornbusch Rudiger and Wolf Holger C., *East German Economic Reconstruction*, University of Chicago Press, 1994, pp. 155–190.

题的出现。与美国收缩城市的市中心空洞化不同，原东德的城市收缩不仅出现在城市核心区，而且遍布于城市所有地区，导致空置废弃建筑与其他建筑混杂交织在一起，城市空间呈现"穿孔式"演化，恰似一张纸上被随意打穿了若干洞孔，城市肌理遭到严重破坏。①

正如其他国家的收缩现象一样，德国的城镇收缩现象也经历了从产生到蔓延的发展阶段，还经历了从人们漠不关心到正视应对的思维意识转变。这是由于收缩现象给城镇的经济和社会等诸多方面带来的消极影响，从而逼迫政界和学界积极去关注、正视、应对和探索。下文将探究收缩现象对德国的一系列影响。

一 持续性人口流失引发空置住房的持续增加

原东德城市的收缩主要归因于青年和专业人员的外流以及出生率的急剧降低。② 早在"二战"期间，东德就已进入后工业化社会，大量的工作机会和发展投资纷纷向大中型城市集中，超过70%的人涌向城市，工业产值一度达到全世界的2.50%，人均GDP水平更是在采用苏联经济模式的国家中处于领先地位。早在两德统一之前，小城镇向大中型城市的移民导向就已成为主流，人口外流现象在东德的部分城市中初现端倪。

随着1989年11月9日作为德国分裂象征的柏林墙的倒塌，东西德之间居民出入的障碍屏障被打破清除。次年10月3日以东德并入西德的方式重新完成统一，大量人口陆续从原东德涌向原西德，原东德城市的人口流失愈加严重。

原东德大部分地区人口减少的同时，原西德地区的人口增势却在高歌猛进。仅在两德统一后的三年内，100万以上的居民从人口总量不足1.60千万人的原东德地区流出。其中，青年人和原东西德边界周边的熟练技术工人的区域流动性最为突出，他们渴望在前西德的繁荣地区找到自己的理想职业。大量人力资源的流失不仅对原东德城市工商业企业的发展带来严重冲击，还导致城市住房盈余现象的持续性恶化③，这就进一

---

① Schetke Sophie and Haase Dagmar, "Multi-criteria Assessment of Socio-environmental Aspects in Shrinking Cities: Experiences from Eastern Germany", *Environmental Impact Assessment Review*, Vol. 28, No. 7, October 2008, pp. 483-503.

② Pusch Charlotte, *Dealing with Urban Shrinkage: The Case of Chemnitz*, Master Thesis, Aalborg University, 2013, p. 25.

③ 邓嘉怡、郑莎莉、李郇：《德国收缩城市的规划应对策略研究——以原东部都市重建计划为例》，《西部人居环境学刊》2018年第3期。

步加剧了原东德地区人口外流和原西德地区持续增长的两极化现象。

此外，原东德地区的新生儿数量从 1988 年的 21.50 万人锐减至 1994 年的 7.90 万人[1]，此期间大约减少了 63%。统一后的 20 年间，从原东德地区流向原西德的人数几乎达到 138 万人，占原东德人口的 8.60%。特别是青年劳动力和年轻女性逐渐流向原西德地区，同时原西德地区的老年人流向原东德地区，从而诱发原东德地区的人口减少和老龄化问题的齐头并进。[2]

二　制造业产业转移导致工厂企业空间荒废

20 世纪 70 年代以后，西德城市随着后工业社会的到来，市中心地区也开始出现衰退和收缩现象。后来，由于鲁尔工业地区的衰退，西德地区的城市经济增长开始停滞并一步步走向滑坡。[3] 1990 年德国统一之后自由贸易市场的开放使得原东德城市逐步融入区域贸易一体化的进程，许多城市在转型过程中无法适应全球化开放的自由贸易市场，与原西德地区高质量的商品生产以及许多东欧国家廉价商品的相互竞争中，制造业逐渐失去了比较优势和竞争优势[4]，这就加速着原东德过往以国家为主导的城市经济基础的瓦解，还进一步加剧了原东德制造业企业的市场危机，工厂企业相继倒闭，收缩城市数量急剧增加[5]，出现了大量的废弃厂房和空置办公楼。

特别是随着西德马克进入原东德地区，通货统一促使原东德生产的商品价值进一步贬值，这种激进的私有化进程为区域经济发展带来了极大挑战。许多企业陆续倒闭的狂潮爆发，不断加速人口的持续外流，1989—1995 年 70%—90%的工作岗位化为泡影。其中，第一产业和第二产业特别是矿产工业问题最为明显，原东德城市出现无法再度稳定增长

---

① Bernt Matthias, "Partnership for Demolition: Governance of Urban Renewal in East Germany's Shrinking Cities", *International Journal on Urban and Regional Research*, Vol. 33, No. 3, October 2009, p. 758.

② 한상연, 『사회주의체제 붕괴 이후 동독과 동유럽 지역 도시의 공간변화 탐색: 통일한국을 위한 시사점』, 도시행정학보, 24 권, 1 호, 2011, 125-141 쪽.

③ Hollander Justin B., Pallagst Karina M., Schwarz Terry, et al., "Planning Shrinking Cities", *Progress in Planning*, Vol. 72, No. 4, October 2009, p. 224.

④ Brezinski Horst and Fritsch Michael, "Transformation: The Shocking German Way", *MOCT-MOST Economic Policy in Transitional Economies*, Vol. 5, No. 4, December 1995, pp. 1-25.

⑤ Pusch Charlotte, *Dealing with Urban Shrinkage: The Case of Chemnitz*, Master Thesis, Aalborg University, 2013.

的经济衰退。[1] 1994 年年底，原东德共有 14 万家国有企业面临重组，GDP 仅在一年间就下降了将近 30%。在市中心产业用地大部分处于闲置状态的同时，投资者开始热衷于不必进行废弃工厂拆除和处理废弃物等额外作业的郊区未开发用地。

三　城市外围开发造成房屋空置问题持续恶化

20 世纪 90 年代初，绿带上的单独住宅和共同住宅累积产生的住宅需求造成郊区化的社会空间性迁移，郊区化不断增强经济体制转换和社会性状况（人口外流，出生率降低）对原东德城市收缩过程的影响力度。[2] 除了郊区的新住宅形态对原东德地区居民的喜好产生强大影响之外，统一以后原东德地区的土地返还诉讼也发挥了较大作用。当时，德国政府没有对被纳粹政权和原东德政权没收的土地采取金钱性补偿，而是制定了归还原主人的原则，市中心地区 90% 以上的土地皆是诉讼对象。[3] 因此，投资者为了避开繁杂琐碎的诉讼程序，只好选择去郊区进行开发建设，这就诱发一种现象的出现，即尽管市中心历史悠久的邻里社区推进现代化和再开发的要求仍旧高涨，但几乎没有获得任何投资的现象。

面对两德统一引发的一系列格局变迁，联邦政府不但没有正视原东德地区城市日益严峻的收缩现象，反而把大部分的财力和精力投向城市开发建设之上，企盼原东德能快速赶上原西德城市的发展水平。来自欧盟、联邦和州政府的财政资助项目和税收减免政策用于原东德地区的房地产整改和城市外围地区的新建住宅建设，这一系列刺激发展开发的政策掀起了投资商投机式开发的热潮。与此同时，巨额的援助金使得地方政府对城市未来经济和人口增长的预期持有过于乐观的态度，政府为所有愿意在城区内进行投资的商人提供便利，住房开发建设开展得如火如荼。

然而，正是由于政界的这种不明智应对，新建住房数量的持续增加与原东德地区人口的持续外流形成了鲜明对比。1991—1999 年新建了

---

① Pusch Charlotte, *Dealing with Urban Shrinkage: The Case of Chemnitz*, Master Thesis, Aalborg University, 2013.

② Bernt Matthias, "Partnership for Demolition: Governance of Urban Renewal in East Germany's Shrinking Cities", *International Journal on Urban and Regional Research*, Vol. 33, No. 3, October 2009, p. 759.

③ Nuissl Henning and Rink Dieter, "The Production of Urban Sprawl in Eastern Germany as a Phenomenon of Post-socialist Transformation", *Cities*, Vol. 22, No. 2, April 2005, p. 125.

77.34 万套公寓，其中大部分都处于城市外围的未开发地区。而且，东部地区空置房屋数量从 1990 年的 30 万套增至 2000 年的 100 万套，以至 2004 年的 130 万套，同一时期又增建了 100 万套住房，房屋空置问题进一步恶化便成为必然结果。这样的人口减少和空屋增加问题迫使许多原东德地区陷入财政困境。一般来说，城市确保独立收益的唯一手段是从地区内部居民和企业征收税金，但是持续的人口减少和经济衰退直接导致财政税源快速萎缩，进而引发政府资金运转难问题。①

住宅的持续性供给过剩加速城市收缩现象的深度发酵，诱发需求萎缩的经济性负作用。土地所有者经历租赁收入减少、销售价格下降、贷款增加、激烈竞争等一系列困难，大部分开发商 20 世纪 90 年代因开展房地产整改事业欠下大量债务而破产。② 与此同时，城市中还出现了大量闲置房屋和人迹罕至的废弃工业区，购置财产和初期开发的利息成本以及长期性的维护费用给政府部门带来日渐沉重的财政负担，即使获得上级政府的财政补贴也难以弥补收支缺口。因此，如何处理城市房屋和建筑空置问题并寻求城市可持续发展出路成为德国联邦政府迫在眉睫的难题。

第二节　中央政府的收缩对策

其实，德国政府很早之前就为了城市整治和开发建设，以联邦政府和州政府层面的法律制度为依据推出相关支援制度。在直接性制度联邦建设法（BauGB）164a 条款之中，无论是城市再生的支援金还是现代化项目都详细明确地罗列出来了。特别是在给城市再生的具体项目提供财政性支援时，依据联邦基本法 104b 条款在联邦建设法 164b 条款中提出制度性措施。代表性例子就是社会城市（Soziale Stadt）计划、与城市再生相关的都市重建计划（Stadtumbau Ost/West）等支援项目，2011 年和

---

① Bernt Matthias, "Partnership for Demolition: Governance of Urban Renewal in East Germany's Shrinking Cities", *International Journal on Urban and Regional Research*, Vol. 33, No. 3, October 2009, p. 760.

② Bernt Matthias, "Partnership for Demolition: Governance of Urban Renewal in East Germany's Shrinking Cities", *International Journal on Urban and Regional Research*, Vol. 33, No. 3, October 2009, p. 761.

2013 年分别支援了 9 个和 7 个项目，每次资助金额高达 455 亿欧元，一般以房屋空置率超过 15% 的地区作为制度性支援对象。

一 社会城市计划

德国的联邦和州政府为应对贫困地区的结构性危机，1999 年开始推动社会城市计划。此计划的主要目的在于对该地区和地区居民的生活质量、社会性交流和整体水平进行全面改善，强化社会各个阶层的有机融合。[1] 德国联邦政府在该项目推行过程中，2015 年向 418 个地方政府支援了总额高达 10 亿欧元的资金。支援对象地区大部分是居住环境落后、社会基础设施不足、低收入阶层和移民密集、失业率和贫困率较高等多种问题交叠出现的地区。[2] 通过此项目，不仅增加了许多邻里地区建筑和基础设施的投资预算，而且改善了居民的生活空间品质，还推动社会性、文化性和经济性基础的形成以及共同体意识的恢复。

二 东部都市重建计划

德国应对城市收缩规划的讨论焦点离不开东部都市重建计划（Programm Stadtumbau Ost）。针对房屋空置率持续上升的问题，通过住宅经济结构变化这一主题探索城市规划层面的解决方案。过去属于城市改造项目地区的东德城市，在 1990 年德国统一之后由于政治和行政体系的变化以及军队裁减等多样化原因，许多就业岗位和城市功能开始不断流失。1990 年后的 10 年间，数百万人口自原东德涌向原西德，导致原东德城市的收缩现象急剧蔓延扩散，开姆尼茨（Chemnitz）和莱比锡（Leipzig）分别失去了 5 万和 9 万人口。当时，原东德地区空置房屋约有 100 万套，无人居住的住宅约 40 万套，预计 2020 年还会再增加 200 万套。当然，杜伊斯堡（Duisburg）和埃森（Essen）如过去推动西德工业化的鲁尔地区城市一样出现城市收缩现象。2002—2020 年人口减少幅度最大的是原东德减少 34% 的霍耶斯韦达（Hoyerswerda），德绍（Dessau）减少 22%，位于鲁尔地区的杜伊斯堡（Duisburg）减少 14%。而且，预计 2001—2050 年

---

① BMVBS (Bundesministers fur Verkehr, Bau und Wohnungswesen), "National Urban Development Policy: A Joint Initiative by the Federal, State and Local Governments", http://www.bmub.bund.de/fileadmin/Daten_BMU/Pools/Broschueren/nationale_stadtentwicklungspolitik_broschuere_en_bf.pdf.

② 김현주, 『독일 도시재생프로그램「Soziale Stadt」의 특성 연구: 지역자산을 활용하는 지속가능한 통합적 도시재생」, 대한건축학회논문집 계획계, 28 권, 10 호, 2012, 93–104 쪽.

人口减少最多的三大州之中，萨克森—安哈尔特（Sachen—Anhalt）州、勃兰登堡（Brandenburg）州、萨克森（Sachen）州将会分别减少31%、30%和28%。

2000年原东德的空置建筑刚达到100万栋之时，德国政界就开始积极探讨解决这一问题的对策。为应对和解决原东德城市的收缩问题，德国联邦政府和原东德国家六个州政府从2002年开始推动东部都市重建计划（Programm Stadtumbau Ost）项目，标志着在国家层面应对原东德城市收缩问题的开端。为使此项目能够顺利实施，德国历史上首次推出支付住宅拆除补助金的政策制度[1]，激励地方政府积极参与发掘适合自身特性的相关项目，并给模范城市案例颁发奖项[2]。作为最重要的城市政策计划项目，其资助范围较为广泛，既包括86%的中等城镇（人口超过2万人），也包括67%的小城镇（人口为1万—2万人）。值得关注的是，该项目不再延续无规划性城市规划发展模式，主要通过拆迁补偿的办法拆除闲置或未充分利用的建筑，对约35万套空置公寓实施逆向建设，借以恢复住房市场的供需平衡，稳定房地产市场[3]，并有效减少未充分利用基础设施的维持成本。

东部都市重建计划（Stadtumbau Ost）在推进装配式共同住宅的拆除和历史性市中心价值提升这两大战略的同时，西德城市改造（Stadtumbau West）项目为解决结构性危机问题推出规模不再增长的城市开发战略。德国为探求城市规划上的解决方案而推进的这些战略项目的出发点是摒弃以增长主义为主导的传统性城市发展模式，勇于正视和面对城市收缩，制定与之对相应的新概念规划。以增长为主的城市无视人口数量和工业岗位的逐渐减少，仍然延续着传统性的发展模式和推进路径。作为增长的对立面，由于去工业化、经济结构转型和郊区化等多样化因素叠加作用而引发的收缩现象在许多城市中陆续出现，并在经历一段波折之后得到政治上和规划上的重视和认同。诸如此类的努力是综合跨越现有城市

---

① Pusch Charlotte, *Dealing with Urban Shrinkage: The Case of Chemnitz*, Master Thesis, Aalborg University, 2013.

② 이노은,『통일 이후 동독 소도시의 변화』,『도시의 수축현상과 생존전략카프카연구』, 28호, 2000.

③ Wiechmann Thorsten and Pallagst Karina M., "Urban shrinkage in Germany and the USA: A Comparison of Transformation Patterns and Local Strategies", *International Journal of Urban and Regional Research*, Vol. 36, No. 2, June 2012, p. 265.

开发规划模式的复合性原因和现象的方案，2003 年欧盟制定发布综合性城市发展规划（Integrierte Stad Tentwicklungsk‐onzept，INSEK），而德国收缩城市推进的城市规划性核心战略是以城市空间结构变化为基础设定的三大类型。

第一，创建具有历史性且不断增长的可持续发展型紧凑城市。强化居住等多样化功能向老城区中心集聚，在城市外围如莱内费尔德（Leinefelde）一样拆除共同住宅。转换城市内部的建设思路，推动城市各级中心内部住宅向土地利用低密度开发方向转变。收缩城市的旧市中心需要迎接新生，后现代主义（Post modern urbanism）的城市绅士化①（Gentrification）现象开始登场，期待借助城市再生和新城市性这两个概念遏制收缩进程，创建可持续发展的紧凑城市。最近，世界范围内城市再生成功案例德累斯顿（Dresden）就属于此类型。德累斯顿不是一个全面增长发展的城市，而是一个通过拆除空置建筑优化城市空间结构"有机疏散"的城市。

第二，通过"空心齿"（Hollow Tooth）概念将空置房屋逐渐拆除以后转变为低密度住宅或休闲绿地。此概念遭遇了若干反驳之声，倘若通过由外向内的开发导入方式解决城市收缩问题，抑或最终引发历史文化性价值的内涵下降等相关后续问题。相反，赞成者则认为，穿孔的城市空间结构存在能够创造出开敞空间和新住宅类型的诸多可能性。

第三，城市再生战略聚焦于"变形中的城市"（Transformatierte Stadt）。此类城市主要指的是人口减少现象甚是严重、风险系数特别高的老牌工业城市。其中大部分属于过去人为推动工业化而建造的城市，然而随着去工业化的演进，人口在短时间内大量流出，鲁尔区的大部分城市以及施韦特（Schwedt）、霍耶斯韦达（Hoyerswerda）、约翰乔治城（Johanngeorgen stadt）就属于此种类型。作为全世界的旧工业区改造范本的鲁尔区，与欧美国家的其他传统老工业区类似，长期粗放型的生产方式

---

① 城市绅士化是 20 世纪 60 年代末西方发达国家城市中心区更新中出现的一种社会空间现象，其特征是城市中产阶级以上阶层取代低收入阶级重新由郊区返回内城（城市中心区）。绅士化的转变过程可能因重建速度而需时多年，由于该社区生活指数不断提高，原居住的低收入者最后可能反被新迁入的高收入者歧视，或引致原居住的低收入者不得不迁向更偏远或条件更差的地区维持生活。该地区吸引了第一批高收入者迁入后，就转而成为吸引其他同阶层人士迁入聚居的引力，促使绅士化过程加速。

和先发展后治理的发展模式，在加速经济高速增长的同时带来了严重的环境污染与破坏问题，受到污染和破坏的自然环境成为鲁尔区转型发展的一个极大障碍。1985 年前后，政府开始践行"新产业化"政策，重点在园区老工业部门基础上，通过发展新型产业和新工业景观建设改善城市面貌。这次的改变对鲁尔区形象和潜在价值进行了深度挖掘，提高了环境质量，也为后期重振鲁尔地区经济和推进结构性调整寻找到了有效途径。当鲁尔区徘徊在更新创造的困境时，英美等老工业区出现了以旅游开发为导向的工业遗产再开发项目，不仅可以有效地降低成本，而且还能有效地保护城市的历史文化脉络和独特历史记忆。鲁尔区借鉴这些成功案例开始初步尝试，将一些废弃厂房改造为工业博物馆、餐厅、会议中心等，这些新空间作为公共服务设施解决了城市基础设施不足的现状问题，对原有工业设施也进行了保护，强化了市民原有的城市记忆，极大地改观了鲁尔区在人们心目中的负面形象，成功地从过去的传统工业区转型成为宜居城市。

其实，城市重建计划的实施不仅有助于未来城市住房市场的可持续性，还能够提升城市商业区位的吸引力，创造出更多新的就业机会。到2015 年，德国联邦政府为该项目累计提供了高达 15.90 亿欧元的资助总额，其中 5.80 亿欧元用于拆除空置住房，8.30 亿欧元用于修复因拆卸而空置的土地以及翻新历史建筑。[1] 该计划项目主要从三个方面推进实施。

（一）空置建筑的拆除重建

近年来，规划师开始倡导城市"少即是多"（Less Is More）精简主义理念。此理念强调城市发展不再以通过加大投资刺激经济增长为前提，不再将获得更多人口和更大建成区规模作为发展目标，转向关注城市"更少"存量空间的生活质量提升，拆除并减少城市边缘废弃物业。[2] 在这一精简主义理念的指引下，都市重建计划启动了拆除和重建空置建筑的行动方案。在拆除废弃或未充分利用建筑的同时，将该地块恢复为城市绿地或其他公共空间，以适应人口规模缩小的现实条件，推

---

① Bernt Matthias, "The Emergence of Stadtumbau Ost", *Urban Geography*, Vol. 40, No. 2, May 2017, pp. 174-191.

② 李翔、陈可石、郭新：《增长主义价值观转变背景下的收缩城市复兴策略比较——以美国与德国为例》，《国际城市规划》2015 年第 2 期。

动精明收缩和城市再生。同时，为重塑内城空间结构和改善城区整体环境，许多地区的改造重点聚焦于公共空间更新改造和社区项目之上，优化现有生活环境设施以及绿化空间、街道、休憩用地等公共开敞空间的设计。

（二）公共基础设施回归计划

2000年以来，东部都市重建计划的目标从早期大规模拆除空置房屋，扩大至调整和拆除那些使用率较低的城市基础设施和公共服务设施，城市内部大量的空置房屋陆续被拆除，导致原东德的建筑密集区总共增加了51000平方米空置用地，如何对空地进行再利用成为政府部门的重要议题。[①] 一般来说，空地是城市绿地的潜在发展空间，如果能够将其转变为公园绿地空间，就可以提升周边住房的环境质量和区位价值，还能改善和凸显城市的整体形象。

德国百年历史设计组织"国际建筑展"（IBA：International Bauausstellung）一直致力于基于艺术、景观、建筑、城市设计的新理念和技术进行收缩城市的更新再生。其中最具影响力的案例是埃姆歇公园（Emscher Park），在生态环境、水环境修复和工业遗产保护利用方面推出全新的设计理念，将工业遗址埃姆歇地区改造成为空间品质优良的郊野公园，打造出一个旧工业区更新再生的模范样本。[②]

（三）市中心居住功能的强化

当然，仅仅减少住宅库存并不能成为城市收缩的解决方案，市中心居住功能的强化也成为不可或缺的思维认知占据主流。[③] 近年来，东部都市重建计划转向关注城市中心地区的重建，改造和保护历史地区和建筑已成为该计划资助的主要内容，通过减少住宅库存追求住宅市场的安定化，通过市中心地区强化住宅环境的改善。清减住宅库存方面，为减少住宅市场的供给盈余在特别拆除住宅地区推进该项目。不过，为防止年久失修住宅库存的损失，只拆除1919年以后建设的建筑并给予财政支持。

① 邓嘉怡、郑莎莉、李郇：《德国收缩城市的规划应对策略研究——以原东部都市重建计划为例》，《西部人居环境学刊》2018年第3期。

② 周恺、刘力銎、戴燕归：《收缩治理的理论模型、国际比较和关键政策领域研究》，《国际城市规划》2020年第2期。

③ Radzimski Adam, "Can Policies Learn? The Case of Urban Restructuring in Eastern Germany", http：//ssrn. com/abstract=2662428.

在市中心地区治理方面，对形成城市景观特色的建筑（历时已久的产业或军事用地）加以修缮和现代化改造，保存历史文化性建筑及其自身的建筑性价值。

通过上述都市重建计划项目的三大方面，德国联邦政府向442个地方政府发出总额达到27亿欧元的资助支援，以拆迁补偿的方式对原东德地区约35万套空置公寓实施逆向建设，借以恢复住房市场的平衡。在拆除废弃或未充分利用建筑物的同时，将该地块恢复为城市绿地或其他公共空间，以适应人口减少的现实推进精明收缩规划。原本该支援计划实施到2009年，但鉴于成果显著就延期至2016年。2004年以后为应对经济停滞和收缩问题，原西德地区开始着力推进城市重建事业，聚焦于再活用和保存保护，而不是拆除。①

值得关注的是，虽然德国对城市收缩的响应非常迅速，但其态度发生根本性转变还是得益于大型房地产公司和相关国有银行的大力游说，以及在全国范围内公众对城市空置问题的关注。② 德国是一个拥有多层次规划体系的国家，其联邦政府为整个国家发展制定了规范性框架和指导方针，而且州政府、地区政府和城市政府也制订了相应的政策和计划。东部都市重建计划的开展正是基于这样一种协同发展机制，联邦政府将应对城市空置的计划纳入总体政策框架，为各地方政府拆除空置建筑提供拨款和补贴支援，联合各州政府、城市政府作为合作伙伴共同实施推动，各自承担所需资金的1/3。③ 此外，德国在拆除空置房屋的过程中重视民间组织、规划师和社区居民的共同参与，并且受到社会力量的持续监督，自上而下和自下而上的多层次实施主体在协商和谈判中相互交织。

三　城市收缩的基本战略

德国收缩城市政策包括临时使用（Zwische‐nnutzung：Interim Use）

---

① Martinez‐Fernandez Cristina, Kubo Naoko, Noya Antonella, et al., eds., *Demographic Change and Local Development：Shrinkage, Regeneration and Social Dynamics*, Paris：OECD Publishing, 2012, p. 94.

② Glock Birgit and Häussermann Hartmut, "New Trends in Urban Development and Public Policy in Eastern Germany：Dealing with the Vacant Housing Problem at the Local Level", *International Journal of Urban and Regional Research*, Vol. 28, No. 4, February 2004, pp. 919-929.

③ Nelle Anja, Grossmann Katrin, Haase Dagmar, et al., "Urban Shrinkage in Germany：An Entangled Web of Condition, Discourse and Policy", *Cities*, Vol. 69, No. 4, September 2017, pp. 116-123.

和拆除绿化（Demolition，Re-naturation）两大基本战略。前者是对尚未确定开发意图的空地和空置房屋通过创意性理念临时性开发而使用的方式，凭借临时使用方式解决 44% 预期拆除规模的用地功能转换问题；后者为通过废弃土地的绿地化战略推动绿色回归和城市农业的转变，实现约 85% 废弃土地的再利用，终结持续推进开发的扩张模式，重新利用城市内部闲置空地，将其转变为城市绿地或其他公共空间，开展提升空间品质的绿地化战略。借助这两大战略的实施，摒弃通过新开发建设推动城市扩张的增长主义导向型城市发展模式，适应人口规模缩小的客观现实推动精明收缩型城市再生，通过城市拆除和价值再生推进城市空间的重构，提升市中心的历史性和空间品质，塑造出城市的崭新面貌。

第三节　典型收缩城市案例分析

一　莱比锡

（一）收缩轨迹

莱比锡是德国萨克森（Sachsen）州最大的城市，是由莱比锡—哈勒（Halle）—比特菲尔德（Bitterfeld）组成的德国东南部城市圈中心城市。凭借衔接东欧和西欧这一得天独厚的地理位置优势和便利交通条件，自 19 世纪中期至 20 世纪 30 年代工业和贸易等诸多领域得以全方位繁荣发展，纺织业、机械制造业和出版印刷业成为当时最为重要的主导产业。

莱比锡是德国统一之后去产业化和去城市化[①]导致城市衰退和收缩的代表性老工业城市。自 19 世纪中期开始，莱比锡的持续增长让城市政府抱有乐观态度，预测城市人口将会增加到 100 万人，因此不断扩大社会间接设施和居住设施。然而，1933 年人口总量达到峰值以后进入人口急剧减少阶段。特别是"二战"爆发之后，虽然遭受战争的破坏较少，但1950 年人口骤减到 61.70 万人。随着德国战败，莱比锡划归为东德版图，原有的国家重要行政功能迅速转移到其他城市，这对于城市经济来说可谓是巨大而剧烈的冲击。为了解决作为国家政策重要环节的能源问题而

---

① 去城市化是人口从大城市和主要的大都市区，向小的都市区、小城镇甚至非城市区迁移的分散化过程。主要原因是城市居民对生活环境自然化倾向的追求、大城市工业向外寻找廉价的土地和劳动力，以及交通和信息技术的发达。

推进的光学产业开发，一定程度上破坏了城市生活环境质量，再加上经济衰退等因素的影响，1989 年人口锐减至 53 万人。[①]

1990 年两德统一之后，原以为莱比锡将会迎来新的发展契机，但事实上反而进一步加剧了城市的衰退和收缩。对此，德国开始推动大规模的落后地区重建项目，而莱比锡幸运入选其中。莱比锡将城市经济和社会环境作为重点开展增长导向型物理空间开发建设项目，建立新的贸易博览会复合园区，促进城市产业结构向以零售业为中心的方向转变，在市中心周边建设许多新的购物中心，还在中心火车站植入与购物设施相结合的多功能复合设施，并在次中心建设大规模购物中心，同时在郊区新建大面积住宅区来试图缓解人口流出的颓势。

但是，20 世纪 90 年代后期经济社会的萧条现象越发严重。由于国有企业的民营化和企业整改，工业基本盘开始崩塌，尤其是单一通货政策的实施对于莱比锡主要出口的纺织品、机械制造部门企业带来剧烈的冲击。[②] 当时工厂倒闭和大规模结构调整的过程中，1990—1993 年约有 9 万个工作岗位消失了。[③] 而且，贸易博览会随着竞争力的下降逐渐被压缩成小规模活动，工业园区许多工厂陆续倒闭，地区产业大规模萎缩，失业人数持续增加。在这些不利因素的影响下，年轻劳动者开始逃离城市，同时由于出生率和老龄化的叠加影响，城市人口从 1989 年的 53 万人迅速减至 1998 年的 43.70 万人，就业人数也从 1989 年的 28.60 万人减至 2002 年的 19.60 万人。这样的持续性人口减少不仅造成住宅闲置率的升高，而且城市商业建筑、道路、学校、交通工具和公共设施的使用率降低也加快了城市的衰退[④]。

自 1992 年起郊区住区开发势头开始高涨，1996 年达到顶峰。20 世纪 90 年代建设了约 3.40 万套住宅，其中大部分是郊区的单独住宅或共同住宅。郊区建设的新住宅与市中心破旧住宅相比更具吸引力，越来越多的

① Nuissl, H. and Rink, D., "The Production of Urban Sprawl in Eastern Germany as a Phenomenon of Post-socialist Transformation", *Cities*, Vol. 22, No. 2, February 2005, pp. 123-134.

② 이상준,『변화를 선도한 자유의 도시, 라이프치히』, 국토, 301 호, 7 쪽.

③ Bernt Matthias, "Renaissance through Demolition in Leipzig", in Porter, L. and Shaw, K. eds., *Whose Urban Renaissance? An International Comparison of Urban Regeneration Strategies*, New York: Routledge, 2009, p. 75.

④ Bonje Marco, "Facing the Challenge of Shrinking Cities in East Germany: The Case of Leipzig", *Geo-Journal*, Vol. 61, No. 1, September 2004, pp. 13-21.

市民加入移居郊区的行列。10 年间莱比锡的市中心外流人口高达 10 万人，接近城市全体人口的 20%。[①]

自两德统一至 2000 年初期，在中央政府推进的原东德地区大规模税收减免优惠和财政支援下，莱比锡的大规模再建事业得到快速推动。此过程中，城市北部的边界地区建设贸易博览会会场，莱比锡—哈勒（Leipzig-Halle）机场得以扩建。在城市周边地区，购物中心如雨后春笋般拔地而起，市中心内部中央火车站被转换成与购物中心结合的多功能复合设施。[②] 当时，莱比锡推进的城市再建事业以物理空间环境改善为重点，采取增长主义导向型发展模式，最终导致大规模建筑的闲置化，进一步加速城市的收缩进程。总的来看，莱比锡的增长导向型城市再建计划未能成为实现复兴发展的转折点，反而进一步加剧了城市经济社会的衰退和收缩。

在这样的收缩过程中，莱比锡的空置房屋率不断增高，2001 年约 31.70 万套住宅中的 21.40%（约 6.80 万套）变成空置房屋。这些空屋或空地的 80% 皆归个人所有，其中 90% 户主都不在莱比锡居住。[③] 图 4.1 是莱比锡市 1995 年、2002 年、2006 年的住宅空置率分布情况。最初只是老城区中心的大量公寓集中变成空置建筑，此后逐渐扩散，一直影响到城市西部和东北地区的大规模住宅区。

（二）精明收缩型城市再生战略

作为德国收缩城市的代表性案例，莱比锡政府在早期阶段就开始积极应对收缩，接受自身是一个规模不断缩小的城市这一客观事实，并率先提出"更多绿色，更低密度"的口号，试图将收缩现实转化为发展机会，重构一个充满活力、可持续发展的城市。[④]

为了应对 20 世纪 90 年代的收缩危机，自 20 世纪 90 年代末莱比锡开

① Bernt Matthias, "Renaissance through Demolition in Leipzig", in Porter, L. and Shaw, K. eds., *Whose Urban Renaissance? An International Comparison of Urban Regeneration Strategies*, New York: Routledge, 2009, pp. 75-76.

② Bonje Marco, "Facing the Challenge of Shrinking Cities in East Germany: The Case of Leipzig", *Geo-Journal*, Vol. 61, No. 1, 2004, p. 17.

③ Blumner Nicole, *Planning for the Unplanned: Tools and Techniques for Interim Use in Germany and the United States*, Berlin: German Institute of Urban Affairs, 2006, p. 17.

④ 杜志威、金利霞、张虹鸥：《精明收缩理念下城市空置问题的规划响应与启示》，《国际城市规划》2020 年第 2 期。

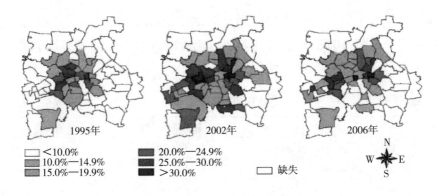

图 4.1　莱比锡市的空屋率变化

资料来源：Rink, D., Haase, A., Bernt, M., Arndt, T. and Ludwig, J., *Urban Shrinkage in Leipzig and Halle*, *the Leipzig-Halle Urban Region*, *Germany*, Leipzig：Helmholtz Centre for Environmental Research, 2010, p.43.

始构想反映城市现状的新一轮城市发展规划，预测到德国甚至欧洲的整体人口出生率低下和人口减少等必然趋势，决意放弃原本坚守的增长导向型发展模式，设定促进城市稳定性运营的精明收缩型城市再生政策方向。联邦政府在交通、技术、社会基础设施、住房、高等教育、劳动力市场和生态振兴方面进行了大量公共投资，并补贴了工业和服务业的私人投资。21 世纪初，宝马和保时捷的新工厂陆续入驻，经济增长开始出现逐渐回暖的迹象。同时，还推动高等教育的升级，建立起生物科学园，扩大了现有科学园的规模。

　　由于以年轻人为主体的移民迁入，莱比锡人口总量开始缓慢增长（年均 0.50%—1.00%），这种迁移以再城市化[①]的形式出现在内城区。在企业和非政府性组织的共同努力之下，莱比锡 2000 年以后，人口总量出现逐渐回升的趋势。2002 年以后，出现了两极分化的景象，城市再度增长的同时城市外围环境却在收缩，来自其他城市地区和德国东部地区的移民加速着两极分化的进展，上述郊区化时代的发展状况开始出现逆转。[②] 2011 年以后，人口增长变得更加活跃，每年迁入的移民达到 10000

---

　　① 再城市化即"二次城市化"，也称"再城镇化"，是针对逆城市化而言的一个应对过程，使城市因发生逆城市化而衰败的城市中心区再度城市化。

　　② Nuissl Henning and Rink Dieter, "The Production of Urban Sprawl in Eastern Germany as a Phenomenon of Post-socialist Transformation", *Cities*, Vol.22, No.2, 2005, pp.123-134.

多人（见表 4.1），特别是 2015 年大量难民如潮水般涌入城市，使得房屋空置率降至 12.10%，而且伴随着 2010 年以来的动态化再增长，房屋空置率 2018 年甚至降至 4.50%。

表 4.1　　　　　　　　莱比锡的人口变化趋势　　　　　　　　单位：人

年度	人口总量	较上年变化量	自然增长量
1990	511079	−16403	−2064
1995	471409	−7167	−3580
2000	493208	1012	−1676
2005	502651	5353	−1218
2010	508775	4359	−374
2012	528540	10817	−115
2014	567846	15552	423
2016	588621	13193	160
2018	596517	6974	304

资料来源：笔者自制。

2005—2017 年，工业振兴和新的经济增长创造出 7 万多个新工作机会，就业岗位增加的同时失业率也开始下降，这样的经济增长很大程度上取决于财政支援和直接投资等公共干预措施。21 世纪初经过多年房屋拆除之后建造了新一代高档住房，2019 年还为大量新移民建设了一些大型社区。自 2010 年以来，大部分棕地已被重新用于住房和基础设施建设，使棕地数量减至原来的一半。

如今，莱比锡已经同慕尼黑或柏林一起成为德国发展最快的城市之一，就业率大幅度提升，以相对较低的成本提供了较高的宜居性。于是，人们不禁会产生一个疑问：莱比锡究竟是如何实现命运逆转的呢？

总的来看，2000 年以后促使城市实现再增长的主要因素包括以下五个方面：

①对大规模经济投资和创造就业机会的直接性和间接性公共支持（例如宝马、亚马逊、保时捷、DHL 等）；

②来自中央政府的大量公共投资（如联邦交通、技术基础设施、高速公路和机场、教育、文化和公众空间）；

③为核心城市的住房翻新提供大量补贴以及价格适中且富有吸引力

的住房；

④生态修复治理（空气、水、棕地）；

⑤改善莱比锡的高度宜居性城市形象、适当的住房和生活成本以及用于实验和研究的空间革新。

诱发再增长的因素是如何一起整合运作的呢？第一，大规模的公共投资对莱比锡的发展具有决定性的作用，主要是来自州、联邦州或欧盟的资金支持，属于一个外生增长因素；第二，2000 年以后在莱比锡及其周边选址的新建企业，受益于不断改善的基础架构（间接影响）；第三，人口增长主要是基于积极的移民平衡，2014 年以来实现了正向的自然增长；第四，自 21 世纪初以来，通过综合总体规划和绿带推进内城区的改造整治，借以遏制郊区化的进一步恶化。

此外，在国家什么样的支持或鼓励之下实现再增长的呢？在 20 世纪 90 年代联邦政府就启动了许多资助计划项目和部门政策，以支持原东德各个领域的发展。这些计划和政策的大部分都是为应对城市收缩问题而制定的。传统的增长主义政策集聚了工业、商业和服务业的大量私人投资，特别是在 21 世纪，住房补贴的取消和国家减少土地消耗的目标减缓了郊区化进程，这一定程度上逼迫投资开始转向内城区。德国并未在 2008 年受到金融危机的特殊性不利影响，反而经历了始于 2005 年经济繁荣的延续。

最后，需要探讨一个关键性问题，即在实现再增长的过程中莱比锡推动实施的城市收缩战略有什么。具体来看，莱比锡的城市收缩战略主要包括以下四个方面（见表 4.2）。

表 4.2　　　　　　　　德国莱比锡的城市收缩战略

综合城市概念规划	建筑	土地	绿地化
新再生战略（SEKo） 新复兴计划项目 （Neue Gründerzeit）	拆除	用地分区，用途变更	绿地化
	再使用	土地银行	绿色基础设施
	民间管理，融通信贷	土地协定	生态化使用
	暂时性活用	暂时性活用	城市农业，山林化

资料来源：笔者自制。

1. 综合城市概念规划

（1）新再生战略（SEKo）

为了应对城市收缩带来的挑战，莱比锡在两德统一之后开始正面承认了增长主义导向发展模式下出现收缩这一客观事实，积极推动现有战略向适应性战略的方向转变，先后制定了 20 世纪 90 年代的"新兴城市莱比锡"（Boomtown Leipzig）大型项目建设、21 世纪初的收缩与城市重建战略规划和综合城市发展规划"2030 莱比锡可持续增长"，借力整体性城市规划推进城市转型发展，推动莱比锡再城市化促进城市经济增长。

莱比锡在制定综合性城市概念规划时，由城市规划部门（SPA）和城市·住区再生部门的 5 个成员组成一个团队共同制定规划，这种方式大大节省了规划商议和推进方面的时间和费用。一般来说，规划制定需要两年时间完成，充分反映市民和该领域专家的意见。SEKo2030 规划设定目标人口数为 60 万人，以提高市中心开发密度和外围地区绿地空间品质为基本导向。莱比锡的精明收缩依据现有人口规模适当调整基础设施，以维持城市人口稳定为目标创造就业岗位。

（2）城市再开发的新复兴计划项目：空置房屋的拆除与再使用

莱比锡推动城市再开发时，主要提出三大战略：①营造市中心良好的居住环境、提高城市竞争力的战略；②最大化保护和保存市中心地区的战略；③减少住宅库存且对城市进行再整治的战略。

为了遏制大型投资企业的撤资迁厂，确保所需人力的职业服务和招商引资的多样化支援，避免失业率的升高，莱比锡市政府着手推行联邦政府的盈余房屋对策——东德城市改造事业（Stadtumbau Ost）援助项目。该项目对适宜居住的房屋进行翻新维护，拆除废弃房屋，并将其恢复为城市绿地或其他公共空间，最终达到房屋供给平衡和城市肌理有机延续的目标。2003—2013 年，莱比锡获得约达 1.10 亿欧元的公共资金援助，其中 42.50% 的资金被用于拆迁，对保留下来的房屋进行翻新，拆除多余闲置房屋，扩大城市公共空间。

针对城市人口规模，调整过量供给的住宅和基础设施，果断将利用率极低的住宅和基础设施拆除。与以往的开发方式不同，拆除后腾出来的空间不是植入大规模的新设施，而是布置小规模住宅和公园广场等开放空间。这样的物理空间再开发主要运用于莱比锡最恶劣的城市西部工业园区（Plagwitz）和东部陈旧租赁住宅密集区（Leipziger Osten）。陈旧租赁住宅区大幅度拆除后，在缩小的空间范围内进行再整顿或者新建公共住宅，鼓励公共住宅和民营住宅的普及化建设（见表 4.3）。

表4.3　　　　　　　　　莱比锡新复兴计划的多样化住宅战略

方法/项目	目标	内容	效果
城镇住宅建设	提供富有魅力的住宅选择与郊区独立住宅之间的竞争	市中心富有魅力的住宅联排住宅建设	至2007年建设100栋，但开发商更倾向于郊区（限制较少且可开展大规模开发）
租赁者修缮奖励	减少老旧住宅库存	向租赁者提供老旧住宅修缮的财政性支援	局限性成功：已经存在廉价且多样化的改造住宅
诱发建筑主义自发性动机	为中产阶级在市中心提供住宅老旧住宅的合并	市政府推动建筑所有者的组织化，给予多样化支援	2001—2007年确保300栋住宅
管理者的住宅守护者的家	高房屋空置率的地区避免放弃住宅库存附加值效果：为创新团体提供廉价住宅选择权	战略性场所的老旧建筑的临时性无偿租赁：赋予使用者一定的修缮义务	实现较小规模：仅局限于数十栋建筑
私有土地的临时性公共目的的使用	确保提供生活品质的公共空间：薄弱的房地产和土地市场应对方案	城市和土地所有者之间的合约：旧建筑拆除后将空地临时（通常10年）用于公共用途，土地所有者拥有拆除和土地开发义务，但享受财产税和治安义务免除优惠	1999—2005年：签订约100份合同

资料来源：Mallach, A., ed., *Rebuilding America's Legacy Cities*：*New Directions for the Industrial eartland*, New York City, NY：The American Assembly, 2012, p. 314.

　　值得关注的是，在德国公共资金支持下的改造项目全都明确强调成本的节减和效益，不仅通过财税优惠调控降低改造土地的交易成本和建设成本，而且对改造后的地价租金涨幅进行一定的控制，使其在房地产市场中具有竞争力，达到使用效益最大化。而德国的社会规划原则不仅要求政府部门、规划师和居民共同参与城市更新改造的规划，更是强调城市更新改造是在社会力量监督下的持久性工作。①

　　2005年前后随着渐进式经济增长和人口增加等方面的信心增强，莱比锡尝试从稳定性增长的现有政策向增长导向型城市开发的方向转变。仅在2011—2016年的短短五年间，莱比锡的家庭数量就增加了3.60万户，住房空置率从同期的12%迅速下降到2%以下。预测2035年之前，

---

① 董楠楠：《浅析德国经济萎缩地区的城市更新》，《国际城市规划》2009年第1期。

莱比锡每年将需要额外建造2000—4000套住宅，才能应对未来人口增长带来的住房需求问题。

2. 优先改造地区战略：赋予特定地区优先改造的权利

当地政府在制定城市空间发展战略时，将人口密集且急需改造的地块设定为优先改造地区，并按照优先顺位分批次对这些地区进行更新改造，从而快速提升城市的内在竞争力，图4.2中的优先改造地区——城市中心以及用于发展文化产业并集聚设计活动的城市北部地区，利用音乐性地区无形文化遗产举办春夏音乐庆典来促进观光产业的繁荣，以购物中心为中心带动零售业给地区经济注入活力。这些区域的发展对于推动城市基础设施建设和工商业企业合理布局具有重要意义，因此需要被赋予最优先改造的权利。

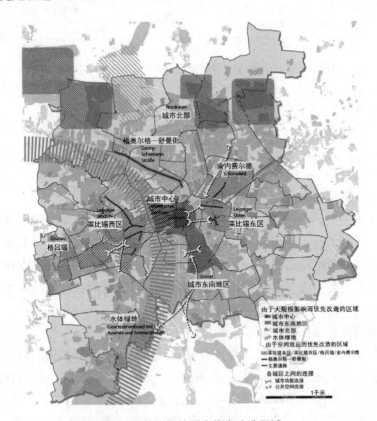

图4.2 莱比锡的城市优先改造区域

资料来源：邓嘉怡、郑莎莉、李郁：《德国收缩城市的规划应对策略研究——以原东部都市重建计划为例》，《西部人居环境学刊》2018年第3期。

　　邻近城市中心东南部且拥有创新企业和研究机构的集聚区以及水体与绿地等公共空间是连接城市各功能区块的重要纽带，这两个区域同样具有改造的优先权。格吕瑙、莱比锡西区、莱比锡东区、舍内费尔德和格奥尔格—舒曼街拥有城市中最重要的住宅区和街道，集聚了较多人口，因此也被划为重点范围。[①] 总体上看，通过城市空间的精明收缩型开发，有效地改善了经济社会环境，从人口增加、失业率和住宅闲置率减少等方面促进城市的稳定发展。

　　3. 土地协定：市政府和土地所有者之间的正式协约制度

　　莱比锡坚持不侵犯土地所有者所有权的基本原则，为使空地再活用为更加适当的公共用途，尝试实行市政府和土地所有者签订合约的制度。通过此合约制度，将闲置土地临时地转变成公共用途，消除负面性影响，激发城市活力，改善邻里地区生活环境，提升市中心魅力指数，有助于节省土地所有者费用和保护土地。

　　4. 绿地化战略：闲置土地的绿地化与社区公园形成

　　莱比锡精明收缩战略的重点在于，通过老旧居住地区的拆除并将其转变为绿地公园，扩大人均公园绿地面积，提升居住地区的空间品质。自 1991 年起，莱比锡获得联邦政府和欧盟高额的基金援助投入城市再生事业，用于对建筑的翻新改造以及新建绿地空间、社会基础设施和公共设施的完善，这样的再生项目成为周边地区环境设施得以改善的催化剂。其中大部分项目不是城市独自筹资开展自上而下式运营方式，而是在地区社区形成共同体意识之后通过协同合作推动事业进行的自下而上式运营方式。2004 年林德瑙（Lindenau）地区增建了 7000 平方米的邻里庭院，2005 年还在迈斯讷（Meißner）街道上建设了新庭院。

　　为了激活社区，2009 年以来莱比锡城市规划开始聚焦城市社会空间打造的社会城市建设，采取了基于主街道资产梳理的自下而上参与式城市规划，政府部门携手联合推动老城区的更新改造。为了摸清居民的需求，老城区更新社会城市项目办公室组织了不同规模的多样化社区参与研讨活动，鼓励利益相关方和社区居民积极参与讨论社区的问题解决对策。在切实掌握社区居民需求的基础上，着手构建社区社会基础设施，

---

　　① 邓嘉怡、郑莎莉、李郇：《德国收缩城市的规划应对策略研究——以原东部都市重建计划为例》，《西部人居环境学刊》2018 年第 3 期。

与社区居民共同打造社区公共社会空间，强化社区居民的交流，逐步提升居民对其所居住社区环境的归属感和拥有感。这种拥有感越强，居民对城市更新改造、对城市发展持续参与的兴趣就会愈加强烈，社区的共同体意识和凝聚力也就越强。

5. 产业集群战略：创建特化产业形成的产业集群

在工业园区构建规模压缩的产业集群区，将特化产业形成和产业多样性确保作为重点方向。为了推进特化产业形成的产业集群战略，2004年招商宝马公司投资设厂，创造 5000 个就业机会以及相关零部件产业部门的 5000 个工作岗位，而且还成功招引保时捷汽车公司，形成汽车产业特化的产业集群。并且，通过生命科学和媒体城（Media City）产业集群的形成，强化城市产业结构的多样化。

这一系列政策战略旨在实现外部影响的最小化和避免内部过多的粗放扩张导向型开发带来的负面影响。莱比锡综合城市概念规划，除了推动物质性空间环境规划改造之外，还制定了将莱比锡发展成为重要的国内和国际商业中心，以及著名的欧洲科学艺术城市的战略远景和城市发展战略，致力于健康与生物科技、物流产业、媒体和创意产业、自动化及供应、能源和环境产业"五大标杆集群"的创建。莱比锡政府选择这五大高速增长的行业作为前景广阔的光明产业，鼓励研究中心和集群之间加强合作，在各自领域内不断创新。这五大产业集群将集中体现城市的核心竞争力，为多元化经济继续创新和可持续发展打下坚实的基础。

通过上述措施，莱比锡彻底扭转了城市人口下降的趋势。莱比锡住宅空置率从 2000 年的 6.90 万套下降至 2009 年的 3.50 万套，减少了49.30%；人口从 2000 年的 44 万人增长到 2018 年的 59 万人，增长了34%；就业机会从 2001 年的 12.90 万个增长到 2010 年的 19.17 万个，增长了 48.50%。就房价和房租而言，莱比锡 2020 年每平方米房价为 2714欧元，较 2019 年增长了 15.42%，在德国八大城市中算是性价比非常高的城市了，房价仅是柏林房价的六成左右。而且，预计莱比锡房价上涨趋势至少会延续至 2027 年，因为德国中部约 60% 的地区居民数量都在下降，而这些地区的很多居民就是被莱比锡所吸引的。这样一来，莱比锡的住房空置率将会一直保持在较低水平。

二　莱内费尔德

（一）收缩背景

德国图林根（Thuringia）州的莱内费尔德市 2003 年与博尔维斯（Worbis）合并，现在虽不是增长的城市，但合并之前莱内费尔德市的收缩程度可谓是极其严重。莱内费尔德市最初只不过是一个名不见经传的小村落，在 20 世纪 60 年代伴随着石油产业的发展进入快速增长阶段，但 1990 年两德统一和货币实现大联盟后，基础产业崩盘，经济发展也陷入逐渐萎缩的困境中。随着失业率的急剧攀升，居民为谋求工作岗位纷纷涌向西德较为发达繁华的城市。图 4.3 是莱内费尔德及其南部的朱特使塔特（Sudstadt）地区的人口变化情况。2000 年莱内费尔德的人口总量相对于 1990 年减少了 7.90%，房屋空置率增加了 17.70%。特别地，收缩程度尤为严重的朱特使塔特地区较之 1990 年人口减少了 42%，房屋空置率竟然攀升至 50.70%。[1]

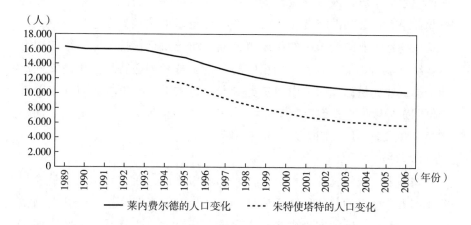

图 4.3　莱内费尔德的人口变化趋势

资料来源：Zukunfts Werk Stadt，"Urban Redevelopment in Leinefelde Sudstadt Germany：Study-visit 9th June-12th June 2008"，http：//www. leinefelde-worbis. de/fileadmin/user_ upload/bauamt/Bilder/Stadtumbau_ Leinefelde/Veroeffentlichungen/Studyvisit. pdf，p. 7.

莱内费尔德之所以人口流失如此严重，原因主要包括五个方面：第

---

① Matheson, A., *Planning for Decline in Canadian Cites：Lessons from Youngstown Ohio and Leinefelde*，Master's Thesis，McGill University，2009，p. 56.

一，由于地处原东西德的交界地区，人们更加容易向就业岗位充足的西部迁移。第二，居民在德国属于最年轻的群体（平均年龄为25岁），受教育水平和专业技术水平相对较高，其中1/3拥有专科以上学历。但很多年轻人都是外来人员，在此定居的意愿不强。第三，从居民特征来看，莱内费尔德的南城区拥有大规模居住区，但大部分住宅都已年久失修，且90%居民都是租客，对住房状况的满意度较低，离开的可能性较大。并且，许多居民去郊区购买住房的意愿愈加强烈。德国统一以后，经济条件较好的家庭开始购买新建住房或建造新家，同时部分居民移居至原西德的卡塞尔和哥廷根，人口外流使得空置住房的数量不断增加，导致南城区的住房需求遭遇双重冲击。第四，德国统一以后，原东德的计划经济体制被迫转变成国家干预经济的市场经济体制，国有企业开始进行全盘私有化改革。但凡在这种将国有资产转为私人资产的情况下，必然会引发大量工人失业，而大量工人失业便会导致大量社会问题凸显，进而产生社会矛盾，最后导致社会公共秩序的下降。因此，莱内费尔德的抢劫、杀人、公共设施破坏、纵火等城市犯罪事件频繁发生。第五，莱内费尔德是产业结构单一的小城市，经济增长缺乏韧性。原东德的国有企业缺乏市场竞争力，还缺少相应的技术工种和创造特色，作为支柱产业的纺织业亦是如此。莱内费尔德最大的纺织工厂在市场竞争冲击下破产倒闭，导致城市纺织厂职工数由4000多人减至原来的十分之一，同时钾矿区和水泥工厂的职工人数也在不断下降。

（二）推进政策

与陷入无规划开发幻想的其他东部城市不同，莱内费尔德早就意识到城市人口减少的趋势及随之应变的必要性，摒弃草率推动新开发的做法，正视城市收缩的客观事实，全力提升现有人口生活品质的紧凑城市建设。[1]

1995年，莱内费尔德第一部城市综合规划出台，涉及哪些地区需要开发、哪些地区需要放弃等许多困扰市政府的烦恼问题。2005年和1995年的两轮总体规划具有连续性，进一步明确了城市轴线和核心功能区域的建设地区、需要保留和改造的居住区以及需要构建公共绿带和公共走廊的地区。具体来看，总体规划主要包括五方面内容：第一，确保经济

---

[1] Lindsey, C., "Smart Decline", *Panorama Whats New in Planning*, Vol. 15, 2007, p. 18.

基本盘。推动高速公路建设及与其相关的制造业发展，激活现有建筑的功能作用；第二，确定南城区的核心功能区范围。以此作为城市的主要轴线，提升房地产增值潜力；第三，维持社区稳定。加强社区与老城中心的相互联系，确保生活基础设施的服务水平，通过绿化和整治提高社区空间的地价；第四，改善居住环境。把运动空间和休闲场地作为魅力社区的一部分，实现老城中心和南城区的有机联系；第五，确定结构调整地区。将城市边缘地区设定为禁止开发区域，针对发展需求灵活采取拆除、改造等应对方式。该规划所选择的战略是设定连接经历严重衰退的朱特使塔特地区及老城区中心的中心城市轴（Stadtische Achse）和绿地轴（Grune Achse），对不同地区的空置房屋采用不同的处理方式。对于处于市中心和两条轴线之外地区的建筑采取全面拆除的方式，并引导朱特使塔特南部地区的居民向其市中心周边再开发地区迁移。由于迁入地区的生活环境品质相对较高，此过程中居民并未表现出太多的反抗情绪。此后，在这两条轴线的周边地区采取仅拆除建筑顶部两层的局部拆除方式[1]，特别是对历史文化建筑采取部分保存的方式，这不仅能激发对过往历史的荣誉感，也能引起市民的共鸣和支持。而且，还在拆除地区重新布置绿地和绿带，借以缩减城市服务的成本费用。

除拆除战略之外，莱内费尔德还通过市中心住宅改造战略引导城市郊区的居民向市中心迁入。而且，随着婴幼儿数量的减少，许多教育设施都被转换为衣物收集中心、残疾人就业中心、职业学校以及太阳能发电中心等生产性功能用地。[2] 通过诸如此类方面的努力，莱内费尔德的经济和生活条件得到大幅度改善，环境可持续性也得到了保障。并且，莱内费尔德坚持实施城市建造环境的收缩战略，成功激发起居民共鸣，对其他原东德城市来说可谓是效仿借鉴的样本典范。

（三）精明收缩的实施效果

在推进收缩战略的过程中，莱内费尔德由产业单一型城市转变为拥有多样化住宅的"卧城"。精明收缩战略的成功之处主要表现在减量拆除和地产价值、人口变化和经济稳定三个方面。

第一，从城市收缩战略的核心指标建筑总量的变化情况来看，空置

① Matheson Alan, *Planning for Decline in Canadian Cites: Lessons from Youngstown, Ohio and Leinefelde, Germany*, Master's Thesis, McGill University, 2009, pp. 64-65.

② Lindsey, C., "Smart Decline", *Panorama Whats New in Planning*, Vol. 15, 2007, p. 18.

住宅数量 2000 年达到峰值 1300 栋左右，随着 1998 年拆除战略的正式实施，2007 年降至 300 栋以下，至 2010 年拆除住宅数量高达 1760 栋。在拆除空置住宅的同时，还对剩余住宅进行更新改造，降低建筑密度，创造出更多的公共活动空间和公共开放空间，从而提高了城市的空间环境品质，恢复了房地产市场的发展活力。

第二，人口变化方面，1994—1997 年流出人口超过 1100 人，但 1999年以后降至 1000 人以下，净流出人口从 900 人减至 400 人。2007 年仅仅减少了 150 人，与自然人口减少数几乎持平。人口流失的状况逐渐好转，每年人口外迁量得到了很好控制，而且还有部分人口正在回迁。

第三，经济稳定方面，通过多样化住宅的规划建设，不仅改善了居住空间质量及其周边环境品质，还提升了人们对居住区的满意度，到南城区上班的市民数量开始持续增加。同时，充分发挥德国交通网络节点城市这一地理优势，引入西门子家电产品物流中心，并利用建筑改造和拆除项目激活了当地的建筑行业市场，创造出大量的工作岗位，使得失业率从 1997 年的 19.60% 降至 2005 年的 15.10%，明显低于图林根州的平均失业率（18.10%）。随着多样化就业岗位的增加，城市经济的可持续发展水平也不断上升。与 1991 年相比，所得税 1997 年增加了 4 倍，2001年增加了 12 倍。这都充分表明莱内费尔德城市经济正在趋向良性发展。

三 德累斯顿

德累斯顿是德国重要的文化、政治和经济中心，是萨克森州的首府和第一大城市、德国东部仅次于首都柏林的第二大城市，也是德国重要的科研中心，拥有德国大城市中比例最高的研究人员，是"德国硅谷"的核心城市。"二战"后到两德统一几十年间，德累斯顿涅槃重生，入选德国国家旅游局评定的十一个德国魅力大城市，每年吸引了大批游客前往观光旅游，成为德国中东部地区城市复兴的典范，被誉为"易北河上的佛罗伦萨""涅槃重生的东部瑰宝"。

（一）收缩背景

德累斯顿是中部都市圈的重要工业中心，主导产业为机械、制药、半导体和电气制造。两德统一后，东德曾经引以为傲的工业，被西方世界视为"低效率"，煤炭等传统产业开始衰退，原工业基地成为城市弃管的"棕色地带"，传统经济衰落，城市功能丧失。德累斯顿的经济在德国城市中曾经拥有相当重要的地位，但在东德时期，德累斯顿银行、奥迪汽车等著名企业为逃避被国有化而纷纷离开了德累斯顿，经济增长远不及西德城市，也仍是东德的一个重要工业中心。转入市场经济体制的同时，传统的苏联和东欧出口市场发生经济崩溃，同时又面临原西德企业的有力竞争，德累斯顿的生产企业几乎完全崩溃。此后德累斯顿建立了全新的法律和流通体系，引进原西德资金重建了基础设施，其经济正在迅速恢复的良性阶段。

（二）精明收缩策略

在柏林墙倒塌以后的20年间，德累斯顿向世人展示了收缩城市富有活力的命运逆转。20世纪90年代人口急剧减少，原本50万人口失去了6万人。不过，2000年前后状况出现反转，2000—2007年新增加了2.50万人口（周边地区合并增加人数除外），成为原东德地区为数不多的活力城市。这样的急剧反转现象倒逼德累斯顿城市政策的转变。

德累斯顿工科大学教授托斯顿·费希曼将德累斯顿20年的变革划分为三个阶段。在各个阶段，德累斯顿的城市政策和城市规划虽然面对现实急剧的变化而惊慌失措甚至几经挫败，但还是勇敢地接受和正视现实。

1. 第一阶段（1990—1995年）

德国统一后原东德工业城市为了城市经济复兴，采取扩张型城市规划发展模式，在城市郊区投资新建房屋、基础设施，但反而加速莱比锡等城市的衰退，人口流向其他城市，内城和郊区住房的空置率不断增加。市规划局在城市开发、城市再生和公共交通领域制定三大战略，推测2005年的规划人口数为50万人。土地利用和基础设施规划需要进一步扩大，以52万城市人口为前提，计划新建5万户住宅、700公顷商业用地以及300万平方米的办公设施。20世纪90年代新建3.80万户住宅，并对2.50万户住宅进行修缮。然而，此时期德累斯顿却出现人口急剧减少的状况。1995—1998年年轻劳动力流向原西德地区，周边小城市推动单独住宅建设的郊区化迎来调整期。联邦政府的住宅购买优惠政策加速郊区化，结果却导致20世纪90年代末房屋空置率超过20%的悲剧。

2. 第二阶段（1996—2001年）

面对持续性人口减少，1996年的新土地利用规划根据2005年的预测结果将规划人口数降至43万人。市中心周边的历史街区拥有19世纪末到20世纪初建设的优质建筑，但未能得以投资修缮，已经沦落为空置建筑。这种历史性街区的再生和20世纪七八十年代在郊区开发的大规模用地上劣质共同住宅的拆除、缩减和翻新成为该时期的政策目标。

3. 第三阶段（2002 年以后）

吸取经验教训，德国政府通过都市圈规划引导和调控城市发展方向，将建设和更新的重点聚焦于几个主要大城市的内城区。德累斯顿将建设资金用于关闭和改造采矿、钢铁等企业，以减少污染；修复矿区，治理污染场地；更新排水系统，建设基础设施；重建城市地标大教堂，更新改造易北河沿岸景观；引入美国半导体制造商（Advanced Micro Devices，AMD）、制造业巨头格罗方德和英飞凌（Infineon），将芯片制造、半导体工厂业务部署在德累斯顿。通过一系列措施和努力，城市人口出现增加的反转势头。市中心回归发展成为一种新潮流，历史街区的地价回暖，郊区的大规模住区中位置较好的小规模共同住宅的房屋空置率得到改善。2002 年发布的新都市战略"综合性城市开发规划理念"（INSEK）每三年修订一次，明确提出重视增长和开发主义的方针，体现出紧凑型欧洲城市（富有魅力的市中心，土地消耗的缩减，人口水平的常态化）的规划理念。规划制定阶段需要收集各个地区的意见和建议，即使政治环境出现变化也要维持一定程度的持续性。虽然发展方向会受到市长或执政党的影响，但包含地区诉求的政策事业大部分会保持下去。新住宅需求通过翻新现有住宅来充数，在拆除的住宅区和工厂原址推进绿地化战略等可持续性城市政策。

德累斯顿在都市圈收缩背景下积极推动城市转型，成为都市圈的增长极。根据德国经济研究所公布的数据，2013—2016 年德累斯顿平均就业率和 GDP 增长率位列德国第一，发展指数位居德国第五，成为德国最具经济活力的城市地区之一。

第四节　本章小结

当前我国许多城市正在借助城市更新"腾笼换鸟"，试图实现社会、环境、人文、经济的可持续发展。2021 年，城市更新首次被写入政府工作报告，并列入《中华人民共和国国民经济和社会发展第十四个五年规划和 2035 年远景目标纲要》，深圳、上海和北京等一线城市正开展以旧城区改造和拆除重建作为主要对象的城市更新运动，在现有建成区探索存量规划或减量规划的城市更新。而德国在应对城市收缩开展精明收缩型城市再生的过程中，积累了丰富的政策措施和城市更新再生的经验方法，可以为当前我国城市更新运动提供许多有益的启示和借鉴。

1. 多样化因素引发的城市收缩加速精简主义规划思想的扩散

首先，青年和专业人员的外流以及出生率的急剧降低是原东德城市出现收缩的主要动因。其次，制造业企业的产业转移造成大量工厂荒废。一方面，原西德城市面临后工业社会的侵袭，市中心开始出现收缩现象；另一方面，原东德的制造业失去竞争优势和比较优势，大量企业陷入陆续倒闭的狂潮，促使大规模人口外流的现象愈加严重，城市中出现了大量的废弃厂房和空置建筑。最后，城市外围开发造成房屋空置问题持续恶化。面对两德统一引发的一系列格局变迁，联邦政府不但没有正视原东德地区城市日益严峻的收缩现象，反而热衷于刺激发展开发的政策，掀起了开发商投机式开发的热潮，持续推进住房开发建设，导致新建住房数量的持续增加与原东德地区人口的持续外流形成了明显的悖论现象，人口减少和空屋增加问题迫使许多原东德地区陷入财政困境。

鉴于这些因素所引发的一系列负面影响，在"建筑越少，城市越多"的精简主义策略的引领驱动之下，德国联邦政府开启了空置房屋拆除与重建的行动，主要从空置建筑的拆除重建、使用率较低的城市公共基础设施的拆除调整以及市中心居住功能的强化方面付诸实施。而且，还借助临时使用和拆除绿化这两大基本战略的实施，适应人口规模缩小的客观现实，推动精明收缩，通过城市拆除和价值再生推进城市空间的重构，提升市中心的历史性价值和空间品质。

2. 正视收缩事实制定适应城市收缩的空间重构规划

由于政界的不明智应对，人口减少和空屋增加问题迫使许多原东德地区陷入财政困境，城市中还出现了大量闲置房屋和人迹罕至的废弃工业区，如何处理城市房屋和建筑空置问题并寻求城市可持续发展出路成为德国联邦政府迫在眉睫的难题。

德国的综合性城市再生战略 INSEK 不限于经济衰退和人口减少的特定地区的局部性规划，而是在城市全体范围缩减衰退地区的物理空间，引导城市功能向具有发展潜在力的地区集聚。由此，德国联邦政府实施装配式住宅拆除和历史性市中心价值提升两大战略，并为解决结构性危机开始推出规模不再增长的城市开发战略，摒弃以增长主义为主导的传统性城市发展模式，并制定与之对相应的新概念规划。

总体来看，德国收缩城市推进的城市规划性核心战略是以城市空间结构变化为基础设定的，主要包括以下三个方面：①引导居住等多样化功能向老城区中心集聚，在城市外围拆除共同住宅，转换城市内部的建设思路，推动中心地内部住宅向土地利用节减型低密度方向转变，借助城市再生和新城市性这两个概念遏制收缩进程，创建可持续发展的紧凑城市；②通过"空心齿"理念拆除空置房屋以后建成低密度住宅或休闲绿地，在穿孔的城市空间结构中探索创造开敞空间和新住宅类型的诸多可能性；③城市再生战略主要运用于那些过去人为推动工业化而建造，然而随着去工业化的演进，城市人口在最短的时间内大量流失的城市。

3. 反映地区特性的多样化主体共同参与的社区规划

多样化主体组织结构的确立为推动原东部都市重建计划的顺利开展提供重要保障。城市更新改造是在社会力量监督下的长期性任务，实施过程中需要明确政府部门、规划师、企业和居民组织之间的相互协作。政府作为城市重建计划的主导者，通过项目资金补助和减免贷款等激励政策推动计划实施。作为政府政策目标实现的战略合作伙伴，城市中大型住房公司则是房屋拆除工作的执行者，在初期也会参与城市综合发展理念的编制工作。此外，城市地区居民的参与度也是决定都市重建计划成败与否的关键因素。

第五章 日本的精明收缩型城市再生

——基于选址优化规划的
"紧凑化+网络化" 战略

与中国相比提前经历由少子老龄化、人口减少、郊区化和经济衰退所引起的城市收缩的日本，自1998年开始从国家层面上探求城市空间规划的发展方向和优化策略，于2014年8月借助《城市再生特别措施法》进行局部修订的契机导入选址优化计划制度。截至2022年4月1日，日本共有626个自治区在推进选址优化规划的制定，其中448个城市已经发布了选址优化规划。本章通过对日本选址优化规划以及以其为主导的"紧凑化+网络化"空间规划战略进行研究分析，探讨收缩型城市的空间规划方法和优化策略，以期为我国收缩城市的空间优化规划和国土空间规划编制提供有益借鉴。

第一节 城市收缩的形成动因：少子老龄化主导下的经济衰退

作为中国东邻之邦的日本是东亚地区最早完成工业化并整体上步入后工业化的发达国家。在日本，收缩城市着重表述由于郊区人口流失、空屋增加、中心城区人口减少和老年人比例增加等多种因素的叠加作用，造成地区总人口减少和经济衰退等日本各地普遍存在的经济社会问题。20世纪50年代至80年代，日本经济经历了持续的高速增长时期，全国人口逐渐向东京圈、名古屋圈和关西圈三大都市圈集中，快速城市化、大都市圈规制和地域均衡发展政策引发一系列具有日本特色的城市问题。90年代泡沫经济崩溃之后，新城渐渐丧失活力，地方人口不断涌入大城市，中小城市陷入持续性人口减少的泥潭，人口密度逐渐降低，公共交通需求日渐萎缩，导致公共交通服务水平持续下降的同时，对私家车的依赖性却在不断提高。而且还拉低了社会基础设施和社会服务的供给水平，给老年人带来日常生活的诸多不便。总的来看，日本收缩城市的成因和特征主要包括以下四个方面。

一　首都圈一极集中诱发人口减少

从全国人口总量变化来看，日本经历了人口快速增长向人口减少的阶段性转变。第二次世界大战之后的日本第一次生育高峰，是 1947—1949 年出现的"婴儿潮"，高出生率促使日本人口总量飞速增加，截至 1967 年突破 1 亿人。此次生育高峰，使得日本在 20 世纪 70 年代经济高速发展期拥有了大量受过中高等教育的年轻劳动力，助推日本坐上了世界第二大经济体的席位。日本战后的第二次生育高峰期，是 1971—1974 年出现的"婴儿潮"，带动人口数量持续攀升，到 1984 年突破了 1.20 亿人。[①]

但是，日本人口总量 2008 年达到 1.28 亿人（老龄化率为 23%）这一峰值之后转向整体人口不断减少的阶段，开始步入人口持续减少的"人口峭壁"时代。2020 年，人口总数为 1.26 亿人，与 2010 年相比减少了 248 万人（年平均 24.80 万人）。按照当前趋势发展下去的话，未来人口除了东京圈部分区域以外都将持续减少，预计 2030 年将降低为 1.15 亿人，2050 年将降低为 9515 万人左右，2060 年将减少至 8674 万人（见图 5.1）。

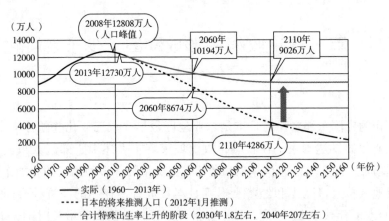

图 5.1　日本的人口推测和将来人口预测（1960—2160 年）

资料来源：内阁官房まち・ひと・しごと創生本部事務局，まち・ひと・しごと創生「長期ビジョン」「綜合戦略」，2015，1ページ.

---

① 李国平：《均衡紧凑网络型国土空间规划——日本的实践及其启示》，《资源科学》2019 年第 9 期。

日本地方城市收缩应追溯到 20 世纪 70 年代，当时地方城市在少子化、老龄化及私家车大众化的叠加作用下，公共交通的渐进式衰退、郊区化等问题日益突出，人口减少的时代背景下财政收入和公共服务供给等地方城市经营的基本盘开始动摇。20 世纪 80 年代地方中小城市的人口数达到峰值，由于老龄化、人口向东京圈一极集中、地方经济衰退等多维度因素的交叠作用，地方城市人口开始逐渐减少，城市衰退导致的收缩现象一直保持着持续恶化的态势。

向东京圈一极集中的人口移动倾向也是地方城市人口减少的重要动因。从首都圈（东京都、神奈川县、千叶县、埼玉县）的人口动向来看，2014 年迁入人口超过迁出人数约 11 万人，2015 年东京地区的人口数达到 3612.60 万人，约占全国人口的 1/4。① 与源源不断地提供年轻人的地方即将面临消亡的局面相反，人口稠密的东京圈人口出生率却依旧维持在较低水平。在大都市圈独存的"极点社会"② 延长线上，日本全国性人口减少将进一步加速，呈现出"人口的黑洞现象"，与宇宙空间的众多行星被某一点吸引到一处的现象极其类似。③ 若想抬高总体人口出生率来抑制人口减少，就必须解决首都圈人口过度集中这一重大课题。

此外，将来日本的人口减少和地方衰退问题也将会给日本社会带来严重的危机意识。假如今后从地方圈流向大都市圈的人口迁移仍然维持现状的话，2040 年总人口不满 1 万人的自治体将达到 523 个（约占全体的 29.10%），"消亡可能性"很大（见图 5.2）。④

据国土形成规划的国内意识调查结果，城镇规模越小居住地区的人口减少问题就越突出，对居住地的将来就越具有危机意识，这也进一步凸显出地方消失引发的危机状况和推进地方创生政策的必要性。

---

① 日本総務省，『平成 27 年国勢調査人口速報集計結果』，http：//www.stat.go.jp/data/Kokusei/2015/kekka.htm.

② 极点社会是指以东京圈为代表的大都市圈吸收了日本的各地人口，结果造成了人们都聚集到大都市圈等少数城市地区，并在高密度空间环境中生活的现象。

③ 増田寛也，『戦慄のシミュレーション2040 年、地方消滅，「極点社会」が到来する』．『中央公論』，2013，128（12）．

④ 増田寛也，『戦慄のシミュレーション2040 年、地方消滅，「極点社会」が到来する』．『中央公論』，2013，128（12）．

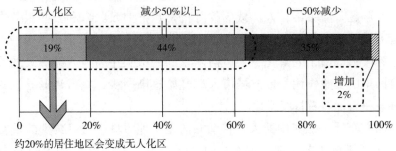

人口减少的不同类型的地区数（2010年→2050年）

60%以上（63%）的地区人口已减少到现在的一半以下

约20%的居住地区会变成无人化区

图 5.2　日本的人口增加地区和无人化地区的预测

资料来源：内閣官房まち・ひと・しごと創生本部事務局，『まち・ひと・しごと創生「長期ビジョン」「綜合戰略」』，2015，5ページ.

二　少子老龄化造成社会人口结构变化

日本前首相安倍晋三 2018 年新年感言中宣称"少子老龄化"问题已经列为国家危机，这足以证明少子化和老龄化对日本带来的影响会有多大。少子化是指某一国家或地区新生儿人口占总人口比例持续下降，统计学上表现为生育率下降连带新生儿人口占比下降。生育率下降的原因是多样的，除身体因素导致生育率下降之外，还包括战争、饥荒、流行病、自然灾害、人口迁移等大环境因素导致新生儿人口绝对数量的减少。老龄化是指老年人口（总人口中 65 岁以上人口）由于绝对或相对数量的增加，连带其占比（老龄化率）的增加。少子化是老龄化的诱因之一，由于新生儿数量减少会相对抬高老年人口占比，加快老龄化的进程，因此通常把这一连锁反应合称为少子老龄化。

日本不同地区人口减少的状况呈现出不同的态势，如果将人口减少按照第一阶段（年轻人数减少，老年人增加）、第二阶段（年轻人数减少，老年人维持一定数量后减少）和第三阶段（年轻人和老年人都减少）三个阶段来划分的话，目前东京道和中等核心城市处于第一阶段，而地方城市则正在进入第二阶段和第三阶段。

2000 年中期以后，日本城市出现的城市收缩主要归因于低出生率和快速老龄化。① 20 世纪 90 年代泡沫经济崩溃以后，强大的经济压力和互联网的发达进步，年青一代婚姻观的改变和兴趣的多样化，导致日本开始出现"不想留学、不想结婚、不想买房子、不想要孩子"的"低欲望社会"现象，这一现象直接导致情人旅馆纷纷倒闭，婚庆公司破产，家电销量下滑，整个消费市场陷入低迷状态，然而只有手机的上网费在月月攀升。由此，日本人口出生率开始呈现明显下降的颓势，城市经济停滞和人口减少问题日渐凸显，在欧洲城市出现的城市收缩现象也在日本初现端倪，而低出生率则成为人口减少和城市收缩的主导因素之一。不愿结婚的年轻人增加和结婚年龄的上升等结婚意识形态的变化加快出生率的下降，低出生率引发的人口减少问题对中小城市的影响较之于大城市更为突出。

2008 年以后，日本出生率每年以 0.01% 的速率持续下滑。日本总务部 2015 年发布的国势调查结果显示，2005—2015 年的 10 年间，全国 47 个都道府除了以东京道为首的 8 个都县人口有所增加之外，其他 39 个府县中小城市都处于人口减少状态。而且，自 2016 年起出生人数连续 4 年少于 100 万人，2019 年总和生育率（TFR）② 为 1.36，全年新生儿数量仅有 86.40 万人，比 2018 年减少 5.40 万人，这是日本自 1899 年开始统计出生人口以来年新生儿数量首次跌破 90 万人。由于全球性新冠疫情的普遍性影响，2021 年日本新生儿人数不足 81.20 万人，预计 2022 年新生儿数量很可能会跌破 78 万人。

同时，与少子化并行的老龄化问题也表现出快速扩散的趋势。人口老龄化率③是衡量老龄化程度的重要指标，该指标值越大，表明人口老龄化程度越深。从人口结构变化而言，由于年少人口的逐年减少和老年人口的逐年增加，日本经历了从金字塔结构到倒金字塔结构的转变。日本自 1970 年起以 7.10% 的老龄化率挺进老龄化社会，此后老龄化率持续急剧上升，1994 年达到 14% 进入高龄化社会，2007 年达到 22% 进入超高龄

---

① Buhnik Sophie, "From Shrinking Cities to Toshi no Shukso: Identifying Patterns of Urban Shrinkage in the Osaka", *Berkeley Planning Journal*, Vol. 23, No. 1, 2010, pp. 132-155.

② TFR 是指该国家或地区的妇女在育龄期间，每个妇女平均的生育子女数，若 TFR 低于 2.08 表示靠自然增长无法维持现有的人口水平。

③ 根据世界卫生组织（WHO）等国际组织定义，老龄化率被分为 3 等级。第 1 等级 65 岁以上人口超过 7% 为第 1 等级，称为老龄化社会，超过 14% 的第 2 等级称为高龄化社会，超过 21% 的则被定义为第 3 等级的超高龄化社会。

化社会，2017 年 65 岁以上的老年人高达总人口的 28%，创下自 1950 年开始采用现行标准统计以来的历史新高，2020 年 5 月达到 28.70%。预计 2030 年和 2040 年日本老龄化率将分别高达 31.60% 和 36.06%，而且 2050 年日本的"老年扶养比"（老年人口和劳动适龄人口的比率）甚至会达到 1∶1，这意味着日本社会将面临每个劳动力抚养一位老人的时代。相关研究表明，地方中小城市人口规模越小，老龄化问题就会更为突出。

老年人数量不断增加的同时，大多数年轻人逐渐从中小城市流向东京、千叶、福冈、仙台等大都市，最终导致中小城市 65 岁以上的老年人高达总人口的 20% 以上。同时，劳动年龄人口数也在急剧减少，造成一系列经济社会性问题，比如东日本大地震受灾地区的修复人力不足等各种问题。老龄化率较高的地区通常还伴随着低出生率现象的存在，由此引发的人口减少和消费能力下降进一步导致城市经济衰退等问题的加剧。

少子老龄化给社会经济发展带来了一系列负面影响，主要表现在以下三个方面：一是社会保障体系挑战政府财政。少子老龄化的结果是越来越少的劳动人口抚养越来越多的老龄人口，这一趋向的持续深入会使形势更加严峻。日本财政在养老金、医疗等社会福利方面的支出每年要增加 1 万亿日元，预算的庞大支出将愈加依靠外债来支撑，财政状况不堪重负。二是劳动力供给不足将导致经济下行。随着少子老龄化程度的加深，劳动力总量相对减少，倒逼劳动力成本上升，削弱了企业竞争力。与此同时，由于对未来前景的担忧，日本的储蓄率将一直维持在较高水平，进而造成日本消费市场萎靡不振。三是产业结构调整面临两难困境。由于中年和年长劳动力一般不愿意变换工作和住所，导致劳动力不愿从衰退产业地区转移到新兴产业地区，然而新兴产业和地区迫切需要劳动力和年轻专业人才，再加上少子化引发年轻人数量逐渐减少，造成产业结构调整面临两难困境。

三　人口减少导致地方经济衰退

在全面改善就业和收入条件的过程中，地方城市在生产性、收入水平、消费活动等各个方面都与大城市存在较大差距。由于人口减少和年轻人流向以东京圈为主的大都市圈，地方劳动力严重不足的问题逐渐凸显。相对大城市来说，劳动生产效率低成为收入水平产生差距和年轻人不断流出的主导因素。工厂的新建选址和公共建筑扩建难以提供较好的工作机会，约 70% 的地方经济收益都来自医疗、福祉、零售批发、餐饮和住宿等服务业部门，投资会倾向于服务业需求密度较高的城市地区，这就导致地方经济的生产力陷入持续低迷的恶性循环。如果地方经济的良性循环无法实现，就会出现"人口减少引发地方经济萎缩，而地方经济萎缩又会反过来加速人口减少"的恶性循环现象，必然会导致地方人才流出问题持续恶化，大都市竞争力也会随之减弱。

四　郊区化迁移诱发市中心空洞化

住宅、商业和服务功能的郊区化迁移加剧着市中心的空洞化，各种设施的使用者不断减少，今后维持一定规模的设施将会成为一个巨大的挑战。现在各城市地区出现市中心衰退问题导致社区形象丧失以及游客数量的减少，而且市中心衰退破坏了集聚经济的影响效果，地价下降，土地所有者的房产价值每况愈下，现有设施的整顿改造也无人问津，这就更加进一步加剧了城市社区的陈旧化问题。地价下降和经济活动的停滞引发地方税收减少，进一步遏制公共服务水平的升级，导致青少年外流等负面性问题交织出现的怪圈。并且，1970—2010 年人口数量增加20% 的同时，城市空间规模却扩大了两倍，如果人口持续减少与城市规模扩张的悖论现象继续延续下去，那么人口收缩时代如何才能实现城市功能的持续性正常运作则会成为城市政策的主要议题。

第二节　中央政府的收缩对策

作为 21 世纪城市政策的核心课题，精明收缩成为提升宜居性、营造全新城市中心和新城的政策性方案，具有推动规模增长、扩大土地财政的城市向宜居性和多样性的城市实现转型的内涵。精明收缩积极发掘和活用收缩城市的潜在优势，适应时代要求来引导城市空间规模的收缩，增田宽也称之为"城市规模的创造性收缩"。

在少子老龄化引发人口减少和城市衰退持续的状况下，正视和适应城市收缩、基于精明收缩的城市管理政策是必不可少的。日本 21 世纪城市建设在可持续性社会和内涵提升式发展的思维框架中，积极推动从增长主义价值观向创建追求幸福和宜居舒适的社会结构的方向转变，而反映这种价值取向的正是精明收缩理念。日本精明收缩战略的核心内容主要包括市中心再生战略、郊区再生战略、实现紧凑城市的交通政策、可持续性城市建设四大部分①。为切实推进精明收缩型城市再生目标的实现，激发社会和经济的活力再生，日本推出"城镇·人·就业"地方创生政策、《新国土形成规划》《国土总规划 2050》等一系列顶层设计政策体系和规划构想。

一　"城镇·人·就业"地方创生政策

为了维持日本社会的持续性发展动力和推动地方创生的实现，中央政府于 2014 年 12 月公布 2020 年之前的五年近期综合战略，以及"2060 年确保人口规模保持在 1 亿人以上、2050 年 GDP 增长率保持在 1.50%—2.00%"的中远期战略目标。内阁府地方创生推进室 2015 年 1 月制定了《地方版综合战略制定导则》，并于 6 月颁布实施了《城镇·人·就业创生基本方针 2015》，指出若要抑制人口减少和地方经济萎缩现象的恶化，实现地方安倍经济学和"就业吸引居民、居民刺激就业"的良性循环，需要给地方经济倾注人才和资金，形成生产性较强、充满活力且收益性强的产业，最大化活用地区资源禀赋为年轻人提供富有吸引力的就业岗位，提高平均收入水平，高效活用空置店铺等闲置资产，通过多样化信息掌握地方动态，强化国家战略特区、规制改革、地方分权改革等地方应对政策的相互联系。

地方创生不是国家层面上采用统一性措施，而是由各个地区独自来激活自身资源和特性，单独制定本地区发展战略，针对不同的地区课题遏制人口减少。为了克服目前政策的纵向性制度结构、统一化对策、无效果鉴定的应付性对策、表面化政策实施、成果短期化等诸多问题，在"城镇·人·就业"创生综合战略中设立了自立性、将来性、地域性、直接性和重视结果五大政策原则，使其成为重要的绩效评价指标和主要政策的决定标准。同时，为了扩大地方创生政策的实施成果，还设定了四大基本目标和关键绩效指标（Key Performance Indicator，KPI），根据 PDCA（Plan-Decide-Check-Action）② 循环来检验和改善创生政策措施的实施效果（见表 5.1）。

---

① 川上光彦，木谷弘司，持正浩，『地方都市の再生戦略』，東京：学芸出版社，2013，294-306ページ．

② PDCA 是按照规划（Plan）、实施（Do）、评价（Check）、改善（Action）四个阶段在项目过程中不断循环，推动持续性改善的经营方法。首先通过规划—实施高效制定和实施地方版综合战略，其次通过评价客观地检证地方综合战略的成效，最后通过改善以检验结果，探讨政策，并进行地方版综合战略的修订。

表 5.1　　　　　　　　"城镇·人·就业" 创生综合战略概要

一揽子政策	基本目标（KPI）	主要推进政策
人和工作创生的良性循环	①在地方创造安定的就业环境（年轻人就业机会，女性就业率，在日外国人观光消费额等）	地区产业竞争力强化（行业横跨）
		地区产业竞争力强化（不同领域）
		地方的人才回归、人才培养和就业对策
		地区活性化
	②促进地方新居民流入（地方迁入，企业的地方节点和就业人数，地方大学的入学率等）	促进地方人口迁入
		推进日本特色 CCRC（Continuing Care Retirement Community）构想
		强化企业的地方基地，扩大地方就业
		地方大学的活性化
	③援助年轻阶层的结婚、生育和子女教育（年轻阶层就业率，女性再就业等）	推动年轻阶层的雇佣对策
		扶持生育、育儿和子女教育
		实现工作和生活的调和（工作方式的变化）
促进良性循环及城镇活性化	④创造适应时代发展的地方安心生活环境，促进地区间联系	支持小节点（多功能型村镇生活圈）形成
		形成地方城市的经济和生活圈形成紧凑化和网络化、连接中轴城市圈、居住自立圈等
		确保大城市圈的安心生活基础
		强化现有债权的管理

资料来源：城镇·人·就业创生本部事务局，『まち·ひと·しごと創生総合戦略（2015 改訂版）』，https：//www.chisou.go.jp/sousei/info/pdf/h27－12－24－siryou1.pdf.

（一）基本目标①在地方创造安定的就业环境

若要形成人和就业之间的良性循环，增加地方就业便是解决问题的关键钥匙。从 2013 年东京地区的迁入迁出情况来看，迁入东京圈的未满 35 岁年轻人超过 10 万人，同时 35 岁以上迁入地方的人口也在增加。为了改变这种向东京圈一极集中的态势，应在地方为这 10 万年轻人提供稳定的工作机会，遏制年轻人迁入东京圈的步伐。从具体的期待效果来看，从 2016 年开始为 2 万人、2017 年为 4 万人提供工作机会，以此类推，每年比前一年多增加 2 万个工作机会，这样到 2020 年地方就会有 30 万年轻人拥有稳定工作，而且 2020 年以后每年地方产业就能为 10 万年轻人提供工作岗位。这样的话，与 2015 年的 9.80 万人相比，2020 年可以增加约 20 万个工作机会，25—44 岁女性就业率也将达到 77%。

（二）基本目标②促进地方新居民的流入

内阁官房调查结果显示，40%的东京圈居民存在迁往地方的意向。针对这些迁向地方的潜在意愿者，今后地方每年应当提供 10 万个工作岗位，引导他们迁居并长期工作于此，提高地方居民的就业率，促使新居民迁入定居，推进地方工作和人之间的良性循环形成。具体来看，如果地方每年能够创造出 10 万个工作机会，那么现在每年从地方迁入东京圈的 47 万人将会减少 6 万人，同时每年从东京圈迁往地方的 37 万人将会减少 4 万人。从东京圈向地方流动的引导会促进东京圈流入和流出均衡的实现，一定程度上遏制东京圈一极集中的发展态势。

（三）基本目标③援助年轻阶层的结婚、生育和子女教育

出生意愿调查结果显示，参与调查的独身男女中 90%有结婚打算，并希望拥有 2 个子女。可见，如果年轻人的结婚生育愿望得以满足的话，总和生育率就有达到 1.80 的可能性，这样就能够遏制地方低出生率现象的延续，还有助于"2060 年全国总人口不低于 1 亿人"长期目标的实现。为了实现这个长远目标，今后需要根据地方自身特性，营造出一个适合结婚、生儿育女的生活环境，并提供富有吸引力的工作岗位。

（四）基本目标④创造适应时代发展的地方安心生活环境，促进地区间联系

为了促进就业和人的良性循环，需要重新恢复城镇的活力，营造出能够安心生活的社会环境。不过，目前许多地方城市和山间地区都面临着人口减少和少子化等问题，而且难以维持医疗、福利和商业等生活服务功能的可持续性。因此，今后需要根据地方特性进行紧凑城镇建设，并构建与之相对应的道路交通网络，在城市中心节点和生活节点强化生活服务功能的集聚，并在其周边和公共交通沿线强化居住的集中引导，从而形成能够持续地提供日常生活服务和高层次城市功能的地方生活环境。[①]

二 国土空间规划战略：《国土总规划 2050》与《新国土形成规划》

（一）《国土总规划 2050》

受国际形势变化以及东日本大地震的影响，日本在国际社会中的地位渐渐发生变化，同时国内面临着日益严峻的少子老龄化形势，传统的

---

① 首相官邸，『まち・ひと・しごと創生基本方針 2016』，https：//www.chisou.go.jp/sousei/info/pdf/h28-06-02-kihonhousin2016hontai.pdf.

行政区域管理随着人口数量的变化而发生改变。在国内外环境变化中如何充分发挥各城市和地区的积极性，摆脱东京圈一极集中的状态，激发全国各地的多样化发展潜力，形成地方与大都市圈的相互交流，是新形势下日本实现可持续发展所必须面临的重大课题。国土交通省 2014 年 7 月 4 日发布了应对人口减少的重要方案性官方文件，即以"正式的收缩城市：紧凑化+网络化"为关键词的《国土总规划 2050》，对日本未来城市和区域经济社会发展制定出远景规划，也明确了国土均衡发展是日本未来城市体系的发展目标。此文件正式提出收缩城市概念，如果人口减少是无法避免的现象，那么阻止城市缩小和消失的防御性应对是无法奏效的，但即使人口减少也要全力维护城市功能的可持续性，准确预测收缩趋势，提前制定城市收缩规划。

1. 规划理念：建立信息时代新的城市空间集聚模式

《国土总规划 2050》愿景目标实现的三大理念是多样性（Diversity）、连接性（Connectivity）和韧性（Resilience），提出以此三大理念为基础分别明确地方城市和大城市的战略方向。地方中小城市需要将各个住区分散布置的商店、医院等日常生活所需设施，或者地区活动所需要的公共场所集中到步行圈范围内，推动这样集聚形成的小型节点与周边各个住区通过社区公交等公共交通工具紧密连接的紧凑型节点（Compact Village）战略；大城市通过强化人流、物流、资金流和信息流的高层次城市协同发展战略和国际竞争力的中央新干线推动超巨型区域（Super Mega-region）战略。

一般来说，人口减少时代仅仅通过城市规模的收缩很难维持日常生活所必需的城市服务功能。一般来说，餐馆的门槛人口为 5000 人，超市和一般医院的门槛人口为 1 万人，百货商场、大学和应急医院的门槛人口为 10 万人。若想实现这些城市服务功能的正常运营，应保障其周边人口数不低于门槛人口，或者形成人口数 30 万人以上的城市圈。为了在人口减少时代背景下维持城市功能的可持续发展，促进经济增长繁荣与文化振兴，建立信息时代富有活力的新型城市空间集聚模式，《国土总规划 2050》提出"紧凑化"（Compact）和"网络化"（Network）有机联系的双重战略，引导城市化地区向特定地区的渐进式集聚，通过交通、信息等网络基础设施建设创建超越空间的人流、物流、信息流的集聚体系，通过公共交通网络体系加强周边地区之间的城市功能协同共享（见图 5.3）。例如，人口 10 万人以上的城市中，1 小时之内可以到达的 1 千米网格范围作为城市圈，当该城市圈至少要拥有 30 万人以上的人口规模时，则需要构建高层次的城市协同发展体系。

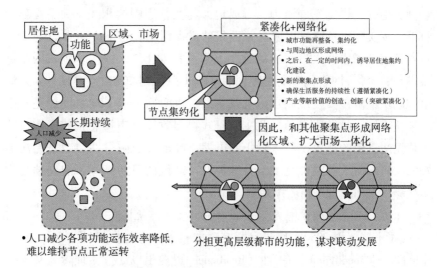

图 5.3　基于选址优化规划的"紧凑化+网络化"开发模式

资料来源：日本国土交通省国土政策局，『新たな「国土のゲラドザイン」骨子参考資料』，2014，31ページ.

2. 规划愿景

（1）加强城市地区集聚的区域协调发展

协调发展是持续推动日本国家空间战略定位的广域地区自立发展方针，21 世纪日本在以往国土规划的构想基础上将进一步加强以东北、日本海、西太平洋、西日本为轴心的四个城市集聚区的合作。为在此基础上进一步推进区域的协调发展，《国土总规划 2050》提出加强广域地区的新干线耦合连接，各个区域的中枢城市以安全绿色的高速道路建立起城市与区域内外的有机联系；发挥地方产业的集聚优势，推进知识型产业集群和高端产业集群的构建，形成良好高效的资金循环体系；创建便于年轻人和妇女从业劳动的就业环境，鼓励通过应用新信息通信技术平衡工作和生活的关系。

（2）构筑紧凑型基地网络

《国土总规划 2050》规划中的紧凑型基地网络是借助道路网络有机连接而成的紧凑型地区空间结构，旨在促进空间集聚和提供更好的社会服务。选择紧凑型空间形态作为发展战略不是由于财政压力而采取的消极性策略，而是致力于通过基地和网络促进形成新的国土空间集聚形态，人流、物流和信息在活跃交流中能够创造出新的价值和创新成果，形成更加强人的多层重叠、充满活力的空间集聚。因此，鼓励在不同类型的城市中通过网络化紧凑型基地建设加强跨区域的联合协作，在城市和地区间创造就业机会，促进创新产业的持续性发展升级。在促进更好的社会服务方面，通过交通和信息的联系形成人际交往网络，促进服务功能的集约化，进一步提高行政、医疗、福利、商业等各类服务业的供给效率，从而在一定时间内通过激励机制促进城市社区的集约整合。

（二）新国土形成规划

2015 年 8 月 14 日在《国土总规划 2050》的基础上，制定发布了"二战"之后的第 7 次国土规划——《新国土形成规划》，提出创建"对流促进型国土"的宏伟构想。与《国土总规划 2050》一样，也将"紧凑化+网络化"设定为国土空间规划的基本战略。《新国土形成规划》是一部首次全面正式应对人口减少社会的规划，一部重视地区特性实现地区创生的国土规划，一部通过创新支撑经济增长的国土规划。为将日本打造成安全丰饶、经济蓬勃发展、在国际社会上具有存在感的国家，《新国土形成规划》主要从两大层面推进国土空间规划的实现：

第一，以推动国土良性扩张为目标的开发规划中，控制好成熟社会型规划的正确方向，重视国土利用和保护，提高国土规划的品质，根据中央和地方的协调配合开创未来前景。两个以上的都府县作为广域的组成单位共同制定地区规划，并提出对流促进型国土的基本构想。所谓"对流"，指的是具有多样化个性的地区相互联系和交流的过程中产生的人、物、资金、信息的活跃性双向移动。这样的对流能够为地区带来活力，还能推动创造和革新，在展现不同地区特性和构建支撑多种变化的国土空间方面，对流循环是最重要的活力源泉。

第二，推动具有层次性且富有韧性的"紧凑化+网络化"规划战略。若想提高区域的便利性，维持圈域人口和必需的功能设施，需要将必要的各种功能集凑布置在特定区位，进行功能整合之后，再通过交通网络将各个区域连接起来。同时，维持和提供生活服务功能、高层次城市功能和国际业务功能，形成韧性较强且井然有序的国土结构。为强化各个地区的自身个性，实现地方再生，激发创新进化，支援经济增长，提出具有层次性和强韧性的"紧凑化+网络化"空间战略。其内在逻辑在于，人口减少时代若想高效地提供各种服务需求就必须推进紧凑型空间形态的实现。但如果仅仅追求整体规模紧凑只会造成市场范围的缩小，而通过交通网络建构有机串联各个城市地区的网络化系统，就可以维持与各个城市功能相匹配的人口规模和市场范围。

三　网络型紧凑城市规划

（一）紧凑城市推进的必要性

在少子化、老龄化和首都圈人口一极集中等多元化因素的交叠作用下，地方城市年轻人不断外流，人口不断减少，老年人口比例快速上升，社会人口结构逐渐变化，导致地方城市经济生产力陷入持续低迷的颓势。在当前人口减少的时代，部分地区空置房屋数量持续增加的同时，其他地区却还在开展新的住区开发建设，这种不断交替的"粗枝大叶的扩散和海绵形态的缩小"状况在不断反复发生着。[①] 许多大规模集客设施，特别是大型商业设施"只顾眼前、不计后果"的郊外开发加剧着市中心的空洞化，各种设施的使用频率不断下降，维持一定程度的功能设施规模将成为巨大挑战。同时，市中心衰退损害社区的形象魅力，使游客数量逐渐减少，还破坏了集聚经济的影响效果，导致房产价值每况愈下，现有设施的整顿改造也无人问津，这更加剧了城市社区的衰败问题。此外，地价下降和经济活动的停滞进一步引发地方税收减少，财政状况入不敷出，进而遏制公共服务水平的升级，导致青少年外流等社会性问题交织出现。

与此同时，住宅、商业和服务功能的郊区迁移还进一步加速了无序蔓延问题的恶化，造成市区和郊区的居住密度不断降低，大规模公共投资面临着持续性疲软，城市设施的维护管理、福利服务等行政费用的增加也不断加重城市财政的负荷。而且，在私家车的普及化发展和依存度升高的影响下，城市能源和资源消耗不断增加，市民的公共交通出行比例却在日益下降，引发公共交通的便利性降低甚至停运等一系列负面效应。[②] 对于出现上述收缩现象的日本地方城市来说，构建集约型城市空间结构的紧凑城市政策便成为城市收缩时代势在必行的重要战略方向。

---

① 肥後洋平，森英高，谷口守，『「拠点へ集約」から「拠点を集約」へ—安易なコンパクトシティ政策導入に対する批判的検討』，日本都市計画学会都市計画論文，2014，49（3）．
② 栾志理、栾志贤：《城市收缩时代的适应战略和空间重构——基于日本网络型紧凑城市规划》，《热带地理》2019 年第 1 期。

（二）紧凑城市规划政策体系

1. 政策演进

紧凑城市在日本的萌芽应追溯到 20 世纪 70 年代，地方乡村人口涌入城市，20 世纪 80 年代地方中小城市的人口数达到峰值，然后向老龄化和人口减少的社会转变。为通过振兴商业推动中心市区的活力再生，国土交通省 1998 年开始探索城市空间规划的发展方向和优化策略，2001 年日本创建城市再生本部开始推进城市再生事业，并于次年制定发布了《城市再生特别措施法》。2005 年 7 月日本社会资本整备审议会发布的《城市交通·市区整备政策的中期报告》指出，人口减少社会的城市形态必须以实现集约型城市结构的紧凑城市作为终极目标。2006 年 5 月完成"城市建设三法"（《城市规划法》《大规模零售店铺选址法》和《中心市区活化法》）修订，并在《中心市区活化法》中指出，中小城市应充分考虑正在衰退的客观现实，并以《市中心活化法》为依据制定市中心活性化推进规划，通过紧凑型和低碳型城市结构的转换推动城市的精明收缩。

2014 年 8 月，通过修订紧凑城市相关三法（《城市再生特别措施法》《中心市区活化法》和《地区公共交通活化法》）确定未来城市规划的根本思路，阐明将来地方中小城市开展紧凑城市建设的发展方向，并以《城市再生特别措施法》的修订为契机导入选址优化规划制度，明文要求中小城市制定选址优化规划，推动紧凑城市建设，实现地方城市再生。虽然中小城市期待实现的城市形态和空间结构各不相同，但都将推动市中心活性化、将土地利用和公共交通统筹整合的紧凑城市作为共同的愿景目标。因此，城市总体规划的框架体系聚焦于通过紧凑城市结构和市中心公共交通政策的转换，加强多样化城市功能的活性化，推动可持续性城市建设目标的实现。地方市町村根据国土交通省的选址优化规划所规定的引导区域设定原则，设定城市功能引导区域和居住引导区域，通过紧凑城市和道路网络化的有机结合，激发地区内部公共设施和遏制市区空洞化的活用效果，保障城市财政性和经济性可持续经营的实现。

并且，针对空置房屋不断增加的现实问题，2015 年 5 月国土交通省全面实施《推进空家等对策的特别措施法》，将符合相应法律条款规定的空家强制拆除，为紧凑城市的节点化形成提供了重要政策依据。同年 8

月又在《新国土形成规划》中提出了"紧凑型+网络型"国土空间结构转变基本战略，进一步明确网络型紧凑城市空间结构的具体形象和形成战略。

2. 政策方向

（1）构建以紧凑型城市结构为中心的城市形态

根据城市的干线道路和公共交通的整顿情况、城市功能的集聚状况等方面的特性推动紧凑型城市结构的转换。通过轨道交通体系和高服务水平的干线公交路网等公共交通系统将中心节点相互连接，甚至连都市圈内部中心节点之外的其他地区也要尽量通过公共交通来确保彼此之间的联系（见图 5.4），并对中心节点的建成区进行改造整顿，通过居住、购物、交流等各种功能的紧凑化混合布置来推动即使依靠步行也能满足生活需求的城市空间环境形成。

（2）推动多样化功能复合布置和步行空间环境形成

在中心节点集约布置多样化的高层次城市功能，强化互补互促的功能复合，即便在步行半径内甚至同一个场所，也可以满足居住、工作和休闲娱乐等各个方面的需求。而且，还要充分考虑老龄化社会的主体诉求和具体特征，倡导慢行交通和公共交通成为主导型出行方式，推动不依赖私家车也能满足日常生活需求的空间环境形成，构建安全舒适且方便使用步行、自行车和公共交通的道路交通体系。

（3）建构紧凑型城市空间结构的战略方案

紧凑型城市结构的形成需要推进综合性交通战略，特别是摆脱目前过度依赖私家车的状况。与私家车出行相比，步行、自行车和公共交通等出行方式应具有均等地位，实现市民日常出行能够方便利用步行、自行车和公共交通的效果。而且，将道路整顿、公共交通导入、步行和自行车环境改善等交通政策与城镇建设进行一体化规划，倡导 LRT、BRT 等新型公交工具的融合发展，并制订与现有公交系统的连接方案、推动城市活力再生的统筹方案及城市开发方式等各个事项。通过 LRT 系统逐渐将多样化城市功能整合布置在公共交通节点处，与医院、大学等交通需求量较高的集客设施结合布置，并适当配备公园绿地等开敞空间来进行规划设计（见图 5.5）。

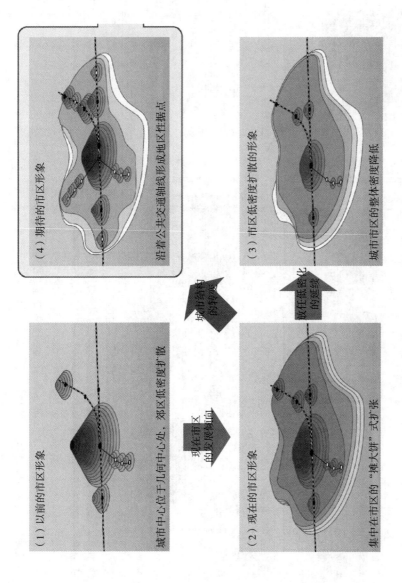

图 5.4　扩散型向集约型城市结构的转变

（1）以前的市区形象

城市中心位于几何中心处，郊区低密度扩散

（2）现在的市区形象

集中在市区的"摊大饼"式扩张

（3）市区低密度扩散的形象

城市市区的整体密度降低

（4）期待的市区形象

沿着公共交通轴线形成地成地区性据点

现在市区的发展倾向

城市结构的转变

放任低密度化的延续

资料来源：日本国土交通省，「集約型都市構造の実現に向けて」，2007，3ページ．

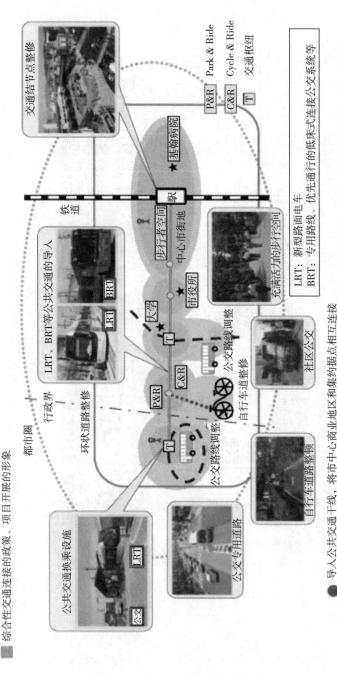

图 5.5 日本综合性交通连接的政策和形象

资料来源：国土交通省，「集约型都市構造の実現に向けて」，2007，6ページ。

3. 选址优化规划制度

在推进国土空间规划的大背景下，日本提出两套空间规划体系引导和控制城市的发展。其一是以用地的规划与管控为目标、以《都市计划法》为根本的"城市规划体系"；其二是依循《全国综合开发法》（后改称《国土形成计划法》）和《国土利用计划法》的"圈域规划体系"（国土空间规划体系）。经过数十年发展改进之后，两个体系虽然得以较好地完善，但还是缺乏一个统筹两者的"黏合剂"来管控城市空间的发展。但在选址优化计划制度发布后，城市规划体系和国土空间规划体系这两个体系的规划内容才得以在城市空间形态上形成统一，实现了城市空间结构和城市功能的优化统筹。①

（1）选址优化规划的概念和作用

选址优化规划是 2012 年《生态城镇法》导入之后，于 2013 年经过开展紧凑城市形成支援事业，2014 年 8 月 1 日通过《城市再生特别措施法》的修订才正式发布实施的包含法律性支援事项的方案。选址优化规划根据《城市再生特别措施法》第 81 条第 1 项制定的"城市再生基本方针"，期待实现住宅、医疗设施、福利设施、商业设施等城市功能设施的选址适当化这一目标。②

《城市再生特别措施法》第 82 条和《城市再生基本方针》第 5 章中指出，选址优化规划不是市町村总体规划的下位规划，而是依据城市规划法的市町村总体规划的一个分支，通过选址优化规划可以调整市町村的总体规划。③ 选址优化规划虽然与市町村总体规划是彼此独立的，但在市町村总体规划修订时需要依据选址优化规划来进行。与其他规划相比，选址优化规划被赋予较高的法律地位。因此，制定选址优化规划的市町村数量迅速增加。截至 2022 年 7 月 31 日，着手制定选址优化规划且采取具体行动措施的市町村达到 634 个，其中 460 个城市业已正式发布选址优化规划。

选址优化规划的最大特征是沿着时间轴延续传承的新形态总体规划，

---

① 沈振江、林心怡、马妍：《考察近年日本城市总体规划与生活圈概念的结合》，《城乡规划》2018 年第 6 期。

② 国土交通省，『都市再生特别措置法に基づく立地適正化計画概要パンフレット』，https：//www.mlit.go.jp/common/001195049.pdf。

③ 国土交通省，『立地適正化計画作成の手引き』，https：//www.mlit.go.jp/toshi/city_plan/content/001478980.pdf。

与现行总体规划不同，是一种随时掌握规划完成状况、针对地区条件对实施规划进行反复探讨的动态性规划。规划制定后随时对完成情况进行监督评估的同时，针对地区条件的新变数对城市规划和居住引导地区进行持续性再调整，最大化实现规划动态化。

选址优化规划除实现紧凑城市这一目标以外，还要解决如何推进城市政策这一课题。为推动紧凑城市的实现，筹划推进居住和市中心功能的区位选址，以及强化公共交通的公共设施结构调整、财政预算的最佳利用、市区活性化和空置房屋对策等多样化政策，对各个政策之间的整合性和附加效果进行综合性探讨。①

依据这些理念导入的选址优化规划，具有从城市整体的角度对承载居住、福利、医疗和商业等城市功能的设施选址、公共交通等相关内容进行全面探讨的综合性城市总体规划的性质。摆脱目前以人口增加和城市增长为前提的土地利用政策和以城市基础设施整治为主导的城市规划，向聚焦于城市居民和企业的活动行为、以更加重视质量的城市治理为主导的城市规划进行转换。特别关注现行城市规划中未曾引起重视的城市功能，改善各种城市功能的区位条件，构建引导城市活动向特定区位集聚的新型国土空间结构。

选址优化规划通过规划探讨和项目推进过程，针对将来城镇建设的基本方针、未来城市结构、推进议题和议题解决的政策和引导方针进行综合性和实质性的探讨。老龄化时代，人口集聚具有提升医疗保健服务效率和公共交通出行比例、增加城市内部消费总额等多方位效果，选址优化规划提出推进经济增长、财政健全化、地方创生和社会资本整治的重点化等政府中心政策议题的应对制度。②

为使那些缺乏公共设施的收缩地区加强公共设施使用的便利性，通过"城市紧凑化+公共交通网络化"战略思路设定将来收缩城市的发展方案。那些收缩中的城市地区税源持续萎缩，公共设施的维护和增设愈加艰难，在现在的行政区域内难以实现可持续发展，而若想维持市町村的

---

① 国土交通省，『立地適正化計画作成の手引き』，https：//www.mlit.go.jp/toshi/city_plan/content/001478980.pdf.

② MLIT（Ministry of Land, Infrastructure, Transport and Tourism），"White Paper On Land, Infrastructure, Transport and Tourism in Japan 2013"，https：//www1.mlit.go.jp/en/statistics/white-paper-mlit-2013.html.

自足性和永续性，需要在都道府县层面上发挥广域性调整作用，跨越市町村行政区划的限制探求协同发展方案。选址优化规划的内部条款与其说是必须遵循的强制性条文，不如说是其他选择中的一个备选项。对于人口和财政都在收缩的城市地区来说，能够最大化活用的资源便是处于优势区位的公共房地产。行政部门独自管理和运营公共房地产较为艰难，需要依靠民间组织功能的引导、公共房地产的重置整合，激活地区发展的潜力。

选址优化规划在传统城市规划制度的基础上，实现了由纯粹的土地边界控制向与生活圈规划结合的城市空间形态发展引导的转变①，发挥着串联规划制度和支援措施的作用，依据城市规划法具有与城市规划相当的地位。② 各个市町村以城市规划区域全体为对象，参照城市再生基本方针中的选址优化规划制定要求，通过与居民的协商、邻近市町村的协同合作制定选址优化规划。③ 选址优化规划以各城市地区土地利用和现行的总体规划为上位规划，以"多极网络化、集约化"为宗旨，引导医疗、福利、商业、公共交通等各个专项规划的协同整合（见图5.6）。

（2）选址优化规划的方向性

选址优化规划的方向性依据地方中小城市和大城市的特性来设定。由于人口减少而无法达到最低居住标准的地方中小城市，在推动多中心网络型紧凑城市建设的同时，还要通过公共交通网络追求商业业务、医疗卫生等日常生活设施接近性的网络化，这成为修订后的《城市再生特别措施法》的基本方向。

相对来说，较为具体的方案就是引导商业、医疗和社会福利等基本城市功能逐渐向中心节点地区内部和公共交通沿线集约布置，对中心地区的步行环境和车辆使用环境进行整治改造，为强化小型节点与中等型、大型节点的有机连接，导入按需服务出租车（On-demand Taxis）、社区公交等公共交通工具的一系列措施。85岁以上的高龄者快速增加的大都市圈，应确保市中心内部的医疗福利设施，遏制人口外流，维持地区活力。

---

① 沈振江、林心怡、马妍：《考察近年日本城市总体规划与生活圈概念的结合》，《城乡规划》2018年第6期。

② 小牧市都市政策部都市計画課，『小牧市立地適正化計画』，https：//www.city.komaki. aichi.jp/material/files/group/87/ritteki9_.pdf.

③ 野田崇，『立地適正化計画制度の行政法学の検討』，都市とガバナンス，2018，29.

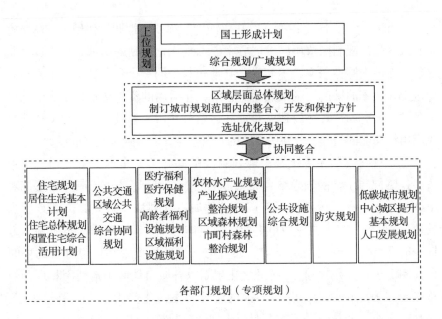

图 5.6　选址优化规划的相关规划

资料来源：沈振江、林心怡、马妍：《考察近年日本城市总体规划与生活圈概念的结合》，《城乡规划》2018 年第 6 期。

2010 年，东京圈的 85 岁以上人口高达 79 万人，预计 2040 年将会增至 270 万人。然而，东京圈约 19% 的社会福利设施属于使用年数业已超过 30 年的陈旧建筑，预计 2040 年医疗保险设施需求人员将会高达 37.60 万人，较之 2015 年的 15.80 万人超出 1 倍之多。因此，大都市亟须制定通过新设和完善老年人便利设施防止老年人迁离中心城区的战略。

（3）选址优化规划的规划主体

选址优化规划由最贴近居民日常生活的市町村来制定。在多个市町村中形成广域生活圈或经济圈的情况下，这些市町村应携手联合起来共同制定选址优化规划。都道府县从广域的视角下考虑各个市町村的意见，在广域城市规划区域内部的市町村之间充分发挥调整矛盾分歧的作用。

（4）选址优化规划的主要内容

选址优化规划较之现行市町村总体规划的紧凑城市概念更加体系化，在城市整体范围内选定城市功能引导地区，并在地区内部引导和强化城市功能引导设施的选址，还选定居住引导地区，在其范围内推进引导居住的渐进式规划。① 原则上，居住引导地区在建成区范围内选定接近性强、包含多样化功能、可以维持一定密度水平的地区作为中心，城市功能引导地区选定在居住引导地区内部具有火车站等交通基础设施或公共交通网络节点的位置，能够通过功能引导达到吸引人流集散的效果。城市功能引导地区可分为扮演城市整体核心角色的市中心节点和为居住邻近地区提供生活服务的地区生活节点。

选址优化规划大体上包括规划策定、城市功能引导地区、居住引导地区、选址优化规划地区四个方面的支援措施②。规划策定的支援措施是为了促使市町村自发性制定选址优化规划而支援的补助金。城市功能引导和居住引导的支援措施包括减免城市功能选址的租赁费、民间事业者的资金支援、税制措施、城市功能引导设施内部的基础设施设置费用支援、公共交通设施支援和民间城市开发促进机构（MINTO）的出资和事业参与活动支援等。特别是在布置选址优化规划中规定的城市功能引导设施的情况下，不仅可以直接获得财政支援的补助金，而且可以享受到税制措施和特例措施，此外民间企业对被指定为城市功能引导设施的医院、幼儿园和托儿所进行整改时，甚至连针对市中心的城市引导设施的方案也能获得支援。③ 根据修订后的《城市再生特别措施法》第 88 条和第 108 条可知，在引导地区之外布置一定规模以上的城市功能和居住等的开发行为必须进行义务性申报，但若出现申报区域之外的开发行为，则应通过与民间企业的协商获取区域内部的开发信息，实现相互协作。④

选址优化规划在内容上主要包括城市功能引导地区、居住引导地区和引导设施三个部分。其中，城市功能引导地区的数量根据地域实际情况和市区形成轨迹来决定，将以火车站周边的商业业务集中的地区、城市功能业已形成一定规模的地区以及周边公共交通可达性较高的地区作为主要设定标准，通过慢行交通能够容易到达的空间范围确定引导地区

① 荒木俊之，"地理的な視点からとらえた立地適正化計画に関する問題：コンパクトシティ実現のための都市計画制度"，*E-journal GEO*，12（1），2017.

② 国土交通省，"立地適正化計画作成の手引き"，https://www.mlit.go.jp/toshi/city_plan/content/001478980.pdf.

③ 荒木俊之，"地理的な視点からとらえた立地適正化計画に関する問題：コンパクトシティ実現のための都市計画制度"，*E-journal GEO*，12（1），2017.

④ 青森市，"青森市立地適正化計画"，https://www.city.aomori.aomori.jp/toshi-seisaku/shiseijouhou/matidukuri/toshikeikaku/rittitekiseika.html.

规模。城市功能引导地区选定除考虑城市人口和空间规模以外，还要考虑不同层级的城市中心以及与城市上位规划（国土形成规划，综合规划/广域规划）之间的关联性。居住引导地区是为在人口减少形势下通过维持人口密度以确保生活服务和社区的可持续性而引导居住集聚的地区。根据建成区内将来人口变化预测结果，选定适当的规划用地范围。倘若城市功能引导地区被选定在居住引导地区内部，还要推动引导设施的植入（见图 5.7）。引导设施是在城市功能引导地区引导其他城市功能向其内部集聚的增进设施。[1]

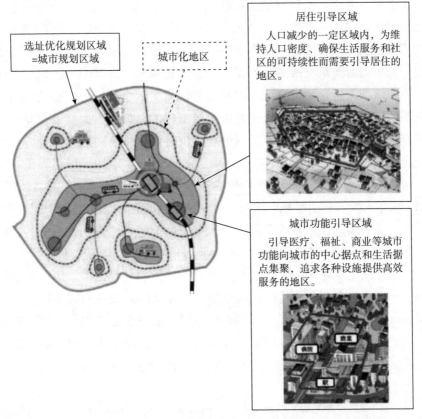

图 5.7 选址优化规划的区域选定

资料来源：国土交通省，『立地適正化計画作成の手引き』，https：//www.mlit.go.jp/toshi/city_plan/content/001478980.pdf.

---

① 野田崇，『立地適正化計画制度の行政法学的検討』，都市とガバナンス，2018，29.

①居住引导地区

居住引导地区是即使人口减少也要在特定区域内部维持一定的人口密度，确保生活服务和社区的可持续性而引导居住集中布置的地区，旨在通过对人口规模、土地利用、道路交通、财政状况等的预测，在居住引导地区内外创造出高品质的居住环境。为了营建良好的居住环境，需要保障地区内部公共投资和公共福利设施的维护及高效化的城市运营。

◎居住引导地区的选定

居住引导地区是根据未来人口变化趋势选定适当的空间范围。人口减少的地区不能按照当前的状态将建成区全体指定为居住引导地区。由于人口的增减对选址优化规划的制定有着巨大的影响，市町村单独预测人口变化时需要参照国立社会保障和人口问题研究所发布的未来人口预测数据。

原则上，新开发预定地区不允许选定为居住引导地区，市区周边生产性绿地等将来需要保护的农耕地也不在居住引导地区选定范畴之内，通过与市民农场等城市农业振兴政策相互结合使其得到有效保护。居住引导地区选定在乘坐公共交通较为便捷到达城市功能或居住功能集聚的城市中心节点和生活节点及其周边地区，而且处于城市中心节点和生活节点内部的城市功能的服务范围要协调统一。并且，合并前的町村中心区以及城市功能和居住功能已经在一定程度上集聚的地区是居住引导地区的最重要选定对象。①

◎居住引导地区内部的居住引导支援政策

一般来说，居住引导地区通过非强制性的引导支援来推动紧凑城市的实现。为了选定地区内部的人口密度和推动城市功能的渐进性引导，多样化的支援措施是不可或缺的。为了强化居住引导地区内部集中居住的引导政策和居民生活便利性，促进连接城市功能引导地区的道路整治、巴士换乘设施等交通节点的功能集聚，加大对环境历史性景观型城市促进事业和地块再生绿化事业的支援力度。通过居住引导地区内部租房补贴、住宅购买补贴等支援措施以及公共交通网络的服务质量改善，全方

---

① 根据《城市规划法》指定的建成区整治地区，《建筑基准法》第39条第1项规定的灾害危险地区中，根据同条第2项规定的条例禁止进行居住用途建筑建设的地区，以及政令规定的地区（农业用地地区、特别地区、卫生防护地区、原始自然环境保护地区、保安设施地区、保安预定山林地区等）不可以处于居住引导地区范围内。并且，原则上土石灾害特别警戒地区、海啸灾害特别警戒地区、泥石流防御地区、急剧沙地塌陷地区、水涝灾害地区等不可以指定为居住引导地区。

位引导居民迁入。

◎居住引导地区以外地区的开发申报

居住引导地区以外地区的开发行为和建筑行为必须在市町村负责人员着手业务处理前的 30 日之前进行申报。居住引导地区以外地区开发行为申报制度的目的在于准确掌握居住引导地区以外地区的住宅开发、开发行为等方面的现状。如果居住引导地区以外的地区住宅开发对居住引导地区内部的居住引导没有影响，就采取居住引导地区内部的居住引导政策提供的措施。相反，开发行为如果会给居住引导地区内部的居住引导造成负面影响，应对开发行为进行调整。调整措施包括压缩开发行为的规模、某开发地区的居住引导地区以外地区的开发行为转移、居住引导地区内部开发行为调整、终止开发行为等方面。无法进行调整的情况下，要根据《城市再生特别措施法》第 88 条第 3 项进行开发位置的修整和开发规模的压缩，根据同项第 3 项调整居住引导地区内部的土地所有权。

②城市功能引导地区选定

城市功能引导地区是引导多样化城市生活服务功能设施进行规划性布置的地区。城市功能引导地区的指定目的是引导医疗、福利和商业等主要城市功能向城市的中心节点和生活节点集聚，使得城市服务能够最大化发挥供给效能。以城市功能充足性为前提的居住引导地区和维持人口密度的城市功能引导地区最好一同选定，而且城市功能引导地区应选定在居住引导地区内部。不过，由于居住引导地区需要经历向居民进行解释说明并要获得同意的过程，必要情况下优先选定城市功能引导地区也是可以的。除了市中心，还会针对老城中心和老居住地区的具体状况，在符合选定标准的地区指定多个城市功能引导地区，并相应布置各自所需的引导设施。

城市功能引导地区的规模由步行或自行车能够容易到达的空间范围来确定。城市功能引导地区往往选定在包括火车站周边在内的商业业务等主要城市功能集聚的地区、城市功能具备一定密集度和规模的地区、周边公共交通便利性较高的地区，以及作为城市节点打造的地区。不同的城市功能引导地区内部会集中布置医院、老年人服务设施、幼托设施、图书馆、博物馆等引导设施。

③引导设施

引导设施是指各个城市功能引导地区在引导公共服务向其自身内部集中布置及其便利性提升方面具有显著促进效果的设施，如老龄化时代需求热度不断升高的医院、诊所、老年人服务中心和地区综合支援中心，确定居住功能选址时图书馆、博物馆、超市和行政服务设施成为重点的考虑要素。倘若没有引导设施，原则上是不允许选定城市功能引导地区的。城市功能引导地区内部已经具有引导设施的情况下，需要对引导设施选定进行再探讨。而如果当前城市功能引导地区内部的引导设施存在外迁倾向，必要时应采取阻止其迁出城市功能引导地区的预防措施。

根据特定用途对引导地区指定的积极性引导设施进行引导。城市功能引导地区中与引导设施相关的建筑存在功能引导必要性的地区，可以根据《城市再生特别措施法》第 109 条指定为特定用途引导地区。在特定用途引导地区引导设施整治的财政支援方面，依据民间城市开发推进机构的金融支援，将税制支援加以制度化，从而实现城市功能的活力再生和持续性发展。在试图引导全体或部分的用途关联建筑进行规划时，可以单独指定容积率要求，而在必须引导的建筑具有特定用途的情况下，应单独指定用途管制地区加以用途限制。为确保建成区的空间环境品质，用途地区内部的高度限制也有必要进行单独指定。

（5）选址优化规划的编制方法

制定选址优化规划时，市町村和民间企业、居民代表等地区主体相互交换意见，彼此紧密联系，积极主动推动规划项目的进程。规划发布后对规划的完成情况进行评估，根据具体情况对城市规划和居住引导地区进行持续性和常规性的再探讨，针对难以预测的多样化地区条件变化谋划高效率的城镇建设（见图 5.8）。

（6）选址优化规划的完成性评价

制定和实施市町村的选址优化规划时，为探讨目标设定及其效果，提前设定评价指标，掌握完成情况。为了测定地方城镇空间结构的紧凑性水平，提供六个领域评价指标（见表 5.2）和测定方法的导则说明，以供市町村在制定选址优化规划或地区规划时灵活运用这些指标和方法[1]，还根据不同指标和规模来提供全国平均值，对地区现状、监测以及将来预测结果进行评价。其中的部分评价指标，不仅可以进行现状评价，还能运用于将来的预测评价。

---

① 国土交通省，『立地適正化計画作成の手引き』，https：//www. mlit. go. jp/toshi/city_plan/ content/001478980. pdf.

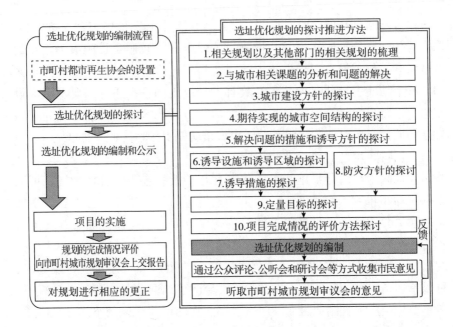

图 5.8　选址优化规划的编制流程

资料来源：国土交通省，『立地適正化計画作成の手引き』，https：//www.mlit.go.jp/toshi/city_ plan/content/001478980. pdf.

表 5.2　　　　　　　　选址优化规划的城市空间结构评价指标

评价领域		评价指标
生活便利性	居住的适当引导	日常生活服务步行圈覆盖率 居住引导地区的人口密度 生活服务设施（医疗、福利、商业）步行圈人口覆盖率 主要公共交通路线的步行圈人口覆盖率
	城市功能适当布置	生活服务设施服务圈的平均人口密度
	公共交通利用促进	公共交通机构分担率 公共交通沿线地区的人口密度
保健福利	步行活动增加，市民健康增进	10 万人中糖尿病患者数 步行和自行车的分担率
	城市生活的便利性	老年人步行圈内没有医疗机构的住宅比率 老年人福利设施 1 千米范围内老人比率 保育机构步行圈 0—5 岁人口比率 购物出行方式中步行所占比率 公共交通的机构分担率

续表

评价领域		评价指标
保健福利	容易步行的环境形成	照顾行人的道路延长比率 （城市功能引导地区人行道整顿比率） 老年人步行圈内没有公园的住宅比率 （公园绿地步行圈人口比率、居住优点地区绿地率）
安全安心	安全地区的居住引导	防灾方面存在危险的地区居住的人口比率
	提高步行环境的安全性	考虑行人的道路延长比率
	确保市区的安全性	市民 1 万人中交通事故死亡人数 公共空间率（居住引导地区） 到紧急避难所的平均距离
	抑制市区衰退	房屋空置率
地区经济	服务产业的活性化	从事者人均第三产业销售额 从事者人口密度（城市功能引导地区） 城市全体零售商业单位建筑面积销售额
	形成健全房地产市场	引导城市功能的区域零售商业的效率 房屋空置率 平均住宅价格（居住引导地区）
行政运营	城市经营的效率化	市民人均城市结构的行政经费 市中心区域等的开发许可面积比率 居住引导地区的人口比率 步行、自行车的出行分担率
	确保稳定税收	市民人均税收额 就业者人均第三产业销售额 城市引导地区的零售商业效率 平均住宅地的价格
能源低碳	运输部门能源低碳化	市民人均私家车 CO_2 排出量 公共交通出行分担率
	民生部门能源低碳化	家庭方面人均 CO_2 排出量 业务方面就业者人均 CO_2 排出量 新建建筑能源标准合格率

注：选址优化规划中提及的城市功能和居住引导地区设定时采用的活用指标。

资料来源：国土交通省，『立地適正化計画作成の手引き』，https://www.mlit.go.jp/toshi/city_plan/content/001478980.pdf.

（三）紧凑城市的发展机制

一般来说，紧凑城市的空间结构具有高密度连接的开发形态、通过公共交通网络连接市区、能够便捷地到达地区服务设施和工作地点等特征。紧凑城市可分为以城市节点为中心进行集约紧凑开发的"一核集中型"和多核分散的"节点集聚型"两种类型，其中基于传统紧凑城市理念的"一核集中型"城市是将生活所需设施和居住等集约布置在中心部，而"多核网络型"紧凑城市与"节点集聚型"较为相似，根据选址优化规划制度，设定若干个城市节点，通过公共交通将各个城市节点进行有机整合衔接，引导居住、商业、医疗、福利等多样化城市功能集约布置在各个节点内部①（见图5.9）。

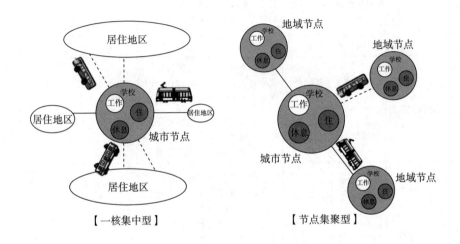

图 5.9　紧凑城市的两种城市形态类型

资料来源：宇都宫市，"ネットワーク型コンパクトシティ形成ビジョン"，http：//www.city. utsunomiya. tochigi. jp/_res/projects/default_project/_page_/001/007/653/vision. pdf.

　　具体来看，"多核网络型"紧凑城市超越"一核集中型"紧凑城市的概念限制，将多个紧凑设计的城市节点和地域节点通过有机高效的公共交通网络连接而成，将医疗、福利设施、商业设施和居住等布置在各个具有人性化尺度的生活节点内部，而生活节点之间，以及生活节点和各个地区之间通过公共交通网络进行衔接，日常生活所需设施尽可能紧凑复合布置，使以老年人为主体的社区居民能够便捷到达这些设施。除了

地域节点和生活节点，还强化产业节点、观光节点等具有多样化特征和功能集中布置的各种节点之间的有机衔接（见图 5.10）。

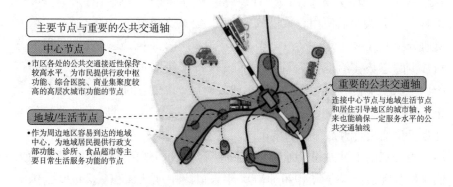

图 5.10　收缩城市的多极网络型紧凑城市空间结构

资料来源：国土交通省，『立地適正化計画作成の手引き』，https：∥www.mlit.go.jp/toshi/city_plan/content/001478980.pdf.

第三节　典型收缩城市案例分析

一　富山市

（一）收缩背景

位于本州中西部北陆地方的富山市是富山县政府驻地城市和日本海的中心城市。旧富山市于 1996 年被指定为中核城市，2005 年 4 月由旧富山市、大泽野町、妇中町、八尾町、山田村、大山町、细入村 7 个町村合并形成现在的新富山市。当初 2010 年推进城市总体规划时人口约42.20 万人，其中 65 岁以上的高龄者约 101477 人，老龄化率高达 24%。正如日本全国整体上的发展趋势一样，富山市处于人口减少、机动车交通量增加、核家族①化扩大、低出生高龄化快速深入的境况之中。

富山县统计数据，富山市对机动车交通的依赖度非常高。1970 年以后富山市的机动车依赖性不断提升，1999 年以 72% 的机动车高依存度，

---

①　核家族指仅仅由夫妻两人，或者由单亲和未婚子女所构成的家庭。

居全国第二位，上下班通行量占比为 84%，达到日本城市圈的最高水平。2008 年户均私家车保有量为 1.73 辆，位列全国第二，2009 年机动车交通分担率（72.20%）是全国平均值（44.3%）的 1.60 倍。此外，1989—2004 年，公共交通使用者数量减少 1/3，公共交通班次也随之减少，公共交通分担率（4.20%）仅占全国（16.80%）的 1/4，还呈现出利用者逐渐减少的态势，给老年人日常生活出行带来诸多不便。① 因此，富山市（县）考虑到经济收益状况的恶化，减少了公共交通的运行班次，甚至废止了部分公交线路，导致公共交通服务水平越来越差，成为机动车依赖性强、生活出行愈加不便的城市。

由于富山市过去积极地推动道路扩容建设，郊区居住模式渐渐为人们所接受和适应，导致 1970—2005 年人口集中地区面积从 26.40 公顷扩大到 54.30 公顷，人口集中地区内部人口密度从 59.90 人/公顷下降到 40.30 人/公顷，富山市成为日本县政府驻地城市中市区人口密度最低的城市。② 特别是富山市长度为 8 千米的富山港线（Toyamako Line）在 1990—2004 年使用者数减少了一半。③ JR 铁路运营公司在铁路交通服务方面面临很多困难，陷入是否应该废除该路线的困扰之中。

从 1975—2006 年富山市的人口变化分布（见图 5.11）来看，市中心地区人口在大量减少的同时，郊区人口数却在大幅度增加。特别是没有火车站的地区，人口增加现象尤其明显，由于未能将火车站活用成开发节点，无序蔓延的郊区化问题愈加严重④，这样的郊区化抑或造成人口行政服务（除雪、道路清扫、公园和排水设施维护管理等）成本在未来 20 年内增加 12%左右。

---

① Kidokoro Tetsuo, Harata, Noboru, Subanu Leksono Probo, et al., eds, *Sustainable City Regions: Space, Place and Governance*, Tokyo: Springer, 2008, p. 185.

② Kidokoro Tetsuo, Harata, Noboru, Subanu Leksono Probo, et al., eds, *Sustainable City Regions: Space, Place and Governance*, Tokyo: Springer, 2008, pp. 184-185.

③ Kidokoro Tetsuo, Harata, Noboru, Subanu Leksono Probo, et al., eds, *Sustainable City Regions: Space, Place and Governance*, Tokyo: Springer, 2008, p. 192.

④ Oba, TTetsuharu, Matsuda, S., Mochizuki Akihiko, et al., "Effect of Urban Railroads on the Land Use Structure of Local Cities", *WIT Transactions on The Built Environment*, Vol. 101, August 2008, p. 443.

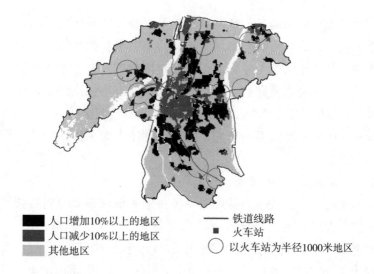

人口增加10%以上的地区
人口减少10%以上的地区
其他地区

铁道线路
■　火车站
○　以火车站为半径1000米地区

图 5.11　富山市的人口变化分布（1975—2005 年）

资料来源：Oba, T., Matsuda, S., Mochizuki, A., et al., "Effect of Urban Railroads on the Land Use Structure of Local Cities", *WIT Transactions on The Built Environment*, Vol. 101, August 2008, p. 444.

　　随着郊区化的不断深入，富山市中心地区开始经历急剧的经济衰退。市中心常住人口在过去 40 年间减少 50%以上，市中心商业区的销售额在 1994—2004 年减少了约 40%。助川富山市中心商业调查结果显示，市中心地价从 1995 年的 195 万日元／平方米下降到 2006 年的 40.80 万日元／平方米，小型店铺数从 1994 年的 1995 家减少到 2004 年的 1480 家，而且周末行人流量从 1996 年的 7.60 万人减少到 2009 年的 2.30 万人。当然，经济萎缩可能是引发这种现象的部分原因，但这却在一定程度上迫使商业设施向郊区和金泽市转移。[①]

　　在中心城区衰退、各个町村低密度开发扩散、私家车大众化和道路建设引发的郊区化居住分散、市町村合并和土地用途管制宽松等多样化因素的叠加作用下，富山市遭遇了日益严重的城市收缩问题。大型购物设施向郊区选址迁移、道路扩建、公园和上下水道的维护管理及冬季除雪的行政支出逐渐增加等诸多问题日趋严重，市中心区和地区节点稀疏

---

　　① Kidokoro Tetsuo, Harata, Noboru, Subanu Leksono Probo, et al., eds, *Sustainable City Regions：Space, Place and Governance*, Tokyo：Springer, 2008, p. 185.

分散，而且由于和周边自治区的合并，城市整体面积扩大了 6 倍，形成一个多组团分散的总体空间格局。随着低出生率和老龄化问题的日益凸显，作为公共交通服务主体的老年人群比例激增，为老年人提供便利的公共交通出行成为重要课题。然而，机动车保有率偏高的富山市，几乎80%的市民都把私家车作为主要出行工具，导致公共交通出行比例持续下降，特别是居住密度低下的郊区，维持以老年人为主体的公共交通服务更是举步维艰。

（二）城市收缩应对政策

一般来说，中小城市主要遵循一极集中的单核集中型同心圆城市形态，大部分人口和城市功能高密度集中在城市中心，距离市中心越远，城市密度就越来越低。虽然单核集中型城市形态有利于节省财政开支，但不利于注重慢行交通和公共交通的生活空间形成。① 富山市由于过去郊区化居住分散、市町村合并和土地用途管制宽松等多元化因素的交叠作用，在中心城区和各个町村散置各处、城市规模扩大了 6 倍的情况下，传统的单核集中型城市发展模式无法适应城市社会经济发展的要求，亟须探索一种适合人口收缩时代的未来型城市空间结构。

鉴于此，富山市开始逐渐关注郊区化引发的市中心人口减少和公共服务供给效率低下等问题，充分利用自身较为丰富的铁路网络公共交通资源，沿着公共交通路线所形成的核心地带强化城市功能的集聚，正视现有市区由若干个低密度地区组成的客观事实，摒弃一味地引导人口和城市功能向中心城区集聚的单核集中型传统思路。针对人口减少和超高龄化社会问题，提出了"加强以铁路为主的公共交通的活性化，在公共交通沿线集中布置居住、商业、文化等主要功能，构建以公共交通为轴线进行生活节点开发的紧凑城市"规划理念。遵循这样的规划理念，2008 年制定的富山市总体规划提出把一定服务水平以上的公共交通比喻成"串"、火车站点周边或巴士站点周边的步行圈比喻成"汤圆"这一独具特色的将 TOD 开发概念进行公式化阐释的"汤圆与串"目标城市空间构想，通过"串"（公共交通轴）将"汤圆"（市中心和生活中心等主要节点）有机串联起来，推动"紧凑型城市发展和公共交通轴"

---

① 栾志理、朴锺澈：《从日、韩低碳型生态城市探讨相关生态城规划实践》，《城市规划学刊》2013 年第 2 期。

耦合而成的多核网络型紧凑城市这一未来城市空间构想的实现（见图5.12）。

• 一核集中型紧凑城市规划形态

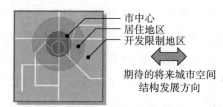

同心圆状的单中心集中型

期待的将来城市空间
结构发展方向

• 富山市期待实现的紧凑城市规划形态

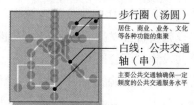

步行圈（汤圆）和公共交通轴
（串）构成的多核网络型

图5.12　富山市"汤圆与串"的未来城市空间构想

注：白线表示铁道、路面电车和干线公交等的公共交通轴。

资料来源：富山市都市整备部都市政策课，"富山市立地适正化计画"，https：//www.city. toyama. toyama. jp/data/open/cnt/3/14081/1/toyamaritteki. pdf？20191128171413.

为了切实推动这一未来城市空间构想的实现，富山市在城市总体规划中融入三大规划理念：①设定居住促进地区及该地区的人口目标；②促进多样化功能向市中心的集聚和地区生活节点的设定；③设定公共交通轴及公共交通整备和维持方针等。[1] 为发挥这三大规划理念在规划实践中的指导作用，推动多极网络型紧凑城市实现，富山市制定了公共交通使用活性化、市中心和公共交通路线周边的居住引导、市中心活性化三大愿景目标，并推动三大发展政策。[2]

1. 通过地域生活节点改造推进全市紧凑城镇建设

一般来说，大部分地方城市都是单中心的，但需要在确立各区域的步行生活圈之后设定地域生活节点。富山市将位于公共交通轴线上的铁路站点和巴士站点步行圈的地域生活节点设定为居住促进地区，并创建

---

① MLIT（Ministry of Land，Infrastructure，Transport and Tourism），"White Paper on Land，Infrastructure，Transport and Tourism in Japan，2014"，https：//www.mlit.go.jp/en/statistics/white-paper-mlit-2014. html.

② Mori Masashi，"Toyama's Unique Compact City Management Strategy：Creating a Compact City by Re-imagining and Restructuring Public Transportation"，http：//www.uncrd.or.jp/content/documents/7ESTKeynote2. pdf.

私家车依赖性低、步行为主导的生活空间环境，提升市民移动便利性和地域活力。

为了通过多极网络型紧凑城市建设有效推进城市再生，具体设定了符合市中心和地域生活节点特性要求的城市功能。在作为城市整体重要节点地区的市中心，布置地域生活节点难以提供的高层次服务设施。这些设施要符合发挥广域性城市功能的市中心自身特征，包括行政机关等公共设施、综合医院等医疗设施、大学和博物馆等教育文化设施以及百货商场和大型购物中心等商业设施等。在提供日常生活必需设施的地域生活节点，主要布置微型超市和小型商店等商业设施、银行邮局等金融设施、诊所和一般医院等医疗设施、介护设施和周间保护服务等社会福利设施、初中高等教育文化设施、幼托等幼儿支援设施和居民中心等公共设施（见图 5.13）。

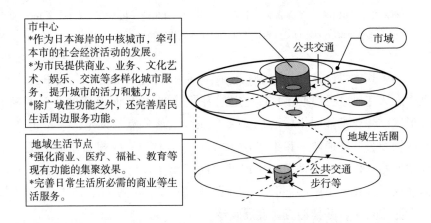

图 5.13 富山市地域生活圈的设定和节点布局

资料来源：富山市都市整备部都市政策课，『富山市立地適正化計画』，https：//www.city. toyama. toyama. jp/data/open/cnt/3/14081/1/toyamaritteki. pdf? 20191128171413.

并且，改造和完善中心市区以及以铁路轨道为主的公共交通沿线地区的中心节点，推动城市各级中心的层次化配置，将城市整体划分为包括中心市区在内的 14 个地区生活圈，并将各个地区生活圈建设成单独的紧凑型开发单元。根据选址优化规划制度在各个开发单元内部设定市中心地区和公共交通沿线居民促进地区等基本居住促进地区，特别是在火车站和公交站点等的步行圈范围进一步强化居住的集聚引导，活用从市中心延伸的放射状轨道为主的公共交通线路，通过公共交通的活化和城市功能的整合，提升地区魅力和长期性居住引导能力水平，使仅通过步行、自行车和节点间的公共交通便可自由便利地出行，驾车不便的老年人等市民也能安心舒适地生活［见图 5.14（a）］。公共交通沿线居住推进地区是加强以铁路轨道为主的公共交通活性化，在其沿线引导居住、商业、业务、文化等城市多样化功能的集约整合，为实现通过公共交通轴串联的节点集中型紧凑城市而设定的居住促进地区。公共交通活性化是根本方针，火车站点是公共交通活性化的发起点，以此为基础在火车站和巴士站的步行尺度范围内设定居住促进地区。充分考虑铁路轨道和巴士的服务水平和步行圈范围差异，铁路轨道上将距离火车站的 10 分钟步行范围（500 米）设定为步行圈，而巴士路线上设定以站点为中心、半径为 300 米的范围为步行圈（见表 5.3）。2007 年制定了将巴士线路沿线人口密度从 34 人/公顷提高为 40 人/公顷、将铁路沿线人口密度从 46 人/公顷提高为 50 人/公顷的发展目标，并期待 20 年后公共交通便利地区的市民比例将达到 42%。

表 5.3　　　　　　　　　　　富山市居住引导地区设定

分类	地区范围
市中心地区	富山市综合规划的市中心地区（约 436 公顷）
公共交通轴	所有铁路轨道，运行频度高的公交路线区段
步行圈	公共交通轴沿线设定的用途地区区段的步行圈（约 3422 公顷） 距火车站约 500 米半径范围，距公交站点约 300 米半径范围 ※工业地区和工业专用地区除外 ※灾害危险度较高的土砂灾害特别警戒地区、泥石流防备地区和倾斜度较高的崩塌危险地区除外 ※依据指定为用途地区的地区开发行为和区划整备事业而新开发的住宅区，若有一部分处于步行圈内，则将开发地区整体都设定为居住引导地区

资料来源：富山市都市整備部都市政策課，『富山市立地適正化計画』，https：//www.city.toyama.toyama.jp/data/open/cnt/3/14081/1/toyamaritteki.pdf? 20191128171413.

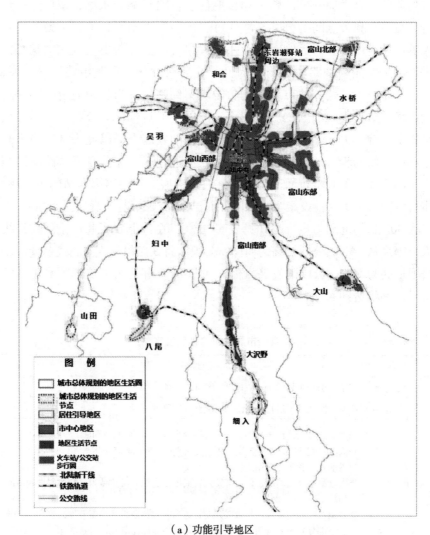

（a）功能引导地区

图 5.14　富山市选址优化规划中的功能引导地区
和居住引导地区

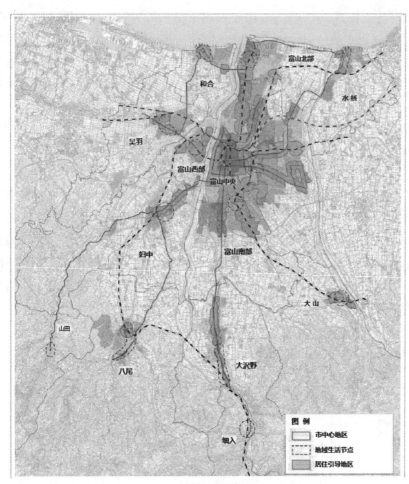

（b）居住引导地区

**图 5.14 富山市选址优化规划中的功能引导地区
和居住引导地区（续）**

资料来源：富山市都市整備部都市政策課，『富山市立地適正化計画』，https：//www.city.
toyama. toyama. jp/data/open/cnt/3/14081/1/toyamaritteki. pdf？20191128171413.

在市中心地区和公共交通沿线居民促进地区引导居住集中的同时，
还设定市中心、地域生活节点、火车站和公交站的步行圈等为城市功能
引导地区，借以确保和维持居住和日常生活必需的城市功能，提高公共
交通的可达性和接近性，使地区外居民也能享受到多样化城市功能设施

服务①［见图 5.14（b）］。由于设定了基本的居住引导地区，城市功能引导地区也在居住引导地区的同一范围内进行指定（见表 5.4）。城市功能引导地区旨在确保和维持居住和日常生活所必需的城市功能，通过公共交通提高可达性和接近性，使此地区外的居民也能方便利用城市功能设施。由于特性不同地区需要的城市功能有所不同，引导设施需要进行明确设定，从"市中心"、"地域生活节点"和"火车站和公交站点的步行圈"三个方面来设定各个地区所期待实现的未来形态（见图 5.15）。

2. 基于公共交通活化的紧凑型城镇建设

富山市 1999 年在《城市总体规划》和《富山市市中心活性化基本规划》中，明确指出营造富山市北部地区的新城形象和南部中心商业街的广域多中心化，借以推动城市整体的活力再生。2000 年发布紧凑型城镇建设事业调查研究报告，制定公共交通导向型城市结构的政策方针。同年，创立富山市公共交通活性化研究会，谋划紧凑城镇建设这一愿景目标的实现。

表 5.4　　　　　　　　　富山市的城市功能引导地区设定

地区	期待实现的城市形象
市中心地区	• 商业、业务、文化艺术、娱乐、交流等多样化城市服务和魅力，创造活力的形象，完善符合城市形象的广域性城市功能 • 为居民完善日常生活必需的城市功能设施 • 商业业务功能的集聚，增加就业岗位
地域生活节点	• 地域生活节点商品购买、医疗、金融服务等日常生活必需功能距离居民就近布置
城市规划区域外的地域生活节点	• 确保居民能够通过生活交通到达住处周边的日常生活必需设施，享受到各种生活服务
火车站或公交站点的步行圈	将日常生活必需的城市功能布置在以火车站和公交站点为中心的步行圈

资料来源：富山市都市整备部都市政策课，『富山市立地适正化计画』，https：//www. city. toyama. toyama. jp/data/open/cnt/3/14081/1/toyamaritteki. pdf? 20191128171413.

————————

① 富山市都市整備部都市政策課，『富山市立地適正化計画』，https：//www. city. toyama. toyama. jp/data/open/cnt/3/14081/1/toyamaritteki. pdf? 20191128171413.

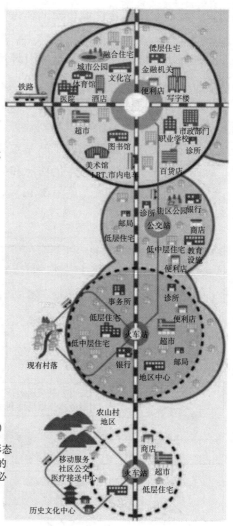

市中心地区

● 市中心形态

• 提升商业、业务、文化艺术、娱乐、交流等市民所需要的多样化城市功能，城市魅力以及与激发活力的城市形象相适应的高层次城市功能。

• 增加居民日常生活所必需的各种城市功能。

• 强化商业、业务功能的集聚、增加就业岗位。

火车站和公交站点的步行圈

● 火车站和公交站点的步行圈形态

• 以火车站和公交站点为中心的步行圈范围内部，就近布置的日常生活所必需的城市功能。

地域生活据点

● 地域生活据点的形态

• 为地域生活据点的居民邻近布置购物、医疗、金融服务等日常生活所必需的城市功能。

地域生活据点（城市规划区域外）

● 地域生活据点（城市规划区域外）形态

• 确保居民能够就近到达地域生活据点的购物、医疗、金融服务等日常生活所必需的功能和生活交通。

图 5.15　富山市期待实现的未来城市形态

资料来源：富山市都市整備部都市政策課，『富山市立地適正化計画』，https：//www.city.toyama.toyama.jp/data/open/cnt/3/14081/1/toyamaritteki.pdf？20191128171413.

2003 年针对北陆新干线建设启动富山火车站附近的 JR 北陆本线连续立体交叉项目，而 JR 西日本的地方交通线富山航线的利用者减少和服务质量下降等典型的恶性循环现象成为北陆新干线建设的重点课题。同年 5 月，富山市市长正式发布富山航线 LRT 化公告，并创办交通总体规划编制协议会着手探讨综合性城市交通体系规划建设，针对市中心衰退等城市结构的变化、公共交通利用率低下、出行移动弱势群体数量增加、机动车交通拥堵造成的便利性降低以及环境负荷增大等相关议题，提出以紧凑城市理念为基调的战略方案，设定公共交通、道路交通、交通节点等有机联系的交通体系对策，通过公共交通网络连接交通节点上的生活节点和交流节点推动紧凑城镇规划建设。其中，实现紧凑城市的关键就是以主要公共交通为轴线、以车站站点为中心来设定步行圈，并引导商业、居住、文化、娱乐等多样化功能和生活设施集中布置到火车站和公交干线沿线的站点步行圈（见图5.16）。

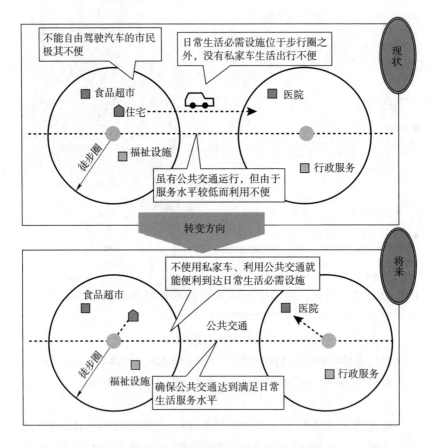

图 5.16 富山市基于 TOD 理念的步行圈规划理念

资料来源：富山市，『富山市公共交通活性化計画』，https：//www. city. toyama. toyama. jp/
data/open/cnt/3/2758/1/2. pdf？20210506075513.

为实现城市与自然和谐共生的紧凑城市建设目标，富山市 2007 年推出具体的紧凑型城镇建设和连接生活节点的交通政策，并提出详细完善的规划方案，特别是以公共交通体系重组为中心的城市空间重构和公共交通沿线居住促进地区规划正是由此衍生出来的，同年制定的《富山市公共交通活性化》将推动紧凑型城镇建设的公共交通活性化、适合富山市城市结构和地区特性的公共交通活化作为规划框架，提出具体的铁路轨道活性化及与其连接的干线巴士路线的活性化方案措施，借以完善日常生活交通出行服务。

为了形成连接市中心地区和地域生活节点的公共交通轴线，还对铁路线路和干线公交线路进行整治改造，促进城市公共交通的活性化。在市中心地区和地域生活节点的连接方面，铁路线路无疑是最先考虑的公共交通工具，而干线公交线路则是连接市中心地区和地域生活节点、市中心地区和主要城市设施之间的最优选择，它们的整治和活化是引导人口迁入最重要的战略措施。因此，富山市开始对 6 条铁道线路和 13 条干线公交线路开展整顿改造，从而提升公共交通出行比例。

除运行中的铁道线路以外，还对已经停运的铁道线路进行激活整改。继 2006 年 4 月建成日本第一个 LRT 系统富山轻轨之后，又于 2009 年 12 月新建了市内电车环状线路，在公共交通网络的节点处强化居住、商业、业务、文化等各种城市功能的紧凑布置，借助铁路和有轨电车等公共交通轴线将市中心和地区中心、市中心和主要人流集散设施（大学、医院、空港等）有机连接起来。为了提高路面电车的使用率，不仅新增 5 个站点，还增加了运行班次，在项目推进过程中不断探索提高市民利用便利性的有效方案。而且，路面电车还扮演起衔接其他铁路线路的换乘纽带角色，强化了铁路线路之间的有机联系。

为了促进公共交通的活化，通过火车站站前广场的翻新改造提高使用者的舒适性，还为利用铁路交通的使用者设置了自行车专门停车场。此外，公共交通的市民意识调查结果显示，如果干线公交的运行频率设定在一天 60 次以上，就能正常发挥其连接市中心地区和地域生活节点的作用。为改善老年人乘坐公共交通的便利性，与民间企业联袂合作，对在富山市域内乘坐公共交通来往于市中心或市区医院的 65 岁以上的老年人，实行减免 100 日元的优惠制度。

在公共交通活性化政策的不懈努力之下，富山市由 2005 年总人口数

421239 中只有 117560 人居住在公共交通沿线附近，到 2016 年相应人口数分别变为 418399 人和 154668 人，预计 2025 年将会分别变为 389510 人和 162180 人。同时，总人口和公共交通沿线居住人口的比例从 2005 年的 28% 上升至 2016 年的 37%，2025 年可能会继续攀升至 42%。[①] 倘若公共交通沿线的居住人口数能按这样的态势发展下去，就可以确保公共服务和民间商业服务供给所要求的人口规模，城市经营的可持续发展就有实现的可能。

3. 市中心的活力再生

为了激发衰退市中心的活力再生，富山市将提高公共交通便利性、打造繁华节点地区和市中心居住促进作为城市再生政策的重点内容，主要从三个方面全力激活市中心的活力和潜力：

（1）在提高公共交通便利性方面，以铁路交通网络和公交线路网络形成的公共交通轴为主要框架，强化市中心地区和地域生活节点之间的公共交通连通性，构建整个城市地域间的公共交通网络体系，逐渐加速市中心地区和地域生活节点之间的人口移动和信息流通。

（2）在打造繁华节点地区方面，通过市中心活力再生，引导大型商业设施的迁入选址，设置立体停车场和多功能广场，将其打造成市民集会和交谈的场所空间，并通过地区间的公共交通，提升市民们到达市中心的便利性。

（3）在市中心居住促进方面，通过居住促进事业项目向迁入市中心居住的市民发放补助奖励。

除上述三大愿景目标之外，还在强化中心城区优势引导市民重点迁入的同时，努力确保市民在中心城区和郊区的自由住所选择权。在不断强化市民迁入市中心地区生活意识的同时，不再阻止市民到郊区居住，为市民提供在公交站点、公共交通沿线或郊区等不同位置的自由住所选项，通过公共交通活化和城市功能整合，提升地区魅力和长期性居住引导能力水平。

二　熊本市

（一）收缩背景

熊本县的县政府驻地熊本市 2015 年人口数为 73.50 万人左右，属于

---

① 富山市都市整備部都市政策課，『富山市立地適正化計画』，https：//www.city.toyama.toyama.jp/data/open/cnt/3/14081/1/toyamaritteki.pdf？20191128171413.

县域内人口最多的城市。1975 年以后人口集中地区（DID）的规模一直在扩张，地区内人口密度持续下降。熊本市人口数 2015 年达到 74 万人这一峰值之后，转换成人口减少的走势，2020 年减至 732569 人，预计 2050 年将会与 1985 年的人口数量（64.20 万人左右）相当。特别是 2010—2050 年，15—64 岁人口将会从 47.40 万人减至 33.80 万人左右，65 岁人口将从 15.50 万人增加至 22.90 万人（见图 5.17）。

与人口减少现象会蔓延至整个市域相比，建成区的部分外围地区人口增加的趋势及其引发的市区扩张问题更加令人担忧。预计 2050 年，市中心地区的人口减少趋势将会非常明显，空洞化现象也会极其严重，而且除局部地区之外，大部分地区 65 岁以上的高龄人口数量将会不断增加。不过，大部分老人居住在郊区，将来这种地区的共同体传承将成为社会性议题。

在人口减少的影响下，日常生活服务设施周边的人口密度呈现出降低的趋势，八角宫和清水龟美地区的生活圈和节点比较具有代表性。这两个地区 2010 年地区生活圈和地区节点的人口密度分别为 46.10 人/公顷和 46.90 人/公顷，而 2050 年预计将会减少为 39.60 人/公顷和 40.60 人/公顷。而且，熊本市的空屋数量呈现出不断增加的态势。1983—2013 年空屋数从 13230 户增加至 50290 户，空置房屋率也从 7.30% 增至 14.10%。将来居民户数会出现减少的发展趋势，空置房屋也存在进一步增加的担忧。

（二）城市收缩的规划应对策略

随着市区扩张、人口减少和老龄化社会的快速进行，熊本市的商业、医疗、金融功能和公共交通等日常生活服务功能的维持将会愈加艰难，空地和空屋数也会快速增加。由此，2016 年 4 月《熊本市选址优化规划》发布实施，此规划秉承《第二次熊本市城市总体规划》的城镇建设基本理念和将来城市结构形态，为构建多核网络型紧凑城市，以公共交通为主导，将商业、住宅、医疗福利和农业等多样化领域的规划统筹联系。

通过此规划，熊本市期待实现以下五大规划目标和开发效果：第一，维持和确保城市功能地区的生活服务功能，促进其周边和公共交通沿线附近的居住增加，通过公共交通导向型城镇建设，确保生活服务的便利性和持续性；第二，构建高龄者步行也便利的生活环境，将日常生活服务功能布置在住处附近，增进老年人身体健康，减少社会保障费用，推进

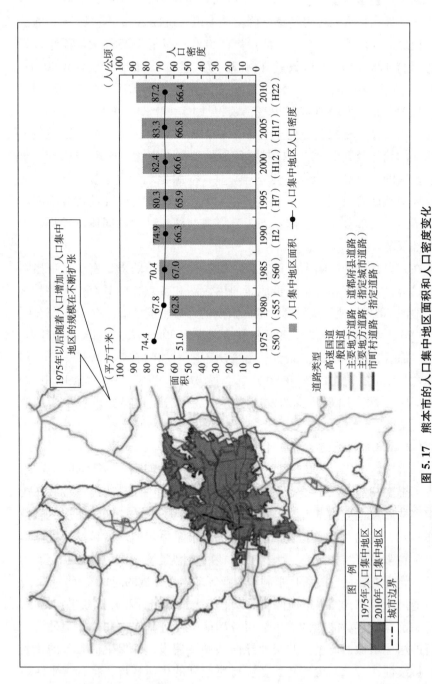

图 5.17 熊本市的人口集中地区面积和人口密度变化

资料来源：熊本市，「立地适正化计画」，https：//www．city．kumamoto．jp/common/UploadFileDsp．aspx？c_id=5&id=9398&sub_id=4&flid=80022．

地域社区的稳定和活化；第三，构建便利生活环境，提升城市魅力，强化企业留置，创造就业岗位；第四，通过维持市中心城市功能，增加城市魅力和流动人口；第五，通过公共设施整合实现城市经营的效率化，充分确保行政服务水平等。[1]

为了实现上述规划目标，熊本市在多样化高层次城市功能集中的中心市区与提供日常生活便利功能的生活节点之间，设置中间层次的地域节点，推进三级层次的城市中心空间体系的形成。同时，为追求公共交通体系和城市空间结构的整合性，同样推进三级层次的交通网络形成，以接近性较高的路面电车作为公共交通骨干线连接市中心和地域节点，通过公共交通轴线实现地域节点之间的有机连接，再通过常规公交将地域节点和生活节点连接起来，借以推动地区生活圈相互联系的多核连接型紧凑城市结构的实现。[2]

根据《熊本市选址优化规划》在市域范围内设定居住引导地区和城市功能引导地区。首先，居住引导地区依据《熊本市城市总体规划》指定的居住促进地区来设定，主要考虑的是城市功能引导地区、位于公共交通轴周边（所有铁路线路半径 500 米步行圈，运行班次为 75 次以上的公交路线半径 300 米步行圈）这两个方面。为市民提供自由选择的居住环境的同时，在具有居住集聚优势的市中心、地域节点和公共交通轴沿线强化居住功能的集中，并结合城市功能引导地区布置在公共站点周边［见图 5.18（a）］。此外，建成区调整地区、工业地区和灾害风险较高地区不属于居住引导地区的范围。

其次，城市功能引导地区是在《第二次熊本市城市总体规划》设定的 1 个市中心和 15 个地域节点的基础上设定的。为构建生活便利性较高的多核连接型紧凑城市，强化市中心地区和地域节点城市功能的集聚，而功能引导地区设定区域应具备四个基本条件：①一定水平的城市功能集聚的区域内部；②步行或自行车等慢行工具能够快捷往来的范围；③公共交通接近性较高的地区；④平成大合并之前的旧邑中心部等能够

---

① 『熊本市立地適正化計画』，http：//www. city. kumamoto. jp/common/UploadFileDsp. aspx? C_id＝5&id＝9398&sub_id＝4&flid＝80022.

② 栾志理：《人口减少时代日本九州市应对老龄化社会的公共交通规划及启示》，《上海城市规划》2018 年第 2 期。

成为城镇节点的地区［见图5.18（b）］。①

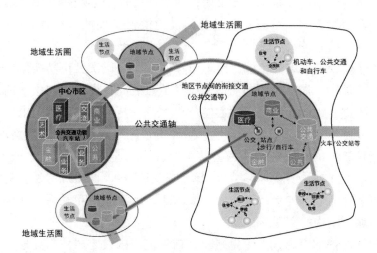

（a）城市功能引导地区

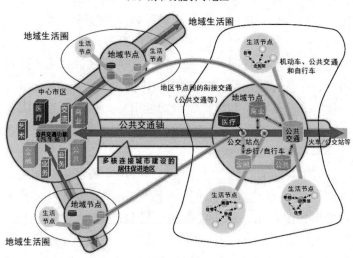

（b）居住引导地区

图5.18　熊本市的城市功能引导地区和居住引导地区

资料来源：熊本市，『立地适正化计画』，https：//www. city. kumamoto. jp/common/Upload-FileDsp. aspx? c_ id＝5&id＝9398&sub_ id＝4&flid＝80022.

---

① 『熊本市立地适正化计画』，http：//www. city. kumamoto. jp/common/UploadFileDsp. aspx? C_ id＝5&id＝9398&sub_ id＝4&flid＝80022.

城市功能引导地区需要维持和确保的引导设施可划分为日常生活服务功能（步行圈）和高层次城市功能（市中心）两大类。其中，日常生活服务功能通过问卷调查和居民访谈会确定最为需要的商业设施、医疗设施和金融设施，高层次城市功能包括《市中心活性化基本规划》设定的大规模会议厅和博物馆等重要设施（见表 5.5）。这样确定的引导设施分别归类布置在三个城市功能地区，即①各个地区范围内布置的引导设施（维持）；②各个地区范围内不存在但在步行圈 800 米范围内布置的辅助设施；③各个地区的步行圈范围内也不布置的引导设施（确保）。

表 5.5　　　　　　熊本市不同城市功能引导地区的引导设施

		高层次城市功能	商业功能	金融功能	医疗功能			
					内科	外科	小儿科	牙科
市中心		●	●	●	●	●	●	●
地域节点	植木地区		●	●	●	●	●	●
	北武地区		◆	●	●	●	●	●
	岸木武藏冈地区		●	●	●	●	●	●
	伯宫清水龟地区		●	●	●	●	●	●
	古闲地区		●	●	●	●	●	●
	长岭地区		●	●	●	●	●	●
	水前寺地区		●	●	●	●	●	●
	健军地区		●	●	●	●	●	●
	平成·南熊本地区		●	●	●	●	●	●
	菊草地区		●	●	●	◆	●	●
	富合地区		◆	●	●	○	◆	○
	城南地区		●	●	●	●	●	●
	川尻智地区		●	●	●	●	●	●
	四郎山地区		●	●	●	○	○	●
	上熊本地区		●	●	●	●	●	●

注：●为引导设施（维持），○为引导设施（确保），◆为辅助设施，▇表示没有。

资料来源：熊本市，『立地適正化計画』，https：//www. city. kumamoto. jp/common/Upload-FileDsp. aspx？c_ id＝5&id＝9398&sub_ id＝4&flid＝80022.

三 钏路市

（一）收缩背景

位于日本最北端的北海道矿藏丰富，煤炭储量与产量均占全国一半以上。工业以食品加工为主，木材加工、造纸、钢铁工业发达。小麦、马铃薯、乳牛产量均居全国首位，是日本主要的粮食产区和农牧业基地。无论所处地理纬度，还是区域产业结构，北海道与我国东北地区都比较相似，其辖属收缩城市应对收缩的经验和策略对于东北三省收缩城市来说更加具有借鉴价值。

在日本步入人口断崖式减少时代的同时，北海道也面临着同样的巨大冲击。作为人口收缩型社会"日本缩小版"的北海道管辖的179个市町村（35市129町15村），几乎都经历了不同程度的人口减少，约有80%的市町村减幅在30%以上，从而成为日本城市收缩问题最为严重和集中的区域，而且呈现出持续恶化的收缩趋势。钏路市是北海道东南部最大的中核城市，受到低出生率和老龄化的影响，自2009年人口达到18.66万人以后持续减少，2019年减至16.81万人。尽管2004年以后原则上不再继续推动市区规模的扩张，但由于持续性人口减少最终还是形成了城市功能低密度无序扩散的城市空间形态，市中心空洞化、城市空地增加、居住环境恶化等问题陆续出现。在北部草原保护政策影响下，城区形成东西朝向长约20千米的带状形态，给无法使用私家车的市民造成了诸多生活出行不便。

钏路市产业结构也开始发生急剧变化，过去钏路港聚集着来自全国各地的北海渔船队伍，但1977年200海里领海权为代表的各种规制实施之后，纸浆工厂和水产业的萎缩以及太平洋煤矿等主导产业的没落进一步加剧了人口的持续减少。作为由于主导产业衰退而直接导致人口减少的代表性地区，钏路市整体上失去了遏制人口外流的能力，人口不断地流向其周边地区、北海道圈和东京圈。同时，65岁以上的市民比率攀升至25%，劳动年龄人口也不断减少，给区域经济和城市活力带来日益严重的消极影响。而且，城市基础设施的维护、管理和更新费用也在不断增加，城市经营陷入财政预算超支的困境。在这样的状况下，实现城市的持续性经营、匹配人口规模的宜居性城市建设成为众心所向，构建"集约型城市结构"的紧凑城市政策成为人口减少时代的重要战略取向。

（二）精明收缩策略

钏路市意识到地区经济的发展是离不开城市活力魅力的，开始全力营造安全生活的宜居性城市环境，重点推动激发城市活力的经济活性化战略、促进地区经济的人才培育战略、激活经济活动的城市功能更新战略三大战略，还进一步推出四大基本目标①。

第一，强化地区魅力，扩大经济、产业和交流人口的规模。为遏制人口外流，通过加强地区产业基本盘和经济活力增加就业岗位，还要促进地区的资源活用和内部要素循环，最大化地发掘区域产业发展潜力。

第二，支援就业机会增加和地区发展的人才培养。改善和激发高等教育机构所在地区的环境条件和活力魅力，以使就读学生将来毕业后定居工作于此。为了地区经济的可持续发展，还特别关注女性各方面的发展需求和青少年人才的培养支持。

第三，全方位营造安心工作的环境条件。既为青年一代提供安心生儿育女的生活条件，还为下一代营建优质健康的成长教育环境。

第四，创建可持续发展的紧凑城市。针对人口减少趋势，通过匹配人口数量的城市规模适当化战略推动紧凑城市规划建设，其基本方针是将向特定区位集聚的多样化城市功能通过公共交通的有机联系追求多核网络型紧凑城市的实现。

为保障第四个基本目标的实现，钏路市针对城市功能分散、城市基础设施低效化、公共交通利用者减少和服务水平低下、居住低密度化等一系列城市现实问题着手推动多核网络型紧凑城市规划建设。在 2008 年的城市总体规划中确立"环境负荷低的紧凑型城镇建设"基本目标，设定四大重点目标，还针对这些重点目标分别提出相应的发展方案（见图 5.19）。

然而，钏路市被东西向细长的两条大江隔断，采取以市中心为核心的同心圆形态推动单核型紧凑城市规划的思路显然不符合现实要求。因此，为明确紧凑城市建设的方向性，2012 年制定发布的《钏路市紧凑城镇建设的基本思路》指出，今后紧凑型城镇建设不再单纯地压缩市区规模，而是在坚持市区不再扩张的前提下追求城市功能的集约紧凑化，推动城市形态由"橡树叶"状向"枫叶"状转变 [见图 5.20 （a）]。具体来

---

① 『第 2 期釧路市まち・ひと・しごと創生総合戦略』，https：//www.city.kushiro.lg.jp/_res/projects/default_project/_page_/001/007/008/000149165.pdf.

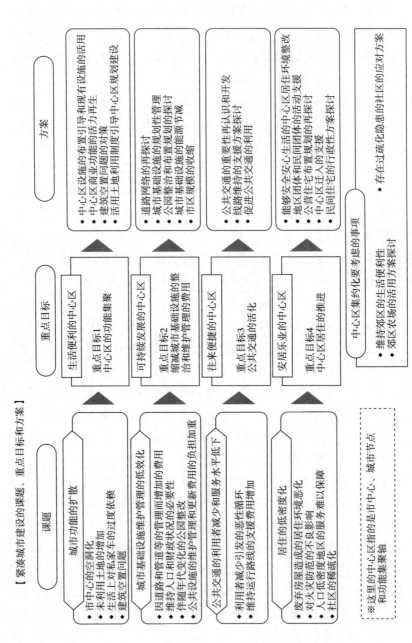

图 5.19　钏路市紧凑城市建设的课题、重点目标和方案

资料来源：前田佳奈枝，「钏路市のコンパクトなまちづくりについて」，*NETT*，No. 86，2014，p. 36.

看，将城市功能达到一定规模且相对较为集中布置的城市节点设定为不同
层次的城市各级中心，包括作为北海道东部核心城市区域性城市功能中心
的市中心地区、支援日常生活和经济活动的地域交流中心以及满足邻近居
民日常生活的邻里生活中心。同时，在各个城市节点内部强化商业、居住、
交通、医疗和行政服务等城市功能的集聚整合，并通过公共交通轴线将各
个城市节点有机连接起来，并把公共交通轴设定为功能集聚轴，在其沿线
强化居住及其他城市功能的集约布置［见图 5.20（b）］。

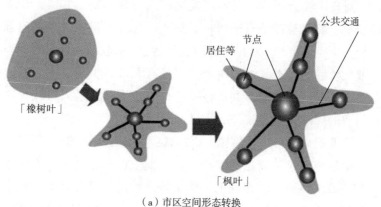

（a）市区空间形态转换

（b）紧凑型城市空间结构

图 5.20　釧路市的市区空间形态转换（a）和紧凑型城市空间结构（b）

资料来源：釧路市，『釧路市立地適正化計画』，https：//www. city. kushiro. lg. jp/_ res/pro-
jects/default_ project/_ page_/001/006/131/000133492. pdf.

第四节　本章小结

日本自 1990 年泡沫经济破灭以来，经济发展驶入了慢车道，从"失去的十年"到"失去的三十年"，而少子老龄化犹如悬在日本头上的达摩克利斯之剑，人口结构的变化可能会撼动日本长期以来所建立起来的大国地位，对日本社会经济的可持续发展带来巨大冲击。其实，日本持续的人口少子老龄化与经济高速增长时期城市开发所累积的环境问题，成为日本地方中小城市产生收缩的最直接诱因。① 从收缩特性来看，当前处于后工业化阶段的日本收缩型中小城市具有人口减少与以中心城区空洞化为主要表征的经济衰退等共通性特征，而经济衰退是人口减少这一主要表征导致的后续产物。

一　产业振兴：形成"城镇·人·就业"良性循环结构

为了遏制地方经济衰退的颓势，振兴地方产业，避免地方陷入从人口减少和高龄化→消费能力低下→经济停滞的恶性循环怪圈，日本积极推动"城镇·人·就业"良性循环结构的形成，给地方经济倾注人才和资金，给年轻人创造富有吸引力的就业岗位，提高地方人均收入水平，高效活用空置店铺等闲置资产，通过多样化信息来掌握地方动态，强化国家战略特区、规制改革、地方分权改革等地方应对政策的相互联系，通过实现可持续发展的地方经济来缓解地方城市的衰退和收缩问题。在推进"人"和"就业"良性循环的基础上，联合多个部门共同推进"区域"这个脉络之上以空间为根本的地方创生政策。为使地方居民不再迁出外流，全方位营造满足产业、教育、医疗等多样化主体需求的生活环境。

二　正视收缩：推动地方收缩城市空间结构的转型和重构

在全国范围内人口减少和少子老龄化持续深入的时代背景下，日本敢于正视城市收缩，将应对城市收缩设定为政策议题之后，就开始制定和公布与之相关的政策方针和应对策略，特别是选址优化规划制度。收

---

① 王瓒玮：《应对收缩：少子老龄时代日本地方城市振兴策略》，《世界知识》2019 年第23 期。

缩城市除适当活用中央政府的相关政策项目以外，还要具体制定多样化精明收缩战略应对城市收缩问题。为探索适应人口收缩时代的城市规划发展模式，日本政府以大都市圈、地方城市和村镇地区的发展方向和特性作为平台，在国土整体层次上统筹规划的基础上，全面推动地方收缩城市空间结构的转型和重构，维持中小城市现有服务功能，在全国范围内推动网络型紧凑城市规划建设。特别值得关注的是，借助《城市再生特别措施法》修订的契机导入支撑"紧凑化+网络化"国土空间规划的实现手段——选址优化规划制度，针对人口减少变化预测结果推动城市的开发扩张增长模式向智慧型收缩的思维转变，通过土地利用适当化、城市功能节点化和节点间网络化的整合规划来推动网络型紧凑城市的实现，建构适合人口减少和老龄化社会的未来型收缩城市空间结构。

三　规划实践中及时更新调整选址优化规划内容

日本选址优化规划的特征是，通过法定规划导入规划性方法的收缩政策，综合考虑城市收缩现象的多样化变数和复杂化影响因素导入时间轴概念。城市从白纸状态增长发展的时期，采取强制性规划手段能够产生明显的开发效果，但对于如今形成生活情结、文化底蕴和历史积淀的现代城市来说，以总体规划方式来推动收缩规划存在许多难点。日本国土省最初尝试制定收缩城市政策时，频繁遇到始料未及的突发状况，于是采取适应每年进展状况对选址优化规划制定导则进行更新修订的方式，各城市也采取通过选址优化规划的韧性适应变数较强的灵活性规划调整的方式。开发行为的申报，城市功能引导地区、居住引导地区、城市功能引导设施等不同类型地区的设定及定性定量指标选定都可以根据城市实际情况进行自我调整。由于选址优化规划涉及个人财产权和居住迁移自由等一系列基本权利，每年都会修订规划导则及时敏感地应对当前实际状况的变化。

四　空间重构：借助选址优化规划推动"多节点+网络化"紧凑城市规划建设

日本选址优化规划以"紧凑化+网络化"作为空间重构原则，借助城市功能引导地区和居住引导地区两大战略空间，通过土地利用合理化、城市功能节点化和节点间网络化的整合规划，推动多节点网络化紧凑城市的实现。选址优化规划中引导地区设定是规划编制的先决条件和关键环节，其中城市功能引导地区设定主要根据上位规划中的各级城市中心以及各类轨道交通、巴士线路和公交站点的空间格局统筹考虑层级性和类别性的对应关系，重视各个城市节点内部的主要火车站或汽车客运站的使用便利性，并针对老年人出行需求依据公交利用圈的步行距离界定空间尺度，还会基于上位规划的节点设置增设反映城市自身特性和功能定位差异的特殊地区；居住引导地区设定最优先考虑城市功能引导地区和公共交通轴的接近性，特别是步行尺度的空间范围，同时还经常采用人口密度水平与交通利用圈相结合的量化标准。通过城市功能引导地区和居住引导地区的设定，引导城市功能向各种城市节点、连接城市节点的公共交通轴沿线以及公交站点步行圈内部整合集聚，强化多样化城市功能集聚所产生的"密度经济"效应，提升居民生活便利性和服务业投入产出效率，促进地区经济活力再生和行政服务效率。同时，为增强引导地区之间的高效联系和联动协同，通过服务水平较高的公共交通网络将城市功能引导地区和居住引导地区连接起来，提高中心城区和市区生活圈之间以及各个市区生活圈之间的空间移动效率。

五 市中心再生：引导多样化城市功能集聚和人口持续性迁入

大多数收缩城市几乎都会面临财政萎缩的困境，本来在保障市民多样化生活需求和提升城市空间品质方面就显得力不从心，更不用说在现有较大城区规模范围内为了维护和扩大生活基础设施建设而增加财政预算了。因此，最大化遏制市中心经济衰退和人口外流、引导更多市民向市中心迁入便成为亟须关注的重要议题。为防止市中心衰退的深化，日本收缩城市首先引导和强化多样化高等级城市功能向市中心集聚整合，提高市中心的服务层次性和需求丰富性，重视火车站和汽车站等交通节点中心广场周边的规划设计，配置包括使用需求较多的商业设施和公共服务设施的地标性复合建筑和步行商业街；其次，提高市中心的公共交通便利性，构建串联市中心和市域生活组团的公共交通轴线，借以强化市中心和市域生活节点之间的人口流动和信息交流；最后，通过多样化住宅建设或补助支援方式引导不同阶层的市民向市中心迁入居住，从而将市中心打造成为多样化高等级城市功能高密度集聚整合的活力中枢。

第六章　东北三省城市收缩的本土语境与空间特征

随着全球后金融危机时代的开启，在人口红利与工业低成本优势丧失、土地财政收紧和老龄化加剧等因素作用下，局部收缩在我国国土空间初见端倪，中国特殊的土地财政加剧着城市收缩的蔓延扩散和收缩城市的空间扩张。大多数收缩城市都出现了或多或少的经济增长乏力、财政收入滑坡、人口和资本外流、土地闲置、市中心衰退等一系列体现城市衰退的负面现象，折射出与以增长主义发展模式格格不入的种种迹象，人口收缩与空间扩张并存的悖论现象不断出现，特别是拥有较多资源枯竭型和产业变迁型城市的东北三省成为城市收缩的"重灾区"。自20世纪80年代的"东北现象"到2013年以来的"新东北现象"和"后东北现象"，东北城市社会经济发展的新旧"寒流"叠加加重了东北三省城市收缩问题的复杂性，使得东北三省成为研究中国城市收缩问题的典型地域。

第一节　中国城市收缩的宏观语境

近年以来，随着全球化、工业低成本优势消失、土地财政环境趋紧、老龄化社会加速等内外部环境条件的激烈演变，中国经济高速增长的驱动引擎动力减弱，区域间、城市间和城市内的增长分异现象日渐凸显，特别是部分城市地区无力适应内外部环境条件的变化，无法承受这样的冲击而产生人口外流甚至经济衰退，城市收缩就在这样的时代背景下应运而生。

一　中国城市收缩的内涵阐述和特征分析

（一）内涵阐述

收缩型城市是来自国外的概念，也被国内学术界研究了多年。在中国，收缩城市的研究自 2015 年前后方才出现，尚处于起步阶段，但城市收缩的形势已经十分严峻，正在成为中国城市分化的新常态。据 2020 年第七次全国人口普查数据，中国 23 个省的 149 个市都出现了人口下降，占比 22%。面对日渐严重的城市收缩问题，学者从多维度和多角度开展了多样化研究。理论研究方面，当前国内学者积极跟踪引介国外收缩城市经验政策和开展中外对比研究①，还对国内外收缩城市的形成机制、主要类型和表现特征进行归纳分析②③④，从多维度和多尺度来量化识别中国收缩城市⑤，并针对中国城市收缩的本土化特性，探讨总体上中国城市的收缩应对方案⑥⑦以及国土空间规划下收缩城市的空间形态优化策略⑧。在实证方面，从全国尺度识别分析城市的增长与收缩，分析城市收缩的特征与机制及其负外部性变化⑨；从城市群尺度，识别区域内部的城市收缩现象及其空间类型⑩；从市域尺度，分析城市增长与收缩分异现象的形成机制⑪；基于多尺度视角刻画地级市、县级市、乡镇的城市收缩格局⑫。

　　中国的"收缩城市"是什么？目前，政界和学界仍未赋予其一个通用定义。"中国收缩城市研究网络"主要发起人龙瀛认为，收缩城市就是

①　栾志理、栾志贤：《城市收缩时代的适应战略和空间重构——基于日本网络型紧凑城市规划》，《热带地理》2019 年第 1 期。

②　孙平军：《城市收缩：内涵·中国化·研究框架》，《地理科学进展》2022 年第 8 期。

③　孟祥凤、马爽、项雯怡等：《基于百度慧眼的中国收缩城市分类研究》，《地理学报》2021 年第 10 期。

④　程瑶、张松林、刘志迎等：《长三角城市人口收缩的特征、经济效应与政策回应》，《华东经济管理》2021 年第 8 期。

⑤　张伟、单芬芬、郑财贵等：《我国城市收缩的多维度识别及其驱动机制分析》，《城市发展研究》2019 年第 3 期。

⑥　张京祥、冯灿芳、陈浩：《城市收缩的国际研究与中国本土化探索》，《国际城市规划》2017 年第 5 期。

⑦　乔泽浩、栾志理、丁月龙等：《城市收缩的影响因素测度及应对策略——以延边朝鲜族自治州为例》，《延边大学农学学报》2021 年第 2 期。

⑧　周恺、涂婳、戴燕归：《国土空间规划下城市收缩与复兴中的空间形态调整》，《经济地理》2021 年第 4 期。

⑨　郭源园、李莉：《中国收缩城市及其发展的负外部性》，《地理科学》2019 年第 1 期。

⑩　杜志威、张虹鸥、叶玉瑶等：《2000 年以来广东省城市人口收缩的时空演变与影响因素》，《热带地理》2019 年第 1 期。

⑪　杜志威、李郇：《基于人口变化的东莞城镇增长与收缩特征和机制研究》，《地理科学》2018 年第 11 期。

⑫　周恺、钱芳芳、严妍：《湖南省多地理尺度下的人口"收缩地图"》，《地理研究》2017 年第 2 期。

"人口在变少的城市"。首都经济贸易大学吴康教授认为，收缩城市都经历了连续3年或者3年以上的常住人口减少。大部分学者在识别收缩城市时都使用这一评判标准，这是因为人口流失往往是反映城市发展变化的最直观、最有效指标，也是城市发展环境恶化、人口收入水平降低、城市吸引力丧失等多种因素作用的综合体现。[①] 上海财经大学张学良教授是国内最早研究收缩城市的知名专家之一，认为中国城市收缩的研究尚处于起步阶段，相关的概念和研究规范仍有许多不确定性。其研究团队利用2000年的第五次全国人口普查与2010年的第六次全国人口普查数据，将十年间人口变动率为负的行政单元界定为收缩城市。

中国科学院院士、中国科学院地理科学与资源研究所研究员陆大道在"中国城市百人论坛"2022冬春论坛上发表了独树一帜的见解，指出我国城镇化正处在粗放式大开发向高质量发展转变的阶段，当前人口流动与相应城市的人口减少是现阶段实施高质量发展与经济全面转型的一种自然的过程，中外老工业城市过去、现在都有此现象，并没有成为和造成严重突出的社会问题，属于正常的人口流动现象。言外之意，对于当前处于城镇化转型期的中国而言，不能纯粹以人口减少这一指标来评判城市是否处于收缩状态。

综上所述，中国的"城市收缩"并不是表现在空间上的"不再长大"和人口的逐渐减少，而是表现出了两种看似矛盾的景象，即一方面在城市化过程中，"土地城镇化"快于"人口城镇化"，进而导致空间上的"摊大饼"式扩张；另一方面出现了经济发展动力不足与城市人口流失。虽然不少西方城市同样经历着城市扩张和人口减少并存的态势，如英国的利物浦和德国的莱比锡，但相较而言，中国的"城市收缩"却有不同的特色和内涵。前者是在发达工业体系建立且基本实现城市化之后出现的颓势或衰败现象，在某种程度上是对长期以来的增长主义价值观的"修正"，进而转向关注城市存量空间的环境品质改善。而中国目前仍然处于快速城镇化的后半段，"城市收缩"在某种程度上是政府管理模式与市场经济共同生成的。一方面，市场化改革促进生产要素重新组合以及生产方式变革，商贸、产业与创新中心以市场化逻辑进行自由配置；另

---

① Turok Ivan and Mykhnenko Vlad, "The Trajectories of European Cities, 1960-2005", *Cities*, Vol. 24, No. 3, June 2007, pp. 165-182.

一方面，政府在主导城市规划和建设过程中，为推动资源要素的空间优化配置和效率最大化，想方设法推动公共资源向"规模大、见效快、收益高"的区域集聚。换言之，中国的城市收缩更多是在产业转移、劳动力移动和行政区划调整的多重压力下造成的，进而产生空间扩张与人口收缩的悖论景象。

（二）特征分析

西方语境下的城市收缩，往往具有人口结构老化、低生育率和经济衰退等一系列特征。中国的城市收缩与西方语境有所不同，在社会制度、城市发展水平等诸多方面，都存在或多或少的差异，这就导致收缩特征也不尽相同。通过对国内典型收缩城市的经济状况和人口年龄结构的分析可以发现，中国语境下的城市收缩具有如下三大特征：

第一，城市收缩与经济增长空间分异密切相关。在城镇化进程中，不同区域由于区位条件、资源禀赋和配置能力、产业结构先进程度等方面的差异，发展潜力也各不相同，经济发展就出现快慢之分。拥有先发优势的城市地区在"马太效应"的作用下，发展速度越来越快，吸引越来越多的优势资源要素和资金人才不断集聚于此，从而成为竞争过程中的"赢家"，而那些缺乏发展优势的城市地区往往会沦落为"输家"，进而可能会演变成收缩城市。与此同时，中国的城镇化进一步走向大都市化，突出表现为大城市的都市圈化和城市群的不断发育成熟，并成为关键设施、人才智力和资本财富的汇聚平台，而都市圈与城市群外的边缘区域难免出现收缩型城市。一般来说，这些城市的经济增长速度落后于全国平均水平，这与西方语境下的城市收缩是不同的。

第二，城市收缩与中青年劳动力人口外流休戚相关，归因于中青年人口是所有年龄段人口中最具有流动性的人口。一方面，由于体力和脑力原因，中青年人口具有较强的就业能力，倾向于向发展机会更多的城市地区流动；另一方面，外出就学使得青年人口拥有了更多的迁移机会。与其他竞争性城市相比，收缩城市经济增速缓慢，就业岗位、发展机会、工资收入以及教育资源均相对不足且缺乏吸引力，这就使得中青年劳动力人口外流成为顺理成章的必然结果。

第三，城市收缩与人口老龄化密切相关。随着乡村振兴和新型城镇化建设步伐加快，"农村先老"将不可避免地逐渐演变为"城乡共老"。根据《国家应对人口老龄化战略研究总报告》的预测数据，2023年中国将迎来城乡老年人口规模反转点，届时城镇老年人口规模将超过农村；此后，城镇老年人口规模快速壮大，农村老年人口规模增速减缓；2034年以后，农村老年人口规模开始步入下降通道。第七次全国人口普查数据显示，中国60岁及以上老年人口为2.64亿人。联合国《世界人口展望（2019年）》的中方案预测数据显示，2026年中国老年人口将超过3亿人，2034年将超过4亿人，2052年将达到峰值4.90亿人。同时，伴随着中青年人口的外流、中青年人口二代子女的异地城市化，外加少子化趋势的共同作用，人口老龄化问题在收缩城市中将表现得尤为突出。

二　城市收缩的形成背景和应对理念

（一）形成背景

1. 土地财政主导下的增长主义

改革开放40多年来，中国经济实现了长期的持续性快速增长，总体上形成了以经济指标增长为第一要务、以工业化大推进为增长引擎、以出口导向为经济增长主要方式、以城市土地快速扩张为表征的增长主义发展模式。[1] 然而，由于征地拆迁成本的逐渐增加和城市基础设施建设成本的逐年上升，地方政府通过土地出让获得的净收益逐年下降，现有土地财政模式恐怕难以为继。

所谓的土地财政，是指一些地方政府依靠出让土地使用权获取财政收入支撑和维持地方财政支出，属于地方政府的"第二财政"，带动了区域内公共投资增长，在推进新型城镇化进程中发挥着极其重要的作用。中国的"土地财政"主要是依靠土地开发增量，通过卖地所得土地出让金扩充财政收入，既保障了政府开展大规模基础设施建设的能力，还保障了教育、医疗、养老等民生领域的财政支出。土地财政体制的产生依托于独特深厚的时代背景，是特定政治经济环境下政府审时度势作出的主动选择。

集体土地所有权制度是土地财政的现实基础。20世纪80年代后期，中国城镇化开启突飞猛进的快车道发展模式，农业部门在为中国工业化发展提供原始积累的路上举步维艰。地方政府对土地拥有剩余索取权和裁决权，使大量农村集体土地被转化为国有建设用地，为开展土地财政

奠定了物质基础。深圳、珠海等经济特区开始效仿香港、澳门出让城市土地使用权作为融资的主要方式，开创了一条以土地为信用载体、积累城镇化原始资本的崭新路径——"土地财政"。

分税制改革是土地财政的制度性诱因。经历了 1994 年的分税制改革、1998 年住房制度改革以及 2003 年土地"招拍挂"等一系列制度创新，不断完善的土地财政助推政府以前所未有的速度完成发展建设资金的原始积累。若没有土地财政，今天中国经济的很多问题可能不会出现，但可能也不会出现今天中国城镇化的发展高度。

政府官员政绩考核制度是土地财政的激励因素。政府官员深知，若想在短暂的四年任期内交出满意的答卷，土地财政无疑是一举多得的睿智选择，因为短期内既能获取客观的土地出让金收入，长期又能利用土地抵押贷款保障稳定的建设资金供给，彰显政绩的指标很容易通过经济总量和经济增长速度的形式在数字上得以体现。[1] 由此，他们加大城市基建和招商引资力度，扩建工业园区和开发区，提升当地工业化和城镇化的水平。从这样的角度来看，地方官员发展经济的强烈动机和经济精英聚敛财富的动机主导着城市规划建设的发展方向，由政治精英和经济精英组成的发展联盟会全力推动城市规模的不断扩张。只要城市遵循增长主义发展模式持续扩张，城市政府的财政收入就能支撑城市治理和基础设施维护建设等许多方面的支出。

城市空间资源是地方政府通过行政权力可以直接干涉、有效组织的重要竞争元素[2]，成为地方政府推动增长主义发展、实现价值再生产的重要载体。在经济指标增长的利益引诱下，地方政府以超前消费城市土地为代价换取城市的快速发展，这也使增长主义在城市空间上表现出城市工业用地与经营性用地同步扩张的基本空间表征。由于仍然采用以 GDP 为主要政绩考核指标的评价体系，地方政府对国家发改委强调的房地产调控政策表现出无可奈何的态度，这主要归因于个人政绩对土地财政的长期性高度依赖。有些地方城市早已品尝到土地财政的甜头，通过哄抬地价和炒高房价获取更多的土地出让金，进而实现拥有华丽 GDP 数据和提高个人政绩的双重目标。

---

① 赵燕菁：《土地财政：历史、逻辑与抉择》，《城市发展研究》2014 年第 1 期。

② 张京祥、殷洁、罗小龙：《地方政府企业化主导下的城市空间发展与演化研究》，《人文地理》2006 年第 4 期。

近年来，各地土地出让金在地方财政收入中的比重不断提升。相关统计数据显示，2020 年全国 300 个主要城市土地出让金达到 59827 亿元，同比增长 16%，其中部分城市的土地出让金同比涨幅是相当大的。国土资源部法律中心的一份研究报告指出：现行财税体制下，中央和地方的财权、事权不相匹配。地方政府在缺乏建设性财政资金的前提下实现工业化和城镇化加速发展，需要依靠经营性用地出让取得资金，以支撑基础设施建设和公共支出。因此，通过大规模土地造城哄抬地价，提升城市土地价值，以获得更多的财政收益，就成为地方城市的首选之举。

但是，这种热衷于依赖土地财政推动城市空间规模扩张的行为潜藏着许多风险。地方政府无节制或盲目扩大基建投资的冲动，最终带来的恶果就是高房价、低效或者无效投资等问题的出现。全中国的高房价，乃至各地的"鬼城"、荒废的工业园区，都是触目惊心的负面作用。一些城市"摊大饼"式扩张蔓延，建成区人口密度逐渐降低，导致市场失灵现象、土地资源浪费与公共资源空间错配问题日益凸显，耕地数量不断减少，我国的粮食生产总量将难以得到保障。同时，一些城市功能分区混乱，空间开发杂乱无序，城市生活环境的空间品质和宜居性不尽如人意，导致人口外流成为一种常态化现象。

2. 过度追求规模扩大和经济收益的规划价值观

在以城市空间扩张谋求财政收益为主要导向的增量规划推动下，中国的城市空间经历了一轮"大跃进式"的造城运动，带来了城市无序蔓延、生态环境恶化、耕地资源紧张等国土空间资源管控失序的问题。同时，人地矛盾成为现阶段收缩城市的共性问题，由于"土地城镇化"普遍快于"人口城镇化"进程，很多地方出现"空城"等现象，随之又催生了许多收缩型城市的出现，人口与空间资源错配的问题进一步凸显。这些问题在东北三省资源型城市身上均有不同程度的存在。一方面，城市大力开展开发建设，基础设施迅速拉开框架，城市空间越摊越大，土地利用粗放低效；另一方面，人口不断外流，房屋入住率低，大量楼盘烂尾闲置，资源浪费现象突出。①

许多城市把城市规划作为经济增长的辅助工具，强调对城市规模和

---

① 黄少侃：《收缩城市的国土空间规划应对策略——以黑龙江省"四煤城"为例》，2021 中国城市规划年会论文，成都，2021 年 9 月，第 4 页。

经济收益的追求，但却忽视了提高整体社会效益和市民幸福指数的重要性。地方城市通过供应大量低价工业用地进行招商引资，同时为弥补土地出让所产生的收益损失，普遍采取提高居住用地和商业用地的出让量和地价，以及压缩无法快速创造经济效益的公益性用地的方法措施。对于收缩型城市而言，工业、商业和居住用地都处于盈余状态，人口分散使得公共服务分布不均衡或供给不足，除推动经济转型发展之外，更加重要的是通过城市规划促使人口向人口密集程度较高或利用公共交通便利性较高的特定地区集聚以维持公共服务水平。

3. 人口减少诱发邻里社区的衰退

对于人口总量减少的收缩城市来说，社区居民数量减少是难以避免的。然而，社区人口减少将会引发社区各个方面出现衰退的导火索。首先，人口减少引发物业管理收入的下降。物业部门用以维护生活便利设施和空间环境的预算必然会随之减少，这将会导致社区的生活服务质量和空间品质的下降，从而进一步加速社区衰退的进程。其次，人口减少引发空置房屋数量的增加。西南财经大学发布的《中国城镇住房空置分析（2017）》显示，我国家庭住房持有率已经超过80%，整体住房空置率为21.40%，其中二线城市为22.20%，三线城市为21.80%。按照国际通行惯例，商品房空置率在5%—10%为合理区，空置率在10%—20%为空置危险区，空置率在20%以上为商品房严重积压区。在如此严重的住房空置状况下，人口减少所引发的空置住房增加会使空置率不断攀升，社区的可持续发展面临严峻挑战。最后，人口减少引发闲置物业的增加。闲置物业增加造成的最大隐患便是社区共同体崩溃和犯罪增加等多样化问题，特别是在由于人口外流导致的空置物业和废弃土地较为密集的地区。倘若这种状况持续下去，人口外流会进一步加快，该地区最终会陷入消失危机的旋涡之中。

4. 城市低密度地区的增加

收缩城市的最突出表征就是人口减少。一些收缩城市企图依托土地财政的高效融资能力从长期为城市赢得更多GDP，甚至在人口减少的客观现实下仍然制定了人口增长预期的规划目标，借助这样"不切实际"的规划目标推动城市开发建设的持续进行。与此同时，由于人口减少城市内部的空置房屋数量也在增加，形成部分地区空屋数量持续增加的同时，其他地区却还在开展新住区开发建设的悖论现象，这必然会导致城市某些地区甚至全体地区的居住密度下降，社区共同体意识逐渐丧失，人们到达公共服务设施的距离增加，造成日常生活出行对私家车依赖度的增强，城市资源能源消耗也随之不断攀升，比如开车会带来更多的碳排放和交通拥堵，走很远的路会降低出门消费的欲望、让人变得更"宅"。此外，人口密度下降也会很大程度上降低公共交通工业的便利性和乘坐率，致使公共交通减少班次甚至停运，可持续运营发展面临危机。

（二）应对理念

《2019 年新型城镇化建设重点任务》首次在官方文件中提出了"收缩型中小城市"的概念，在推动大中小城市协调发展一项中提到，收缩型中小城市要"瘦身强体"，转变惯性的增量规划思维，严控增量、盘活存量，引导人口和公共资源向城区集中。其中，比较关键的字眼是"瘦身强体""严控增量、盘活存量"，要想做到"瘦身强体"，除发展城市经济之外，还要在城市规划治理方面做好"严控增量、盘活存量"。

"瘦身强体"，正视城市的历史发展阶段。任何事物的发展都是有其周期性的，城市也不例外，收缩城市是伴随着城镇化进程和经济产业转型阶段出现的，也是历史发展的必然产物，要清楚城市收缩与城市问题之间的逻辑关系，城市收缩不是城市问题的导因，而是城市问题的外在表征。应对城市收缩，在"瘦身"过程中还要重视"强体"，合理精简和精明压缩城市规模，摒弃一味增加总量的传统发展模式，将主要精力放在发展优势产业和特色产业上，引导人口和公共资源向城区集中，打造"瘦而强"的韧性城市。

在以往的理论和实践中，城市收缩主要包括"反应"和"适应"两种应对思路。前者通常采取一系列方法措施刺激收缩城市的再度发展，试图扭转收缩趋势而实现城市复兴；后者指在承认城市收缩已经难以避免的情况下，实行一系列适应收缩、产业优化和空间优化政策，从而实现城市"小而精而美"的发展目标。不容忽视的现实是当前已有 180 多个城市同步开始出现"收缩态势"，中国城市发展产生了城市"人口流失"与城市"空间扩张"并存的现象。此背景之下，精明收缩和紧凑城市应成为我们应对城市收缩的主要理念。在应对中国城市收缩问题时，学界和政界首先要强调的就是推动以往增量规划向严控增量和盘活存量的思维转变。国家发改委在其发布的《2019 年新型城镇化建设重点任务》中对收缩型中小城市发展路径的相关表述即这种思维转变的体现。其实，推动这种思维意识的转变在先前早有铺垫，2015 年 12 月习近平总书记在中央城市工作会议上的讲话中，就明确提出"要坚持集约发展，树立紧凑城市理念"的指导方向。

第二节　东北三省城市收缩的微观语境

东北三省包括辽宁省、吉林省和黑龙江省，是中国重要的四大经济板块之一。自 1978 年改革开放以来，由于区域内部产业结构重型化、民营经济发展迟缓、区域资源型城市众多且面临资源枯竭危机等因素的交叠制约，呈现出一系列制约区域发展的问题：区域整体经济低迷、发展速度偏低、区内城市首位度高、空间极化现象明显——整体沿哈（哈尔滨）—大（大连）城市走廊、由北向南空间集聚。① 作为新中国重点扶持的中国老工业基地之一，东北三省先后出现了东北现象——矿产资源枯竭、工业结构失衡、企业步履艰难、效益严重下滑、接续产业匮乏等多重问题造成大量的城市失业群体；新东北现象——传统优势农产品大量积压、农民增收缓慢、农业经济效益难以提高而导致大量收入微薄的农民群体；后东北现象——企业大规模改组改造中呈现出的社会公正和环境危机等经济社会发展问题。由此可见，研究东北三省的城市收缩更加具有现实意义和理论价值。

一　收缩轨迹

对于资源枯竭型和产业变迁型收缩城市的"重灾区"东北三省来说，其命运的轨迹经历了"闯关东"向"出关东"的大起大落。新中国成立以后，东北地区曾经相当长一段时期内占据着中国经济重心的地位。

改革开放成为东北人口流动的一个分水岭。全国大量人口开始流向东南沿海地区，在这一人口流动趋向的主旋律之下，东北地区人口也随之大量外流，甚至开始出现负增长，其中大部分人口流向珠三角、长三角、京津、杭州、南京等经济发达地区。令人担忧的是，这样的人口净流出不是季节性人口外流，而是年轻劳动力、高素质人才的持续性外流，

---

① 孙平军、王珂文：《中国东北三省城市收缩的识别及其类型划分》，《地理学报》2021 年第 6 期。

严重造成东北经济发展后续乏力。20 世纪 80—90 年代直至 21 世纪初，东北地区保持着较快的经济增长，但与国内其他地区和省市相比，经济增速相对较低，与自身的工业基础和城镇化水平地位不符，在长期计划经济体制下积累的深层次结构性和体制性矛盾充分显现，工业经济陷入前所未有的困境，大批国有企业停产、半停产，亏损面和亏损额居高不下，众多职工下岗失业，形成所谓的"东北现象"。2003 年国家实施东北振兴战略以后，东北经济保持快速增长，固定资产投资规模明显扩大，经济总量占全国的比重有所上升。但近年来东北地区经济受到了较大的下行压力，经济增速明显放缓，学术界将此称为"新东北现象"。不过，这一次的经济趋缓并没有产生大规模集中的下岗失业、社会稳定等问题，表明东北经济依然具有一定的抗风险能力。

东北从计划经济时代的"弄潮儿"沦落成市场经济时代的"落寞者"，成为中国经济重心南移的最强背景板。首先，经济发展模式转型的失败。新中国成立后大量国企如雨后春笋般不断涌现，但在改革开放之后，东北依然未能摆脱计划经济的模式，国资国企体制机制改革不深入不彻底，使国有企业无法成为与市场经济深度融合的真正市场主体，无法更好地适应市场化、法制化、国际化的发展要求。

其次，人口自然增长的持续萎缩。东北原有的国企和体制内的人员较多，城镇化起步较早，改革开放之后计划生育执行力度比较严格，人们已经普遍接受计划生育的政策号召，导致人口出生率持续走低。而且，20 世纪 90 年代以来随着经济形势下行压力的加大，下岗工人不断增多，随之引发的生育率下降问题也成为人口收缩的重要因素。2018 年辽宁人口自然增长率为−1.00‰，减少了 4.37 万人，再加上外流人口，辽宁常住人口共减少 9.60 万人。同时，黑龙江和吉林的出生率分别为 5.98‰和 6.62‰，在全国各省份中位列倒数第一和倒数第三。2021 年全国有 13 个省份人口自然增长率为负，其中黑龙江、辽宁和吉林分别以−5.11‰、−4.18‰和−3.38‰位列前三。

再次，计划经济时代东北三省的传统重工业城市获得了大量的优势资源要素，发展形势蒸蒸日上。但改革开放以后，东北地区不少资源枯竭型城市资金和人才等大量优势资源要素开始流向东南沿海发达地区，同时还向省会城市和计划单列市等中心城市转移，地级市的人口呈现不断收缩之势。

最后，由于资源产业与资源型城市发展的规律，资源型城市要经历建设→繁荣→衰退→转型→振兴或消亡的发展历程。正如美国的"锈带地区"、德国的鲁尔区和日本的北海道一样，资源枯竭型城市是收缩城市的"领头羊"和"主力军"，其经济转型属于一个世界性难题，亟须摸索未来发展的出路。

二 现状问题

（一）人口减少与空间扩张的悖论现象

目前，中国许多人口收缩的城市正在推动规模膨胀的规划，在城区常住人口连续三年下降的同时，建成区面积却在不断扩张，形成人口和面积反向发展的现象。这意味着人口减少引发住房和基础设施的需求量降低，但城市空间和设施却在不断增加，造成需求和供给的不相协调以及资源的空间错配，这也在一定程度上加速了城市收缩的进程。这类城市之中，东北三省的开原市（辽宁）、吉林市（吉林）、通化市（吉林）、大庆市（黑龙江）称得上是代表性案例。其中，吉林市、大庆市城区常住人口超过 100 万人，同时也是当地除省会以外的第二大城市。城区常住人口、建成区面积的一降一升，体现出大庆市、吉林市作为当地第二大市的"挣扎"。大庆市 2015 年的人口密度与 20 世纪 90 年代相比下降了 32%左右；吉林市 2010—2017 年户籍人口减少了 19 万人，建成区面积却增加了 23 平方千米，导致人口密度下降了 4.30%。人口外流的情境之下执迷于传统性增长主义价值观主导下的扩张建设，不仅会造成土地资源配置效率降低，还会加剧土地资源浪费和建成环境衰败等一系列问题，不利于城市的紧凑型发展。

究其缘由，一是过去城市的发展思路基本都是扩张再扩张，没有认识到"小而美"的重要性。在过去很长的一段时间内，我国无论是大城市，还是中小城市都朝着做大规模的方向发展，遵循"城市必须增长"的惯性思维，大规模建设城市新城新区和产业园区，势必会导致市政配套、居民生活配套等诸多方面可能滞后于城市建设与发展的速度，产业发展速度也无法支撑如此大体量的"造城运动"，不仅造成了巨大资源浪费，更潜藏着系统性风险，比如开发商大规模的"圈地运动""空城"现象等。

二是城市土地不再仅仅是工业生产过程中的一种廉价投入要素，也成为吸纳过剩资本和资本增值的重要战略工具。在地方政府的土地财政发展模式下，城市空间转变为与工业生产相对分离的特殊商品，既能填补土地开发和基础设施建设的公共预算投入，还能满足政府官员提高政绩的重要要求。①

三是土地出让收入是地方政府性基金预算收入的重要组成部分，长期以来土地增值收益占据绝对地位的城市建设对土地财政的依赖性是很大的。尤其是增长动力严重不足的收缩城市，绝大多数面临日渐艰难的财政负担，对土地资本贴现的依赖性往往更加严重，这也从根本上助推了收缩城市的空间扩张过程。②

（二）空间快速扩张与存量规划转型的悖论

中国过去40多年的快速城镇化进程中，增长主义导向下的增量规划加速着城市空间的持续性扩张。随着土地财政的不断完善和急剧膨胀，政府在最短的时间内实现原始资本的积累，这些卖地收入支撑着中国大部分城市的基础设施建设，有力地推动着城镇化和工业化进程以及中国经济的快速发展。根据城镇建设用地扩张计算结果可知，1980—2010年中国280余个地级以上城市的城镇建设用地面积扩张比值介于1.03和26.40之间，这反映出中国曾经30年快速城镇化扩张的发展进程。③ 而且，从增长率来看，城市建成区面积的增长速度也明显快于城镇人口的增长速度。但是，我国正从经济高速发展阶段转向高质量发展的新型城镇化阶段，城镇化进程换挡降速，"以土地谋发展"模式累积的诸多问题愈加凸显，土地作为经济增长发动机的功能将不再继续，新一轮的土地管理制度应契合中国经济发展阶段的转化。

在生态文明建设的外部环境压力和城市人口外流的内部环境压力的叠加作用下，以空间扩张为表征的增量规划模式难以为继，亟须严控增量，盘活存量，优化现有城市空间，提升生活环境品质。为此，要顺应新时代社会主要矛盾的变化，在新国土规划时代积极践行生态文明理念，倡导城镇集约化紧凑发展模式，推动增量规划向存量规划甚至减量发展的方向转变，提升国土空间的利用效率。

---

① 薛亮：《"收缩城市"，城镇化的另一面》，《国土资源》2018年第7期。
② 杨东峰、龙瀛、杨文诗等：《人口流失与空间扩张：中国快速城市化进程中的城市收缩悖论》，《现代城市规划》2015年第9期。
③ 龙瀛、吴康：《中国城市化的几个现实问题：空间扩张、人口收缩、低密度人类活动与城市范围界定》，《城市规划学刊》2016年第2期。

（三）空置房屋数量的持续增加

郊区化、卫星城效应和城市快速扩张导致城市人口的减少，居住用地空置大量出现，给城市形象带来了负面影响，对房地产市场造成了一定的冲击，而废弃住房又为城市犯罪提供了"温床"，犯罪率上升导致房地产市场开始萎缩，公共环境出现混乱，城市开始丧失城市性，投资不足导致城市贫困愈演愈烈。城市贫困和城市活力不足的反作用导致城市吸引力下降，城市居住空置的现象难以扭转。

收缩城市的"收缩逻辑"大体相通，即以人口净流出为主要表征，引发产业衰退，导致经济增长乏力甚至负增长，城市吸引力下降，商业与公共服务下降，城区萎缩加速人口逃离，以此形成城市收缩的循环陷阱。随着人口的持续性减少，特别是高素质人才的流失，城市经济社会的衰退在所难免，因此部分城市会因产业性衰退与转移而使人口外流出现不可逆转的局面，进而导致空置房屋数量的不断增加。尤其是一些东北和西北的传统老工业基地，当前被称为"白菜价"或"大葱价"的房价恰恰映射出人口减少引发的空置房屋增加问题。

从结构上来看，我国三线、四线城市住房空置率高于一线、二线城市。虽然我国城镇住宅空置率尚无全口径的准确数据，但从西南财经大学发布的《中国城镇住房空置分析（2017）》结果可知，我国整体住房空置率（21.40%）已处于危险区间，且存在结构性差异，大城市不少，小城镇更多，三线、四线城市空置率水平要明显高于一线、二线城市。

（四）中心城区衰退

收缩城市的中心区随处可见大量空置建筑和土地，居民外迁、商业萧条、就业岗位流失、城市活力不足等问题突出。由于气候变化、环境污染等引起的中心区人口流失，城市中心区住宅空置，居住用地荒废，基础设施过剩，容易引发城市犯罪率的上升，设施维护不善，地方财政困难，同时城市吸引力的下降影响了中心区的长期资本投入，经济衰退成为不争的事实。在人口流失和经济衰退的双重影响之下，城市中心区面临着结构性危机。同时，在此影响之下衍生出一系列间接性影响，加剧了城市贫困和城市活力的不足。

第二节　东北三省城市收缩的空间特征与形成机理

一　城市收缩的识别诊断

（一）研究区域

本研究的研究对象指的是包括黑龙江、吉林和辽宁三个省份的市辖区范围，共包括 34 个地级市。选取东北三省作为研究对象的原因在于：①东北三省是一个整体性相对完整且独立的经济空间区域，便于阐释和厘清整个区域的城市收缩问题；②国家发改委在《2019 年新型城镇化建设重点任务》和《2020 年新型城镇化建设和城乡融合发展重点任务》中明确指出，东北三省是中国人口净流出最为严重的区域，这表明东北三省属于当前中国城市收缩最具代表性的区域；③东北三省是新中国成立以来国家重点培育的老工业基地之一，也是当前资源型城市最为密集的区域，但近年来陆续经历了东北现象、新东北现象、后东北现象，较之欧洲、美国和日本的国际经验来看，这样拥有大量资源型城市的东北三省属于极易滋生城市收缩现象的区域。

此外，研究空间范围方面，现有研究大多数依据整个行政区域的人口变化识别评价收缩城市，而这样实际上识别的对象是"收缩区域"而不是"收缩城市"，市辖区是城市的核心组成部分和经济发展中心。因此，本书则以东北三省地级市的市辖区作为研究空间单元，从而可以更加真实贴合"城市"的地域范围。

（二）数据来源

鉴于统计数据的获取可行性，本书的收缩城市识别时段设定为 2010 年至 2019 年，所采用的数据均来源于 2011—2020 年《中国城市统计年鉴》、各省区市的统计年鉴、2010 年"六普"数据公报、中国城市数据库以及中国城乡建设数据库。为了保持统计口径的一致性及数据的准确性，对于没有明确划分市辖区的城市，本书将地级市行政单位驻地统计为市辖区。

（三）识别诊断

目前，作为城镇化另一面的城市收缩开始在全国各地呈现出逐渐膨胀扩散的发展态势，特别是"重灾区"的东北三省，引起学界和政界越来越多的研究和关注。尽管至今国内外对于城市收缩的研究成果如雨后春笋般不断涌现，但由于城市收缩的特征颇为多元化和多样化，具有深刻的地方性背景和地方性成因，不同的区域语境下城市收缩体现不同的内涵，至今仍然尚未形成统一的定义。人口减少作为城市收缩最主要的表征之一，被认为是判定城市收缩的核心性关键指标。图罗克（Turok）和米克内恩科（Mykhnenko）认为，将人口变化作为描述城市发展轨迹的主要指标的原因在于，人口往往是反映城市发展变化的最直观、最有效指标[①]。当前，在中国大部分城市物质空间还在不断扩张的现实背景下，以东北三省为代表性案例的区域性收缩地区只出现大规模的人口减少现象，尚未出现严重的经济衰退问题。而且，在收缩城市识别中，研究时段的选取不宜过短，也不宜过长，过短难以凸显发展的滞后问题，过长可能会掩盖期间的发展变化情况，结合中国 5 年国民经济发展规划、5 年近期发展规划、20 年左右的城市总体规划，选取 10 年期为研究时段可能更为现实、更符合中国实际。[②] 因此，本书针对东北三省人口外流的客观实际以及"新东北现象"的出现，将东北三省的收缩城市定义为：在中高速发展的新型城镇化阶段，城市全市范围内常住人口经历持续性减少，并且在 2010 年和 2019 年这 10 年期间总人口增长率为负值的城市。

在西方语境之下以"城市人"流失水平来识别收缩城市具有很强的解释力和现实意义，因为其在很大程度上代表了城市"区域发展要素集聚能力"水平；而国内常住人口不能与之等同，常住人口并非完整意义上的"城市人"，简单挪用西方语境的人口流失标准来识别划分中国语境的收缩城市显然是不合理的。[③] 鉴于此，本研究尝试利用人口普查数据系统性地计算出东北三省各城市的常住人口增长率、人口密度增长率，并从城市收缩识别标准体系的角度对东北三省地级市进行识别分析，从而客观准确地判定收缩城市。为此，本研究采取"三步诊断法"进行城市收缩的诊断识别。第一步，根据当前国内学者对国内收缩城市的特征研究所得出的评价标准，即收缩城市为连续三年人口持续性减少的城市，以此为基本识别标准来判定。

---

① Turok Ivan and Mykhnenko Vlad，"The Trajectories of European Cities，1960-2005"，*Cities*，Vol. 24，No. 3，June 2007，pp. 165-182.

② 孙平军：《城市收缩：内涵·中国化·研究框架》，《地理科学进展》2022 年第 8 期。

③ 孙平军：《城市收缩：内涵·中国化·研究框架》，《地理科学进展》2022 年第 8 期。

第二步，通过计算 2010—2019 年东北三省 34 个地级市的人口密度变化率，以此识别城市是否出现收缩，初步定为收缩城市。公式如下：

$$P_\delta = \frac{P_{2019} - P_{2010}}{P_{2010}} \times 100\% \tag{6.1}$$

式中：P_δ 代表人口密度变化率，P_{2010} 和 P_{2019} 分别代表 2010 年和 2019 年东北三省地级市市辖区的人口密度。若为负值，表明该城市出现收缩；反之，若为正值，表明该城市没有出现收缩。通过计算人口密度增长率，得到东北三省 34 个地级市在 2010—2019 年的人口密度增长率，并将增长率为负值的城市判定为收缩城市。

第三步，为客观准确发掘出东北三省的收缩城市，本研究在遵循科学性和可操作性原则的基础上，从人口、经济、财政保障和投资消费四个维度构建识别城市收缩的指标体系。其中，人口维度采用市辖区常住人口数、总医生数、总大学生数的变化率来表征，经济维度采用地区GDP 总量、在岗职工平均工资、二三产业就业人数的变化率来反映其经济规模、发展水平和就业机会的受影响程度，财政保障维度采用地方一般公共预算收入和地方公共预算支出的变化率来表征，投资消费维度采用房地产开发投资额、社会消费品零售总额的变化率来反映城市开发建设投资和社会消费需求的受影响情况。具体指标体系如表 6.1 所示。

表 6.1　　　　　　　　　　城市收缩识别指标体系

指标维度	人口维度	经济维度	财政保障维度	投资消费维度
指标层	市辖区常住人口数变化率 X_1 总医生数变化率 X_2 总大学生数变化率 X_3	地区 GDP 总量变化率 X_4 在岗职工平均工资变化率 X_5 二三产业单位从业人数变化率 X_6	地方一般公共预算收入变化率 X_7 地方一般公共预算支出变化率 X_8	房地产开发投资额变化率 X_9 社会消费品零售总额变化率 X_{10}

资料来源：孙平军、王珂文：《中国东北三省城市收缩的识别及其类型划分》，《地理学报》2021 年第 6 期。

具体指标变化率和综合指标平均变化率计算公式为：

$$X_i = (X_{it} - X_{i0})/X_{i0}; \quad A = \sum_{i=1}^{10} X_i /10 \tag{6.2}$$

式中：X_{i0}、X_{it} 分别代表第 i 个指标在开始下降"0"年份的指标数值、在结束下降"t"年份的指标数值，A 代表综合指标变化率的平均得分值。

根据城市收缩的阶段类型及其分类标准（见表 6.2）经过测算识别发现，东北三省 34 个地级城市之中，27 个城市的常住人口数发生了不同程度的减少，这与当前集聚城镇化阶段大部分省市城市人口持续增加且密度不断增大的现状形成鲜明对比。按照人口密度增长率、公式（6.1）和公式（6.2）的"三步诊断法"经过测度识别发现，东北三省 34 个地级城市中的 19 个城市可以确定为收缩城市，分别是辽宁省的鞍山、抚顺、本溪、阜新、辽阳和铁岭，吉林省的四平、辽源、通化和白山，黑龙江省的齐齐哈尔、鸡西、鹤岗、双鸭山、伊春、佳木斯、黑河、绥化和七台河，其中七台河甚至已经进入衰败阶段。从东北三省城市收缩的分析可知，较之综合指标平均得分下降幅度而言，人口变化幅度较小，且差距较大（见表 6.3）。从综合指标平均得分来看，东北三省 34 个城市都出现了或多或少的城市收缩，出现常住人口数降低的城市只有 27 个，这归因于当前持续推进的快速城镇化阶段，中小城镇和乡村人口源源不断转移到地级市市辖区，使部分外流人口数量得以弥补，从而导致常住人口数变化率远低于综合指标平均变化率，这在一定程度上可能会阻碍对城市收缩的识别。此外，拥有较高的综合指标减少水平的部分城市却不存在明显人口数量变化的情况。

表 6.2 城市收缩的类型及其分类标准

收缩类型	收缩前期阶段城市	收缩初期阶段城市	收缩中期阶段城市	收缩后期阶段城市	衰败阶段城市
划分标准	$-10\%<A<0$	$-15\%<A\leq-10\%$	$-20\%<A\leq-15\%$	$-30\%<A\leq-20\%$	$A\leq-30\%$

资料来源：参照孙平军、王珂文：《中国东北三省城市收缩的识别及其类型划分》，《地理学报》2021 年第 6 期，第 1370 页修改而成。

表 6.3 中国东北三省收缩城市的识别测算结果

地级市及以上城市	人口下降起终年份	常住人口数变化率（%）	第一步诊断结果	常住人口密度变化率（%）	第二步诊断结果	综合指标平均得分（%）	第三步诊断结果	收缩类型
沈阳	—	—	否	10.20	否	-35.03	否	无

地级市及以上城市	人口下降起终年份	常住人口数变化率（%）	第一步诊断结果	常住人口密度变化率（%）	第二步诊断结果	综合指标平均得分（%）	第三步诊断结果	收缩类型
大连	2010—2012	-1.65	否	-38.50	否	-23.95	否	收缩前期阶段城市
鞍山	2015—2019	-3.29	是	-15.95	是	-28.47	是	收缩初期阶段城市
抚顺	2012—2019	-5.89	是	-20.84	是	-25.51	是	收缩中期阶段城市
本溪	2010—2019	-8.35	是	-32.52	是	-34.93	是	收缩中期阶段城市
丹东	2013—2016	-0.64	否	-65.69	否	-48.79	否	收缩前期阶段城市
锦州	2013—2015	-2.76	否	-7.53	否	-28.05	否	收缩前期阶段城市
营口	—	—	否	-68.07	否	-32.00	否	无
阜新	2011—2019	-5.16	是	-2.13	是	-35.62	是	收缩中期阶段城市
辽阳	2013—2019	-3.30	否	-15.96	否	-25.38	否	收缩初期阶段城市
盘锦	—	—	否	12.24	否	-24.69	否	无
铁岭	2010—2019	-5.83	是	-23.68	是	-40.02	是	收缩中期阶段城市
朝阳	—	—	否	-24.85	否	-35.66	否	无
葫芦岛	2010—2016	-2.03	否	84.93	否	-30.55	否	收缩前期阶段城市
长春	—	—	否	-4.13	否	-15.76	否	无
吉林	2010—2013、2015—2018	-0.95	否	-23.62	否	-19.75	否	收缩前期阶段城市
四平	2010—2016	-3.91	是	-18.15	是	-20.88	是	收缩初期阶段城市
辽源	2010—2012、2014—2019	-3.06	是	-9.55	是	-36.47	是	收缩初期阶段城市
通化	2010—2019	-3.46	否	-26.01	否	-34.15	否	收缩初期阶段城市
白山	2010—2019	-11.20	是	-39.71	是	-26.00	是	收缩后期阶段城市
松原	2012—2014、2017—2019	-2.73	是	-7.53	是	-41.45	是	收缩前期阶段城市
白城	2011—2019	-1.23	否	-44.10	否	-20.73	否	收缩前期阶段城市
哈尔滨	—	—	否	-9.14	否	-17.34	否	无
齐齐哈尔	2010—2019	-9.45	否	8.09	否	-37.33	否	收缩中期阶段城市
鸡西	2010—2019	-12.40	是	-13.12	是	-28.27	是	收缩后期阶段城市
鹤岗	2012—2019	-19.02	是	-10.78	是	-30.36	是	收缩后期阶段城市
双鸭山	2013—2019	-19.95	是	-0.87	是	-31.30	是	收缩后期阶段城市
大庆	—	—	否	-4.11	否	-34.96	否	无

续表

地级市及以上城市	人口下降起终年份	常住人口数变化率（％）	第一步诊断结果	常住人口密度变化率（％）	第二步诊断结果	综合指标平均得分（％）	第三步诊断结果	收缩类型
伊春	2011—2019	-12.28	是	-15.81	是	-21.74	是	收缩后期阶段城市
佳木斯	2012—2019	-7.03	是	-52.85	是	-24.08	是	收缩中期阶段城市
七台河	2012—2019	-35.31	是	-0.05	是	-32.76	是	衰败城市
牡丹江	2013—2019	-2.25	否	-11.36	否	-35.97	否	收缩前期阶段城市
黑河	2015—2019	-16.28	是	5.38	是	-29.61	是	收缩后期阶段城市
绥化	2010—2019	-8.81	是	-32.90	是	-22.25	是	收缩中期阶段城市

注：人口下降起止年份部分仅列举常住人口数连续 3 年及以上出现下降的城市；反之用"—"表示。

资料来源：笔者自制。

二 城市收缩的空间特征

（一）城市类型特征

为揭示东北三省地级市城市收缩的空间模式，第一，对 34 个地级市案例的属性进行类型划分，可以看出：①各省省会中心城市、副中心城市尚未出现明显的以人口流失为表征的收缩现象。但事实上，即使是哈尔滨、长春等省会城市也存在一定程度的人口减少现象，尤其是以东北高校大学生为主体的一些高素质人才由于外出上学或就业而引发的人口外流问题，属于东北三省人口流失的主要动因之一。吉林大学 2020 年就业质量年度报告的数据显示，就业地域方面，东北地区作为吉林大学 2020 届毕业生就业主战场，比例也仅有 30.67%，北部沿海地区（22.93%）、东部沿海地区（15.88%）和南部沿海地区（13.85%）次之；分学历层次来看，本科毕业生和硕士毕业生就业地区分布广泛，主要流向了北部沿海地区、东北地区、东部沿海地区和南部沿海地区。由此可知，许多高校毕业生在毕业后存在离开东北而前往工资相对较高的发达城市地区的强烈意向。但是，由于快速城镇化仍然在持续推进，以及大城市的虹吸效应，流失人口由大城市所覆盖的中小城市地区得以快速补充，从而造成大城市似乎并没有产生收缩问题的外在假象。

第二，处于大城市虹吸效应影响范围的城市地区，如沈阳周边的辽阳、阜新、铁岭、抚顺和本溪，长春周边的四平，哈尔滨周边的绥化、伊春、佳木斯和七台河等，均呈现出不同程度的城市收缩，这表明东北三省普遍存在"灯下黑"现象。沈阳、哈尔滨、长春、大连四大城市的产值占东北地区的比重一直保持在25%以上，对周边城市的虹吸效应与日俱增。但受东北整体经济形势影响，四大中心城市对周围城市的"溢出效应"远落后于国内其他区域中心城市，特别是近年来周围中小城市劳动力、资本、资源等要素不断向这些城市集中，产生较强的空间性掠夺效应，导致周边中小城市不断收缩甚至出现衰退，人口增速放缓或陷入"零增长""负增长"。而且，锦州、吉林、松原、白城和牡丹江属于收缩前期阶段城市，沈阳周边的阜新、铁岭、抚顺和本溪，长春周边的四平，哈尔滨周边的伊春和七台河已经步入收缩中期、后期甚至衰败城市阶段，这反映出东北三省仍然处于以中心城市人口和资源要素空间集聚为主的发展阶段，通过人口和资源的空间性掠夺效应遏制了虹吸效应影响范围城市的持续发展，属于快速城镇化进程中独具特色的城市收缩表现特征。

　　第三，资源枯竭型城市是东北三省城市收缩的主体。东北三省地级市的14个资源型地级城市中，目前已经出现10个收缩城市，约占收缩城市总数的71.43%。而且，这10个城市几乎都进入资源开发利用的晚期。其中，辽宁抚顺是一个以钢铁冶炼等重工业为主的老工业城市，曾经凭借相当丰富的煤炭资源荣获"煤都"称号，但伴随着煤炭、石油等这些不可再生资源的大量开采，能源储备逐年减少，随之而来的就是就业机会的减少，人口自然而然会向外"寻求出路"。由此，常住人口和经济发展出现了负增长，GDP从10年前的1113亿元下滑至870亿元，近年来，经济结构并没有得到实质性的优化，依旧处于产业转型升级的泥泞之中。黑龙江的鹤岗和伊春因处于林业资源开发的中后期，如今已经步入城市收缩的后期阶段，这充分体现出资源枯竭型城市是东北三省城市收缩的"主力军"，将来针对资源枯竭型城市收缩的经济发展规划和空间优化规划可谓是重中之重。

　　第四，边缘城市中心市区由于地理空间区位的劣势，受到中心城市和城市群的涓滴效应作用较为微弱，缺乏优势资源要素、潜导产业和便利交通条件的支撑辅助，导致经济增长动力不足、发展速度缓慢、空间增值能力不强，在"空间博弈"的竞争中缺乏竞争优势，整个市域的人口流失注定难以避免，比如伊春、双鸭山、黑河、鹤岗和佳木斯等。这类城市具有以下主要特点：地理位置远离哈大齐工业走廊、辽宁沿海经济带和长吉都市区这样的发达城市群，气候条件较为恶劣，单一的经济结构模式无法提供多样化且高薪资水平的就业岗位，产业结构不合理，市辖区常住人口变化率为负数，人口总量处于负增长状态。

（二）空间格局特征

总体上看，东北三省 19 个收缩城市呈现出"南低北高"的发展格局特征。从各省收缩城市的占比来看，位于最南端辽宁省的收缩城市比重为 42.86%，位于中间层次的吉林省的收缩城市比重为 50%，而位于最北端的黑龙江省的收缩城市比重为 83.33%。从城市收缩严重程度来看，辽宁、吉林和黑龙江三省的收缩后期城市数分别为 0∶1∶5，越是靠近北部纬度较高地区城市收缩的程度就越严重。从 2019 年人均 GDP 来看，辽宁省为 5.80 万元，吉林省为 4.76 万元，黑龙江为 4.12 万元。不难发现，东北三省的收缩城市发展格局与各省的经济发展水平存在相互一致的对应关系。

具体来看，东北三省的收缩城市形成了"一环、一带、三片区"的空间分布格局。"一环"指的是以沈阳为核心所形成的收缩城市集聚环层，具体包括阜新、铁岭、抚顺、本溪、辽阳、鞍山 6 个地级市，而且锦州市也已经步入收缩前期阶段。"一带"指的是珲乌高速公路收缩城市集聚带，包括白山、通化、辽源、四平、松原和白城 6 个城市，其中前 4 个城市已经处于收缩阶段，后两个城市也已经步入收缩前期阶段。收缩城市职能类型呈现多样化特征，加工型、工矿型、旅游型和口岸型城镇均有一定分布。

"三片区"指的是鸡西—七台河—双鸭山—佳木斯—鹤岗片区、伊春—黑河片区、齐齐哈尔—绥化片区 3 个城市收缩片区。其中，鸡西—七台河—双鸭山—佳木斯—鹤岗片区为煤炭型收缩城市集聚区，产业类型以煤炭采掘和炼焦为主，煤炭产业"一极独大"，煤炭资源的过度开采致使煤矸石堆积、地面沉降问题尤为突出。当前，该片区煤炭资源已濒临枯竭，接续产业尚未形成，煤炭资源长期性过度开采诱发了一系列社会、经济和环境问题，城市经济处于持续衰退状态。

伊春—黑河片区为旅游型收缩城市集聚区。这里曾是闻名全国的"森林工业城市"，20 世纪 90 年代由于森林资源枯竭与产业结构单一化，出现了严重的经济危机与城镇衰退问题。近年来，伊春和黑河虽都在获得中国优秀旅游城市的殊荣之后积极发展旅游业，但受市场需求变化影响较大，旅游业尚未形成产业优势，未能成为新的经济增长引擎。此外，该片区地处中国北疆，地理位置偏远且交通不便，旅游业发展前景不容乐观。虽然国家在伊春和黑河实施了"天保工程"，给予一定的投资支持，但也无法充分解决大量林业工人转岗问题，导致城市经济日益萎缩和人口持续流失，年轻就业人口流失率高达70%以上。

齐齐哈尔—绥化片区指的是装备工业型城市集聚区。经济总量位居全省第三、第四的齐齐哈尔和绥化，人均GDP却在全省垫底，人均收入也仅处于中等水平，这或许也是人口流失最为严重的主因之一。由于人口流失过于严重，齐齐哈尔和绥化这两座500万级人口城市全部降级。齐齐哈尔曾有"共和国装备制造业摇篮"的美誉，GDP总量也曾排进全国前50，如今却已跌出200名开外。绥化位于哈尔滨和大庆之间，虽然经济总量能排进全省前5，但1000亿元的GDP水平比很多南方发达县域还低不少。

三　城市收缩的形成机理

（一）省会中心城市的虹吸效应

目前东北三省社会经济仍然处于空间集聚占据主导的发展阶段，形成了若干"中心—外围"结构区域。随着城镇化进程的不断深入，由于先发优势、空间增值能力和行政等级等多个方面相对优势的叠加作用，优秀人才和优质资源要素向省会城市和高等级城市集中的"虹吸效应"日渐凸显，随之而来的其他市场要素也相继跟进，造就了人口和资源高度涌向高级别中心城市的"一极集中"现象，随之便产生"强者越强，弱者越弱"的马太效应，致使周边城市陷入持续人口外流的负增长状态。辽宁省会沈阳除拥有省最高行政等级优势之外，还拥有引进华为、腾讯和京东等知名企业入驻的沈抚新区，以及新注册企业突破1万户的辽宁自贸试验区沈阳片区。在这些相对优势的共同作用下，沈阳对东北三省特别是沈阳周边城镇的虹吸效应愈加明显，这就必然会吸纳周边大量的优势资源要素。虽然近年来沈阳市尝试将中心市区产业转移到周边城市，但产业转移与行政辖区的"错位"，致使辖区外县区因丧失了外部拉力而经济发展迟滞、人口不断向外迁移①，最终形成以沈阳为中心的环形区域分布的收缩城市集聚圈层。

（二）人口老龄化

东北三省老年人口比例与城镇收缩差异性指数存在负相关关系，即

---

① 马佐澎、李诚固、张平宇：《东北三省城镇收缩的特征及机制与响应》，《地理学报》2021年第4期。

老年人口比例越大，城市收缩就越严重。2000—2017 年东北三省收缩城镇的老年人口比例由 10.21% 增至 21.93%，年均增长 0.69%，人口快速老龄化。[①] 人口老龄化与城市收缩相互作用，形成循环累积因果效应。具体来看，人口结构老龄化从劳动力供给和消费结构两方面影响东北三省产业结构调整。

第一，由于青壮年劳动力和高端人才的大量流失，劳动力供给能力大幅下降，过去依赖人口红利提供廉价劳动力的发展模式难以为继，同时收缩城市的人口结构中老年人口比例不断攀升，带来养老金、医疗卫生服务等各方面支出项目的增加，致使老年社会保障费用和公共财政支出大幅上升，不断加重政府财政负担，这样就容易引发人口结构通过消费结构影响产业结构升级转换的问题。

第二，老年人口知识更新速度较慢，掌握新技术和新科技的能力相对较低，故人口老龄化一定程度上不利于城市的技术进步和创新发展。同时，偏重于储蓄的老年人口投资意向和消费倾向较弱，消费能力也较低。因此，老年人口数量和比例的增加就会减少家庭的消费需求，降低社会总体的消费需求，削弱社会的经济活力，不利于扩大内需，一定程度上也阻碍了城市经济的持续增长，削弱了收缩城市对青壮年的吸引力，进一步加剧了年轻人的流失。

第三，人口老龄化改变社会资源的配置方向，社会资源中用于消费的比重增加，人口抚养比上升降低了社会储蓄水平，必然对资本积累产生"挤出效应"，资本积累能力下降，削弱经济增长动力，将会继续扩大收缩城市与其他"竞争对手"的差距，从而使得收缩城市陷入更加艰难的境地。

（三）产业发展与政策要求不相匹配

工业绿色化水平与城市收缩差异性呈负相关关系，即主要工业的绿色化水平越高，城市收缩的程度就越深。过去，国内过度注重钢铁、化工等污染型工业的量化发展，造成低端产品不断积压，外部市场需求趋近饱和，成为政府"供给侧"结构改革的重点对象。东北三省也不例外，其收缩城市污染型工业产值占全体城市 GDP 的 43.12%，提供了 41.74%

---

① 马佐澎、李诚固、张平宇：《东北三省城镇收缩的特征及机制与响应》，《地理学报》2021 年第 4 期。

的就业岗位。① 当前，我国经济已由高速增长阶段转向高质量发展阶段，正处在转变发展方式、优化经济结构、转换增长动力的攻关期。在新旧动能转换、生态保护和高质量发展等多样化政策的影响下，东北三省许多曾经主要依赖传统性能源的工业部门不得不压缩生产规模，裁减冗余工人，导致大量市民失业下岗、城市贫困等一系列经济社会问题，进一步加剧东北三省的城市收缩。

另外，"双碳"② 行动旨在形成节约资源和保护环境的产业结构、生产方式和空间格局，是助推经济社会绿色转型和能源结构调整的重要途径。东北三省是我国最典型的老牌工业基地，重化工业主导的产业结构与资源环境之间矛盾日益突出，给东北地区带来较大的能耗与污染，倒逼一批资源枯竭型城市开始探索由"黑"变"绿"的转型复兴之路。2005—2020 年，东北三省制造业主要分布在"哈尔滨—长春—沈阳—鞍山—大连"轴线地区，产业结构生态环境影响指数呈上升趋势，呈现出"南低北高"的空间格局，高污染企业主要集中在东北中部、南部地区，东北东部地区和北部地区产业污染程度较少。2013—2019 年，煤炭消费在东北地区能源消费结构中的比重超过 60%，以煤炭和石油为主的非清洁能源占比则超过 85%，东北工业的能源消耗产生碳排放量占所有产业比重超过 70%。③ 当前我国日渐严苛的环境保护法律，势必会逼迫东北三省工业企业加大环境保护投入力度，但又难免会增加企业生产运营的成本支出，而且东北三省当前遭遇着重工业地位根深蒂固、传统产业结构固化、产业发展科技含量低等诸多难题，在产业绿色低碳发展以及实现转型升级方面面临巨大障碍和漫长周期，这就导致与其他城市间的差距越来越大，人口外流和城市收缩问题也会越来越严重。

（四）产业结构单一失调和低端锁定遏制经济发展

产业结构是衡量区域经济发展的重要结构性指标，历来都是政界和

---

① 马佐澎、李诚固、张平宇：《东北三省城镇收缩的特征及机制与响应》，《地理学报》2021 年第 4 期。

② "双碳"是碳达峰与碳中和的简称。2020 年 9 月 22 日，国家主席习近平在第七十五届联合国大会上宣布，中国力争 2030 年前二氧化碳排放达到峰值，努力争取 2060 年前实现碳中和目标。碳达峰就是我们国家承诺在 2030 年前，二氧化碳的排放不再增长，达到峰值之后再慢慢减下去；碳中和就是到 2060 年，针对排放的二氧化碳，要采取植树、节能减排等各种方式全部抵销掉。

③ 高宏伟：《新形势下东北地区产业结构调整的路径与建议》，《辽宁经济》2022 年第 5 期。

学界关注东北问题的焦点所在。长期以来，东北地区形成了过度依托煤炭、石油等非可再生资源衍生的重化工业和原材料的单一产业结构，重工业、农业与轻工业比例失衡，特别是工矿型收缩城市产业发展的资源指向性突出，企业分布格局零散，集聚规模相对较小，人口集聚能力不强，无法达到商业服务业的市场门槛，致使工业发展对商业服务业的带动效应不够显著，商业服务业发展相对滞缓。

从黑龙江的三次产业结构来看，当前各城市第二产业占比普遍偏低。曾经享誉中外的工业重镇哈尔滨、齐齐哈尔，煤矿工业极其发达的鸡西、鹤岗、双鸭山、七台河等，都在资源枯竭或转型乏力的影响下逐渐衰落。随着资源枯竭的持续恶化，工业企业提供的就业岗位日益减少，商业服务业发展缓慢，在逐步摆脱传统工业方式的同时，现代新兴产业的发展规模仍未形成，缺乏地区竞争优势，迫使居民尤其是青壮年劳动力逐渐流失。如今，哈尔滨与牡丹江主攻旅游业，佳木斯、绥化、黑河、双鸭山等城市依赖农业与食品加工，仅有大庆第二产业占比超过50%，在石油资源日益稀少的情况下艰难转型（见图6.1）。

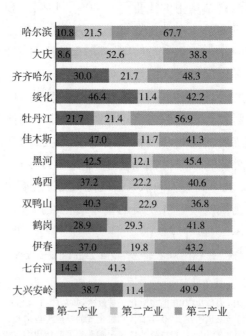

图 6.1　2019 年黑龙江省三次产业的比重

资料来源：黑龙江省统计局。

虽然近年来新兴产业成长速度较快，但无法形成明显的规模效应，而且缺乏大规模消费品工业的支撑。这样的产业结构不仅加剧东北产业全球价值链的"低端锁定"，也对区域人力资本产生极大的"挤出效应"。许多城市将廉价资源对外输出却将污染和能耗留在本地，同时还有一些资源日渐枯竭的城市在经历转型阵痛的过程中资本和人口等生产要素逐渐外流。尽管东北三省科技教育资源在全国仍然具有比较优势，但由于经济失速以及体制机制等各种原因，近年来科技成果"墙里开花墙外香""科技人才东南飞"现象越发严重，技术和人才的不断流失，导致城市发展缺乏引擎动力，后续乏力，将会继续拉大与其他城市之间的"贫富差距"，又会进一步加剧人口持续减少的收缩惯性。

第四节　本章小结

全球后金融危机时代以来，城市收缩正在以一种"新常态"席卷全球，引发一系列城市可持续发展的相关问题。由于城市收缩存在深刻的区域性背景和地方性成因，其表现特征也较为多元化和多样化。与西方语境不同，中国的城市收缩主要与经济增长空间分异、中青年劳动力人口外流以及人口老龄化密切相关。从形成背景来看，中国的城市收缩是在改革开放40多年来土地财政主导下的增长主义发展模式、过度追求规模扩大和经济收益的规划价值观、人口减少诱发邻里社区衰退、城市低密度地区增加等多种驱动因素的叠加作用下"应运而生"的。针对这样的形成背景，我国收缩城市应敢于正视城市收缩，遵循精明收缩理念和紧凑城市理念，严控增量，盘活存量，采取经济刺激措施谋求再度发展以实现城市复兴，推动城市品质提升的"小而美，瘦而强"发展模式。

目前，作为城市收缩"重灾区"的东北三省成为备受政界和学界关注的热点区域。经过测算识别发现，东北三省34个地级城市之中，27个城市发生了不同程度的常住人口流失，19个城市可以确定为收缩城市。面临如此严重城市收缩的东北三省主要存在四大主要现状问题，即人口减少与空间扩张并存、空间快速扩张与存量规划转型的悖论、空置房屋数量的持续增加及中心城区衰退。

总体上看，东北三省19个收缩城市呈现出"南低北高""一环、一带、三片区"的空间格局特征。从类型学角度来看，东北三省地级市城市收缩具有三大典型特征：①各省省会中心城市和地级城市尚未出现明显以人口外流为表征的收缩现象；②资源枯竭型城市是东北三省城市收缩的"主力军"；③边缘城市中心市区由于地理空间区位劣势而产生严重人口流失现象。

　　席卷全球的城市收缩具有明显的地方性和复杂性，东北三省也不例外。从上述识别分析可知，目前东北三省的绝大部分收缩城市都是资源枯竭型城市，面对地下地上自然资源的枯竭殆尽，收缩城市开始探索转型方向和复兴路径。但由于传统产业结构的单一失调和低端锁定，回报周期长和产品利润率低的重工业难以尽快适应和满足市场竞争速度和市场利润最大化要求，而且现代新兴产业的发展规模尚未形成，东北三省的经济转型难以快速从困境中实现破局。而且，一些区域中心城市由于多方面相对优势的叠加作用而形成的"虹吸效应"和"马太效应"产生了强烈的负外部性，致使外围城市陷入持续人口外流的负增长状态。与此同时，东北三省快速推进的人口老龄化也与城市收缩形成互为因果关系，从劳动力供给和消费结构两方面影响东北三省的产业结构调整，从而导致城市收缩在不断加剧。

第七章 东北三省的城市再生策略与空间优化规划

　　中国的城市收缩研究是世界城市收缩研究中的一个分支，其深层次的内涵是相通的，引鉴国外经验有助于夯实中国城市收缩的本土化发展根基。近年来，作为人口收缩"重灾区"的东北三省出现人口收缩、GDP 和财政增长乏力，少数城市甚至在 2015 年出现了增长停滞和负增长，实现东北三省城市的成功转型和精明收缩是推动东北全面振兴战略的重要环节，这关系到东北三省的经济高质量发展和社会可持续发展的诸多层面。东北三省的城市收缩具有其自身独特的表现特征和形成机理，如何在厘清不同类型收缩城市的收缩形成动因和空间结构问题的前提下，制定出收缩城市空间规划的发展方向和规划应对成为东北三省迫切关注的重点课题。因此，本章针对东北三省收缩城市空间规划的现状问题，借鉴美、德、日三国的精明收缩型城市再生型城市规划策略和方法措施，提出具有针对性和前瞻性的规划方案和实施建议，冀图为东北三省基于精明收缩型再生理念的空间优化规划提出诸多有益启示。

第一节　收缩城市再生规划方向

一　城市功能的紧凑化集聚与网络化联系

（一）收缩城市的精明收缩导向型再生

　　对于人口持续减少的收缩型中小城市来说，未来空间规划蕴含着与其增长不如向规划性收缩的方向转变的内涵。具有相同内涵的精明收缩导向型城市再生旨在微观上促进建筑和土地的功能更新转换，重新调整城市中心的结构体系，促进功能耦合和布局优化，强化幼儿园、学校、医院、图书馆、体育设施等基础生活设施的有机联系。

由于持续性人口减少及其引发的财政萎缩，城市基础设施和公共服务的维持和提供变得日益艰难，收缩城市应当谋求和推动集约紧凑型城市结构的实现，尽可能促使城市功能按照服务人口规模和层级化原则向特定城市节点集聚，通过道路交通网络将各个城市节点有机连接起来，从而推进功能设施和公共服务的高效率使用。

（二）遏制城市外围的新开发

现有市区的功能集聚需要制定旧城中心和建成区的城市再生规划和发展政策。在进行城市空间规模压缩化的同时，还要强化市中心周边的公共交通和功能设施的有机联系，此时可能会引发郊区的新开发问题，因此遏制郊区新开发是必须高度重视的规划政策环节。而且，现已开发的郊区通过非住宅化政策引导居民向特定城市节点内部集聚的政策也是不可或缺的，这种强制性非住宅化政策有助于推进建成区转变成调整地区的自下而上政策。

（三）城市节点内部的公共设施引导

通过满足居民需求的生活密集型设施的扩容，增强地区内部活动的丰富性，激发地区源源不断的活力，最终引导老旧住区的生活性基础设施向节点内部集聚。城市节点地区的设施主要包括生活便利设施和公共服务设施，根据相应的居民需求量引导居住功能向节点内部不断迁入，而引导居住功能的公共设施主要包括公共交通的重要节点设施（火车站点、汽车站等）、大规模商业设施、医院和福利设施。

（四）周边交通和功能设施的有机联系

精明紧凑型城市空间结构优化方面，城市节点内部设施利用便利性和节点之间的公共交通网络连接性是最为重要的。正如日本的选址优化规划一样，为了引导居住及其他城市功能向城市功能引导地区和居住引导地区内部集聚，重点对城市地区的公共交通网络进行整治改造，制定构建公共交通网络的详细规划，并根据规划推动系统性更新重组。

（五）制定将来收缩住区较多地区的收缩重点管理地区

精明收缩型城市再生在城市衰退后通过向规模适当的可持续性空间结构转换，对有必要拆除空间和必须拆除空间进行规划性统筹治理。即使城市人口总量再次继续增长，也要及时掌握邻里社区的建成区荒废化数据，事先探索应对策略的计划部署。并且，还要构建收缩社区的详细空间资料数据库，推导出城市内部需要推动精明收缩型城市再生的地区，定义与其他地区的空间密度和城市功能之间的相互关系，将其反映在城市空间规划和城市再生规划之中。

由于持续性人口减少和地区发展动力不足，收缩城市的部分住区按照当前趋势发展下去会出现人口自然性减少、空间环境衰败、空置闲置用地增加等多种问题，需要将其设定为收缩重点管理地区。在制定城市总体规划时，除了确定合理恰当的规划目标外，还要关注城市功能布局的优化和开发密度的调整管理。特别是闲置空间的治理方面，为了易于开展区域密度降低和土地储存，可以将拆除废弃空置建筑和土地临时性活用等精明收缩型城市再生方式联系起来。

二　开发容量和功能设施的规模适当化

（一）开发总量管理

在实现公共服务需求的高品质和多样化方面，公共服务设施的重要性毋庸置疑。不过，相对于人口密集的大都市中心区而言，非城市建成区会有更多人享受不到公共服务设施所提供的服务和效益。实际上，现有城市中心区的新建开发用地明显不足，若想确保和提高可达性必然需要较多的资金投入，而且新设公共建筑还会遭遇诸多现实性难题。为避免此类问题，倘若将公共建筑布置在地价低廉且拥有大规模土地的郊区，那接近性和利用率会明显降低，同时还可能引发市中心空洞化和城市衰退问题的出现。因此，城市增长达到一定程度、再无更多新开发用地的现实情况下，城市建成区公共建筑的功能复合化可以成为城市公共服务供给受限状况下的有效方案。通过公共服务设施的总量控制、选址、服务水平的总体性管理，进一步强化闲置设施的拆除或再利用以及新建设施的供给。特别是通过拆除不必要设施转换为其他功能的再活用战略，推动向与财政能力相匹配的公共服务转换。

（二）闲置用地的功能转换

在收缩城市决定将城市内部的空地和空置建筑转换为其他用途的时候，临时性活用政策是规模适当化战略最具代表性的方法。原东德城市和美国锈带地区由于去工业化，城市内部的工业园区和基础设施中出现许多空置建筑和闲置用地，其中所有权不明确而废弃的土地往往被转化为其他功能用途。因此，推进设定以清除废弃闲置用地为主要目的的重点管理地区政策是必不可少的。

（三）城市紧凑化与城市内部节点、下位邻里住区之间的联系

为促进精明收缩型城市再生的活化，通过城市功能的集约化和公共设施的网络化，推动城市空间结构的转型以及土地利用和公共设施的规模适当化。在城市生活节点灵活运用土地高密度利用、功能复合化、公共交通便利化等规划设计方法，将和城市生活节点相连的多个小型节点与城市节点的下位功能对应联系，全方位保护可开发利用的土地。

在人口持续减少的地区内部，为了保障和强化公共服务的持续性，充分发挥政府支援政策的实施效果，应建构城市内部节点以及下位邻里社区间的位阶设定、上位支援政策的传播体系。为了确保城市内部生活功能的健康发展，需要维持持续性的公共设施供给和交通设施管理，但由于不能保障人口数量和经济活动规模，确保与上位地区的连接结构则变得尤为重要。

（四）土地利用和公共设施的规模适当化

一些衰退的工业和商业地区的开发需求不再高涨，若导入小规模多样化用途设施需要对城市规划方式进行制约和调整，遏制城市再生的负外部性，高效率活用收缩城市和邻里社区的闲置空间。为扩大将来城市内部的绿地面积和循环轴，对过去高密度开发的土地用途采取密度降低调整（Down Zoning）①措施，特定地区可以开展详细的用途分类，或者对其规模进行限制。而且，空置房屋和闲置土地所在地区往往犯罪事件屡见不鲜，生活环境不断恶化。因此，将来应压缩建设用地的规模，或者活用成地区内部所需的小规模生活设施用地。

第二节　收缩城市空间规划战略

一　空间战略取向

收缩城市大多数都出现了经济增长乏力、失业者增多、财政收入滑坡、人口和资本外流、土地闲置、市中心衰退等一系列反映城市衰退的负面现象，折射出许多与当前增长主义发展模式格格不入的迹象。学界

---

① 密度降低调整是为限制将来房地产用途，根据区划条例将密度和标准从高密度调整到低密度的行为。而收缩城市的密度降低调整主要指在现有住区、商业地区、工业地区等密度较高地区出现闲置用地的情况下，为降低土地密度创建绿色基础设施而使用的规划方法。

和政策界亟须客观正视当前部分城市人口流失、经济增长放缓等一系列问题，合则诸多城镇化顶层设计的实施效果都会大打折扣。① 可见，对城市收缩现象的正确认知成为收缩城市发展战略和空间转型的重要前提。

当前学术界普遍认为，城市收缩不再是城市发展道路中的短期分歧②，甚至未来很长一段时间将成为城市发展阶段中的"新常态"。博恩特（Bernt）认为，政策制定要克服原有增长导向发展模式的规划偏见，接受一部分城市以"收缩"状态作为其发展的归宿。③ 霍斯珀斯（Hospers）将目前主要应对城市收缩的战略分为稳定、反抗、接纳和利用四种类型，体现出不同城市政府对收缩城市认知理解的态度和深度。④ 然而，有些城市政府却将城市收缩所引发的经济衰退和人口减少等现象视为暂时性波动现象，试图通过维持现行政策来改变人口和经济变化趋势，但这样的稳定性战略达成目标的可能性并不存在⑤，美国底特律和克利夫兰、德国莱比锡等一些采取反抗性战略的收缩城市也都付出了惨痛的代价。由于痴迷和坚守增长主义发展模式，无视客观性收缩现实，制订了更高人口目标和用地扩张的城市再增长发展计划，不仅未能产生预期积极的正面效果，反而致使原来的收缩问题进一步恶化。⑥ 与其相比，那些采取接纳城市收缩且充分利用城市收缩发展机遇的适应性策略的收缩城市似乎更为明智。例如，扬斯顿根据人口减少和经济活动要求对不同城市用地规模进行精明收缩规划，凭借这样的规模适当化规划，获得俄亥俄州和全美的规划奖以及美国规划师协会 2007 年全美规划公众推广卓越奖，同样日本富山也获得 OECD（经济合作与发展组织）2012 年全球五大最成功紧凑城市评选的榜首城市荣誉，还在 2014 年成为首例入选洛克

① 吴康、孙东琪：《城市收缩的研究进展与展望》，《经济地理》2017 年第 11 期。

② Constantinescu Ilinca Păun, "Shinking Cities in Romania: Former Mining Cities in Valea Jiului", *Built Environment*, Vol. 38, No. 2, June 2012, pp. 214-228.

③ Bernt Matthias, "Partnerships for Demolition: The Governance of Urban Renewal in East Germany's Shrinking Cities", *International Journal of Urban and Regional Research*, Vol. 33, No. 3, October 2009, pp. 754-769.

④ Hospers Gert-Jan, "Policy Responses to Urban Shrinkage: From Growth Thinking to Civic Engagement", *European Planning Studies*, Vol. 22, No. 7, July 2014, pp. 1507-1523.

⑤ Zakirovab Betka, "Shrinkage at the Urban Fringe: Crisis or Opportunity?", *Berkeley Planning Journal*, Vol. 23, No. 1, January 2010, pp. 58-82.

⑥ 李翔、陈可石、郭新：《增长主义价值观转变背景下的收缩城市复兴策略比较——以美国和德国为例》，《国际城市规划》2015 年第 2 期。

菲勒财团"100个弹性城市"项目的日本城市。

其实，城市收缩是经济规律作用下的必然结果，也是城市区域期待自我完善和空间重构的蜕变阶段，需要以转型发展的思维正视城市收缩地区的状况，不可一味地逃避收缩，认为收缩就是倒退和衰落。同时，还要明白这是城市发展要经历的必然阶段，无论城市大小、发达程度如何，或许都会经历"扩张→收缩→调整→再扩张"这种不断螺旋上升的循环过程。因此，需要正确面对城市收缩，发挥主观能动性，主动给收缩城市把脉诊断，促进城市集聚区平稳度过发展的"螺旋期"。

从"无法让市民幸福的政府是没有存在价值的"观点上看，以人为本的城市政策是不可或缺的，因为我们一直强调的GDP和效率性最终在于提升市民生活品质和幸福指数。其实，城市收缩在面对挑战的同时，也带来许多新发展机遇，今后收缩城市政策应聚焦于如何激活城市收缩时代所提供的潜在机遇。

第一，提升城市空间品质的机遇。当前许多城市面临着快速城镇化积累的诸多问题，而这正是能够解决伪城镇化问题的绝佳机会，也是解决开发密度过大问题并调整出适当密度的机会，拆除废弃旧建筑和闲置地块，并改造成绿色空间、城市农场或恢复原生态面貌，美化城市景观。

第二，创建适应第四次产业革命的城市的机遇。人口减少的最大担忧就是引发生产力下降问题，但生产力问题可通过第四次产业革命得到一定程度的改善，况且一部分老年人还能充当一定数量的生产性人口，从而不会使得因人口总量的减少造成太大影响。

第三，虽然人口减少可能会使地方财政恶化并引发一系列问题，但也会成为完善地方财政机制的机会。人口减少的同时会降低财政负担的总量，若能有效应对，反而可能会推进财政健全化的进程。虽然人口结构变化会造成财政支出需求的增加，但这不是人口的绝对性减少问题，而应将其作为人口结构和变化速率的问题来看待。

因此，中国城市政策的重点应实现由"人口数"和"GDP"向"就业"和"幸福"的方向转变，而如何最大化地利用这些机遇则成为关键环节，这就需要制定准确有效的城市收缩适应性战略。适应性战略的基本框架应以基于准确人口预测结果制定人口规划作为前提，针对人口减少推动适合城市收缩客观现状的城市空间重构规划。而且，人口收缩时代需要推进城市政策和设施建设项目的应对方案，还要注重城市之间的相互协作和彼此包容的价值。某一城市错误的人口增加政策不仅会给周边城市造成巨大伤害，对城市自身的持续性发展也会造成一定的负面影响。因此，收缩城市的战略方针不应采取克服人口减少问题而谋求人口再度增加的应对性战略，而应将重心放在激活城市收缩所给予机遇的适应性战略上（见图 7.1）。

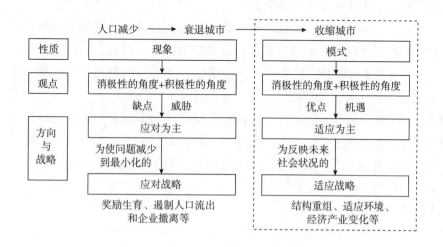

图 7.1 基于收缩城市正确认知的适应战略

资料来源：栾志理、栾志贤：《城市收缩时代的适应战略和空间重构——基于日本网络型紧凑城市规划》，《热带地理》2019 年第 1 期。

目前，虽然中国部分城市区域已经出现城市收缩现象，但与西方国家陷入经济低增长、人口负增长而不可逆转、步入郊区化阶段的许多收缩城市有所不同，中国的工业化、集聚城镇化阶段尚未结束，总体上仍然保有经济新常态下的长期潜力和增长空间。[1] 换言之，虽然当前我国一些城市出现人口减少的收缩现象，但并不代表这样的状况会一直持续下去，这可以理解为城市经济社会产生了一种或多种问题，或者是该城市在与其他城市的相互竞争中陷入相对劣势，从而导致人口向具有相对优势条件的城市迁移。如果能够趁早认识和发现自身问题，收缩城市就可能通过发展转型和对策措施找到一个新的增长点而再度走向复兴。于是，

---

① 张京祥、冯灿芳、陈浩：《城市收缩的国际研究与中国本土化探索》，《国际城市规划》2017 年第 5 期。

城市转型之路该如何选择，就成为决定城市增长发展的重要抉择。从美、德、日的国际经验来看，土地和公共设施是应对城市收缩的施政重点。在财政压力下，采取精明收缩和紧凑城市规划理念应成为收缩城市的战略选择；与此同时，可以对市中心区进行有机更新改造，提高活力中枢的空间环境品质和公共服务多样性，再加以居住迁入引导支援政策，保持主城区的居住人口密度和产业活力。

尚未出现收缩问题的城市政府也不可掉以轻心，应具备增强城市应对风险的危机意识，为避免未来城市收缩引发一系列经济、社会和环境问题，理智而前瞻地主动预判出击，摆脱"为增长而规划"的执念，推进主动调整型收缩战略，探索新的发展模式和实现途径，升级现有传统产业，改善生活空间品质，推动传统工业园区和旧城空间等存量用地的升级改造。近年来，深圳新一轮城市总体规划修编也明确提出内涵提升式、精明紧凑式的发展策略，大力推动城市再生改造。这反映出采取存量规划和减量规划的提前转型发展理念，抑或可以有效规避将来可能产生的收缩和衰退危机。

二 空间规划思路

目前，大部分城市发展政策主要是为推动快速城镇化建设服务的，为吸纳更多的人口流入都将城市规划人口数设定成更高水平。但是，某些城市人口增速业已今非昔比，甚至出现持续性人口减少的现象。

收缩城市战略政策是一项前所未有的全新课题，缺少理性判断和正确指挥这一前提条件是难以实现的。长期以来，国内一直主要采用 GDP 经济增长指标来考核城市领导者的政绩，使得利用土地财政推动城市不断增长来聚敛财富的做法普遍化和常态化，但如果使城市从"增胖"转向"减肥"，那土地财政的效能就逐渐丧失了。而且，收缩城市战略规划的制定和实施是一个远期工程，为了获得市民的积极参与和主动理解，市长和相关部门需要倾注持之以恒的努力和心血，短期内收缩城市战略规划很难取得立竿见影的成效，这对于期待快速取得执政绩效的领导者来说是难以接受的，这可能是许多城市不愿正视城市收缩且拒绝推进城市收缩政策的主要原因之一。[①]

---

① 栾志理、栾志贤：《城市收缩时代的适应战略和空间重构——基于日本网络型紧凑城市规划》，《热带地理》2019 年第 1 期。

　　城市政府为提高 GDP 来彰显政绩，企图通过高企的房地产价格来扩大土地财政的盈利效果，一如既往地遵循增长主义发展模式扩大建成区开发规模，反而进一步加剧人口减少与空间规模不断扩大并行的悖论现象。在以增长主义价值取向为前提的现行城市规划制度之下，若想切实解决城市收缩问题显然是不切实际的。在城市规划转型语境之下，传统上坚守的增长主义发展模式应当立即终结，以人口减少为表征的收缩城市必须将人口诊断作为立足点，精确推测城市将来人口变化情况，并以此为基础设定人口规划目标。而且，与人口总量相比，能够有效调整人口结构和人口减速的政策策略才是更为重要的。

　　其实，收缩并非放弃增长，而是理性思考收缩城市中不同区域的现状条件和发展趋势，因地制宜地探寻现有优势条件较为明显的区域以及存在开发潜力的空间增长点，将其分别设定为重点管理区域和重点发展区域，引导这些区域之外的居住及其他城市功能向这两大区域集聚，从而摆脱单核同心圆发展导向，形成多核心网络型紧凑城市空间结构，并在此城市空间框架之上利用城市收缩期，改善生活空间品质，提升可持续发展能力和区域竞争力。

　　然而，收缩城市在人口减少状况下的空间性收缩并非易事。城市增长时期一般都会像图 7.2 中 A 图一样从可达性和地价较高的市中心向外扩张，但进入人口减少时代后城市收缩却不会如 B 图那样完美地进行，实际上通常会像 C 图一样许多位置会出现老鼠挖洞一样的海绵穿孔。而且，考虑中心市区的高房价负担、市民居住空间偏好、住所搬迁会尽量就近选择等各方面因素，期待市区形态重塑成 B 图的模样已经再无可能了，与其一味地追求各种城市功能向中心市区的集聚引导，不如在中心市区及其周边零落散置的居住密集地区强化功能设施的重组布置，这样的思路方案可能是更加切合实际的有效途径。

　　城市收缩不是腐烂式衰退，而是从城市的一种形态走向另一种不同的城市形态，给予城市转变形态和再生的机会。目前，绝大多数学者都认为紧凑城市是适合塑造收缩城市空间结构的规划理念，甚至还有学者提倡收缩城市应进一步发展成多中心的网络型紧凑城市，匹配城市人口和经济活动规模，导入调整城市空间环境的精明收缩、规模适当化规划战略或"城市减肥"等政策，而且欧美国家和日本都在积极地推进诸如此类的相关政策。由此可见，在收缩城市时代紧凑城市成为未来型城市结构形成理论的可能性是较为充分的。

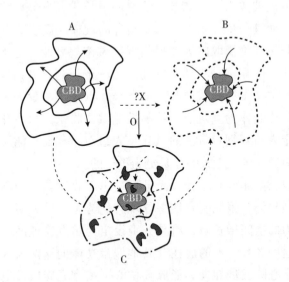

图 7.2　城市扩张和收缩的形态

资料来源：임준홍외, 『인구감소에 따른 충남의 축소도시 적응전략』, 공주: 충남연구원, 2017, 99 쪽.

三　空间规划战略

（一）规模适当化规划战略：遵循精明收缩理念的城市空间优化

规模适当化已经成为西方国家应对城市收缩最为普遍的规划战略，其方式主要包括绿色基础设施规划、土地银行、强调规划的弹性以及协作式规划等。对于收缩城市内部的大量空置土地来说，采取景观美化是防止环境恶化和滋生犯罪案件、提高周边土地价值最为有效的办法。而收缩城市空间绿化所面临的最大问题在于是否能在建筑与人类聚集区尚存的情况下，将大量零散不规则的空地转化为相互交织的生态绿色网络空间。相关学者认为，采用多样化的绿色基础设施网络可以填补现有收缩城市生态环境的缺陷。① 美国学者经研究发现，通过清除方式与绿化措施应对空置土地可以使周边房产价值提升 30%，而街区中高密度地块的

---

① Joseph Schilling, Jonathan Logan, "Greening the Rust Belt: A Green Infrastructure Model for Right Sizing America's Shrinking Cities", *Journal of the American Planning Association*, Vol. 74, No. 4, October 2008, pp. 451-466.

周边住宅价格下降约 18%。①

　　改革开放以来，土地财政成为地方各级城市政府彰显政绩的最重要手段，许多城市出现人口收缩与空间扩张并存的悖论现象。这种悖论现象的产生，主要归因于城市政府面对城市收缩选择刻意回避，企图继续依靠城市这个"增长机器"进一步聚敛财富和增加税收。特别是那些成为竞争"失败者"的收缩城市，大多数都出现了或多或少的经济增长乏力、失业者增多、财政收入滑坡、人口和资本外流、土地闲置、市中心衰退等一系列体现城市衰退的负面现象，折射出许多与目前增长主义模式格格不入的迹象。然而，城市政府为了追求 GDP 来彰显政绩，企图通过高企的房地产价格来凸显土地财政的盈利效果，这就在进一步加剧人口减少的同时城市空间规模却在不断扩大的悖论现象。以增长主义价值取向为前提的现行城市规划制度之下，若想切实解决城市收缩问题显然是不切实际的。

　　如今，新常态下中国城市进入城镇化 2.0 时代——"存量发展时代"，不再需要土地财政作为发展驱动力来推动高速增长，而且中央政府明确提出"盘活存量、严控增量"的规划思路转变，强化土地利用调节，压缩东部地区特别是京津冀、长三角、珠三角三大城市群的建设用地规模，就是对终结增长主义发展模式而发出的明确信号。当出现人口减少或者预测到人口减少地区开始增加的情况下，亟须改变基于人口增加的当前城市规划发展理念和构建框架，迅速转变思维意识，果断终结外延开发导向的增长主义发展政策，针对人口减少变化的预测结果对现有建成区物质空间进行重构和调整，基于精明收缩理念推动匹配人口减少的规模适当化规划战略，将增强城市持续性的发展元素渗透到城市规划战略之中，赋予其多元化的价值和高层次的追求。

　　精明收缩理念是基于现有城市的空间扩张和郊区化总结归纳而成的。一般来说，精明收缩的主要策略就是精简由郊区化扩张形成的城市建成区规模，拆除空置建筑之后形成许多闲置土地空间，然后在市中心进行重新规划调整（C），城市规模得以压缩减小，可在城市外围推进绿地化

　　① Wachter Susan, "The determinants of neighborhood transformation in Philadelphia: identification and analysis: the new Kensington pilot study", Philadelphia: University of Pennsylvania, Wharton School, https://nkcdc.org/wp-content/uploads/2019/08/The-Determinants-of-Neighborhood-Transformations-in-Philadelphia-Identification-and-Analysis-The-New-Kensington-Pilot-Study-2004.pdf.

战略，借以扩大自然生态面积来提高生活环境质量（D）。但是，这些方法存在一定程度上弱化与周边城市协同发展的问题。从长远的眼光来看，一旦人口再次增加、城市规模需要再度扩张之时，还得推动新一轮的开发建设，这样就还要投入相当程度的追加财政支出（E）。因此，闲置空间合理化和适当化拆除应成为收缩城市的核心发展策略之一。在城市中心设定城市节点的同时，通过改变闲置空间的功能性质适当配置市中心的相关功能，用作预留用地以备将来之需（C'）。与其开展大规模的拆除作业，不如采取适度的绿地化规划设计来应对将来城市再度扩张所需的特定用途，这样预留的空间不仅可以缩减拆除成本（D'），减少隔断城市间人流、物流、信息流和能量流的障碍，甚至还能实现将来城市新开发建设的费用最小化（E'）（见图7.3）。

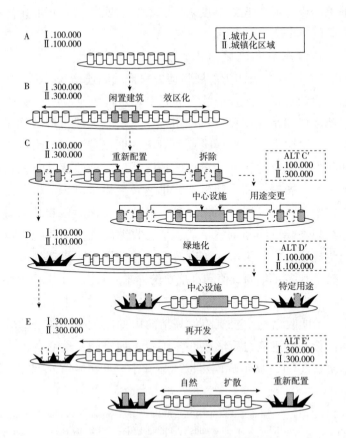

图7.3　闲置空间的合理化和适当化拆除

资料来源：笔者自绘。

对于收缩程度较为严重且需要进行减量规划的城市来说，需要积极推进规模适当化城市功能再布置战略。在郊区化或无序蔓延造成的城市规模扩大和人口减少的情况下，现有建成区及城市郊区都会产生空置房屋、工业园区废弃厂房等闲置物业。对过去城市增长扩张时代遗留问题（经济、社会和空间等各个方面）进行积极修正和全面弥补，全面调整城市结构，提升空间内涵魅力，积极修正和解决过去城市增量规划时代遗留下来的各种"城市病"，将闲置建筑和废弃厂房等拆除后，通过绿地化战略将其有效转变成为公园绿地、城市农业和社区花园等生活性用途空间，并根据人口变化预测结果动态地实施规模适当化规划，推动存量规划或减量规划的内涵提升式增长模式转变，借以改善邻里社区生活环境质量，降低城市管理费用[①]，提高城市空间品质和居民生活质量。

在收缩城市空间转型优化过程中，还应带动市民共同参与到规模适当化规划战略之中，推动适合收缩城市的未来型城市空间规划，引导市民和城市服务功能向市中心和次级城市中心的高度集聚，并通过公共交通网络将各级城市节点有机高效地整合起来。同时，还要开发出多样化城市政策和支援制度，正如日本选址优化规划所要求的，具有开发诉求的地区要积极开展开发建设，但不适合开发的地区就应当采取严格的限制措施。

（二）城市空间重构战略：构建多节点、网络化的紧凑型城市空间结构

对于人口减少和老龄化并存的收缩城市而言，与其在城市外围扩大居住区开发，不如通过市中心再生来提高城市的中心性和凝聚力[②]，如今城市发展政策不可继续以土地财政作为发展驱动力来推动规模增长导向的国土空间开发，应从数量扩张型向存量优化甚至减量规划的国土空间营造转型，遵循压缩空间规模的精明收缩理念和 TOD 模式重塑城市空间形态和推动国土空间优化。

根据人口减少引发的影响和老年人的出行特性，收缩城市应当通过城市功能的特定区位集聚和居住引导提高功能设施和居住人口的密度，

---

① 栾志理、栾志贤：《城市收缩时代的适应战略和空间重构——基于日本网络型紧凑城市规划》，《热带地理》2019 年第 1 期。

② 권영섭，『인구감소시대에 대응하는 새로운 지역발전정책 방향』，『국토』，378 권，4호，2013.

维持和缩减公共服务设施的使用效率和建设成本。根据日本选址优化规划的引导地区设定标准和空间优化策略，遵循"选择和集中"原则制定适合本土化特征的城市功能选址优化规划，通过城市功能引导地区和居住引导地区的设定，引导城市功能向各种城市节点、连接城市节点的公共交通轴沿线以及公交站点步行圈等特定开发集聚区集中整合，通过紧凑"节点化"战略强化多样化城市功能集聚所产生的"密度经济"效应，提升居民生活便利性和服务业投入产出效率，促进地区经济活力再生和行政服务效率。

与此同时，由于居住中心区的多极化支配着生活社区的交流往来，如果不将城市节点紧凑化与公共交通规划统筹结合，城市功能的渐进式集中和社会基础设施维持是难以实现的。而且，空间分离的城市单元可以凭借交通网络化和信息网络化在不同尺度上获取集聚效应，多节点空间体系则可以借助"规模互借"效应获取集聚经济效益，整体上通过轻轨线路或公交快车线路等放射状公共交通轴线将中心城区、郊区居住区和重点镇串联起来，使得集聚效益外部性扩散到其他节点区域，从而实现通过"公交网络化"战略引导收缩城市实现整体性空间形态调控的规划目标，推动"节点化+网络化"紧凑型市级国土空间结构的形成和优化。

（三）公共服务效率化战略：公共服务的区域共享和协同配置

公共服务的水平和效率很大程度上决定着人的去与留，倘若更多人留下来并缴纳税收，又会反过来提升公共服务质量，形成人与公共服务之间的良性循环。而城市政府要想吸引人才并使他们定居乐业，提高公共服务品质和城市治理水平成为优先考虑的政策课题。

然而，当城市一旦出现收缩，人口流失便会紧随其后。不管是何种动因导致人口减少，收缩城市必然会出现各种需求萎缩和经济性衰退，税收减少和财政恶化就难以避免，确保公共服务的临界需求最终会成为一项政策挑战。对于财政状况每况愈下的收缩城市来说，公共服务设施的投资新建必定会带来更加沉重的财政负担，实现公共服务设施的区域共享和协同配置就成为核心课题。

如果收缩城市单独运营所有公共设施的话，可能会造成重复投资的预算浪费。为了节减公共设施维护运营费用和避免各个行政区划独自使用生活服务设施带来的居民利用不便和利用低效化，通过"紧凑型+网络化"（Compact & Network）方式推进服务设施整合和功能复合化可以成为有效的政策方案。此方式强调协同利用县（市）域和城市之间的生活服务设施，并在超越行政区域壁垒的生活圈中改善公共设施接近性，而公共服务设施的协同利用方式主要包括共同利用型、综合利用型、相互利用型三种类型，可根据地区特性采用适合的类型。共同利用型指的是多个地区共同布置和利用同一种公共服务设施的形态，综合利用型是各个地区分别布置不同的生活服务设施而供彼此共同利用的形态，而相互利用型是将城市功能进行特性化之后通过网络连接而使同一公共服务设施能够得到相互利用的形态（见图 7.4）。

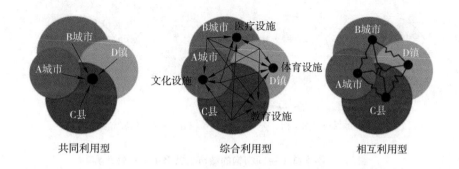

共同利用型　　　　　　综合利用型　　　　　　相互利用型

图 7.4　公共服务设施协同利用方式的类型

资料来源：오용준 외，『충청남도 생활인프라 구축실태 및 정책과제』，공주：충남 연구원，2016，90 쪽.

　　一般来说，相同或类似服务设施需要考虑彼此之间的有机整合，若是功能不重复或彼此关联性较高的服务设施，应当推进功能复合化，获取效益递增的集聚效应。自组织理论的分支——协同学（Synergertios）提出，系统之间的合作能够产生优于各自为政的宏观效益，形成"1+1>2"的协同效应。公共服务供给效率较为低下时，可考虑将它们相互整合或复合布置，但要跨越行政区域边界时，仅仅通过功能设施的整合或复合化是有局限性的。在这种情况下，不同行政区与其各自维护重复的公共服务，不如让不同城市提供不同的功能设施，推动公共服务的跨界协同配置，这不仅可以避免某些城市由于供给单一公共服务造成的公共设施闲置化，还有利于通过满足公共服务供给的临界需求来实现规模经济。

　　为了强化公共服务设施的协同共享，通过构建连接彼此的交通干线体系和公共交通网络来提高城市之间公共服务的接近性是核心环节。但对于财政状况愈加艰难的收缩城市来说，通过财政拨款新建道路基础设施亦并非易事。尤其是在功能设施选址和住宅稀疏散置的情况下，通过公共交通网络将它们全部连接起来需要承担巨大的建设费用。因此，各个城市应将高层次公共服务设施向交通节点和基础设施业已形成一定规模的城镇中心进行集约布置，并强化相互的联系和交流。图7.5是根据城市空间结构将城市间公共服务的接近性差异进行概念化的示意图。不难看出，与扩散型城市结构相比，"紧凑型+网络化"城镇结构表现出更为高效的公共服务衔接体系功能。

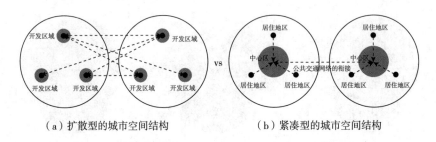

（a）扩散型的城市空间结构　　　　（b）紧凑型的城市空间结构

图7.5　不同城市空间结构的城市公共服务接近性差异

资料来源：笔者自绘。

第三节　东北三省收缩城市空间优化规划建议

近年来的城镇化发展进程中，中国城市在经历快速增长的同时伴随着局部的、相对的衰退与收缩，出现了城市人口流失与空间扩张、城市收缩与规划膨胀并存等悖论现象，导致城市用地结构失衡和资源空间错配问题。当前，中国经济整体上正处在从高速发展向高质量发展转变的关键时期，结构调整、提质增效、新旧动能转换不断取得积极进展，正在倒逼依托于土地财政的增长主义模式走向终结。特别是2020年9月自然资源部发布的《市级国土空间总体规划编制指南（试行）》将"资源枯竭、人口收缩城市振兴发展的空间策略"列为该层次规划的重大专题研究之一。由此，拥有大量资源枯竭型城市的东北三省，在全面振兴东北战略下实现经济复兴的进程中，如何开展收缩城市空间优化和国土空间规划编制成为亟须探索的重要课题。

一　辽宁省阜新市

位于辽宁省西北部的中心城市阜新市是沈阳经济区重要城市之一，东临省会沈阳市、南邻锦州市、西接朝阳市、北靠内蒙古通辽和赤峰两市，地处东北和环渤海地区的中心地带、辽西与蒙东地理中心，现辖属海州区、细河区、太平区、新邱区、清河门区 5 个区和彰武县、阜新蒙古族自治县，以及 1 个国家级高新技术产业开发区。由于自身特殊的资源禀赋、工业结构和国内外能源需求结构，阜新市形成了以煤炭产业为主体的单一经济产业结构。20 世纪 90 年代以来受煤炭资源枯竭、产业链断裂、环境破坏等多方面因素的共同影响，经济衰退和人口流失等一系列体现城市收缩的现象陆续出现，陷入"矿竭城衰"困境的阜新市成为继鹤岗市之后另一个因"白菜房"频频冲上热搜的"网红城市"。

（一）城市收缩的现状特征分析

城市是人口分布最为密集的空间区域，汇聚了各种复杂多样而紧密联系的个体，其基本特征在于诸多资源要素的空间集聚①，形成强大的集聚经济效益和空间增值能力。然而，当人口和经济方面的资源要素开始外流时，就表明该城市已经出现了城市收缩现象。下文就从人口和经济两个重要维度对阜新市的收缩情况进行考量，推导归纳出阜新市市辖区城市收缩的基本现状与主要特征。

1. 人口收缩特征

（1）人口外流

人口是推动城市经济增长的关键要素，虽然人口减少不一定会引发经济衰退，但大部分情况下经济衰退会引发人口持续减少，反过来经济衰退又会进一步加剧人口减少。阜新市曾经拥有全亚洲第一大露天煤矿，被誉为"北方煤都"，但由于地理位置较为偏远，煤炭资源日渐枯竭，其他潜导产业也没有提前培育，无法提供足够的就业和发展机会，工资收入也相对较低，青壮年劳动力大量外流。市辖区常住人口总量自 2010 年起一直处于持续的减少状态，到 2020 年人口总共减少 2.28 万人，成为东

---

① 张明斗、冯晓青：《中国城市韧性度综合评价》，《城市问题》2018 年第 10 期。

北地区人口收缩时代背景下的一个缩影。与 2010 年第六次全国人口普查相比，2020 年除了细河区人口略有增加之外，其他地区均处于人口减少状态（见表 7.1），人口下降率为 9.25%，属于收缩中期阶段城市。

表 7.1　　　　阜新市及其市辖区 2010—2020 年人口变化情况

		人口数			
		2010 年（人）	2020 年（人）	人口增长率（%）	2030 年（人）
阜新市		790685	767888	−2.88	753000
	海州区	270718	234029	−13.55	264000
	新邱区	81870	66769	−18.45	74000
	太平区	166106	142171	−14.41	154000
	清河门区	60766	51394	−15.42	53000
	细河区	211225	273525	29.50	208000

资料来源：笔者自制。

　　资源型城市在开采初期需要投入庞大的资金，投资回收的周期也相对较长。根据产业发展的规律，资本会更倾向于流向电子商务和房地产等投入产出率高且效益回收快的产业，这就使得资源型城市在相互竞争中"失宠"。资本的撤离致使资源型城市各个方面的吸引力降低，人口流出的推力逐渐超过拉力，造成大量人才的不断流失。并且，资源型城市长期以来建立起以第二产业为主导的经济产业结构，由于曾经一直能够给城市创造源源不断的经济效益，城市就产生了"路径依赖"，因而忽视了对新兴产业和潜导产业的培育，导致第三产业发展缓慢，尚未形成带动城市经济发展和提供报酬优厚就业岗位的规模。在工资水平处于相对劣势的状况下，大量青壮年劳动人口流向其他城市，寻找能够获得更多薪水报酬的就业岗位。阜新市就属于这种类型，缺乏就业岗位，工资水平低下，大量在外就读的高校毕业生难以返乡找到专业对口的工作，无奈之下大多数选择去往沈阳、大连等省内城市以及北京、天津等省外高收入水平的大城市就业。[1]

──────────

[1]　李耀川：《阜新市城市收缩的成因机制与转型发展路径初探》，硕士学位论文，首都经济贸易大学，2019 年，第 31 页。

（2）人口老龄化

伴随城市经济的逐渐衰退，以及就业岗位和青壮年人口的不断减少，阜新市老年人口占比呈现日益增加的趋势。阜新市早在 2010 年就已步入了老龄化社会，2015 年 60 岁及以上老年人口比重已达 18.40%，2019 年 60 岁及以上人口达到 45.10 万人，同比增加 6.40 万人，比重提高了 4.20 个百分点。2020 年 60 岁及以上老年人口达到 433400 人，占总人口的 26.31%（见图 7.6），65 岁及以上老年人口 286791 人，占总人口的 17.41%，这些数据表明阜新市已经进入中度老龄化社会。而阜新市 18 岁以下青少年人口则逐年减少，自 2010 年起 60 岁以上老年人数已经超过 18 岁以下青少年人数，且差距不断扩大。[①] 随着全市人口老龄化程度的加重，劳动年龄人口比重不断下降，劳动力有效供给数量也逐渐减少，客观上将会大大降低城市经济的潜在增长，削减了人口红利，加大养老、医疗等社会保障和养老服务体系等公共服务压力。

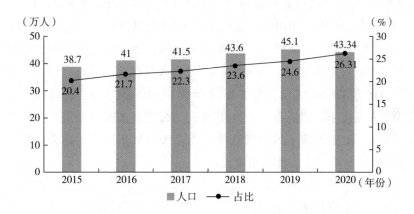

图 7.6　阜新市 60 岁及以上户籍人口统计

资料来源：根据阜新统计局、中商产业研究院相关统计数据整理所得。

2. 阜新市的经济收缩特征

阜新市作为东北三省典型的资源型城市，主要依靠煤炭产业带动经济增长。2001 年成为首个资源枯竭型城市经济转型试点市之后，阜新市

---

① 李耀川：《阜新市城市收缩的成因机制与转型发展路径初探》，硕士学位论文，首都经济贸易大学，2019 年，第 31 页。

2002 年开始全面启动经济转型，在国家政府大量投资驱动和引导投资注入城市的策略作用之下，经济增长呈现良好的发展势头，GDP 总量长期维持在 12% 以上的上升态势。然而，煤炭产业没落和人口收缩的后遗症终究使得经济下行，阜新市某些年份甚至出现负增长。自 2010 年起 GDP 增长率开始下降，至 2016 年降至 -10.40%，2014—2017 年阜新市辖区 GDP 减少 151.30 亿元，同比下降 45%，虽然 2018 年开始有所回暖，但 GDP 增长率时高时低，极不稳定。2019 年市辖区人均 GDP 仅为 33689 元，远低于辽宁省平均水平 57191 元。由此可见，阜新市的经济衰退及其引发的城市人口持续外流加剧了经济转型的艰难。

与此同时，阜新市受到资源、结构、体制和市场等各种因素扰动的冲击和挑战，经济发展中依然存在能源与资源消耗偏高，产业层次偏低、产业链短、附加值低，重点产业集群规模小、层次低，经济发展方式较为粗放等问题，面对产业升级、绿色转型、技术革新以及全球经济一体化的发展趋势[1]，经济转型遭遇到势在必行但又举步维艰的境地。

财政收支方面，2010 年阜新市辖区完成公共财政预算收入 10.53 亿元，此后几年开始飞速增长，2014 年增至峰值 50.08 亿元，但次年却迎来断崖式下降（26.58 亿元）。随后财政收入稍有下降后略有回升，但上升到 2018 年 29.88 亿元之后，2019 年又出现下降之势。总体来看，自 2015 年大幅度下降之后财政收入增速较为缓慢，虽有所增加，但仍低于 2011 年水平。财政收入的起起落落可能会加重城市政府的债务风险，不利于城市经济的可持续性高质量发展。

3. 阜新市的城市空间特征

（1）住宅空置率高企

住房空置率是反映房地产市场供求平衡程度的重要指标，其区域差异直接反映房地产市场发展的潜力。通常来说，空置率在 5%—10% 是合理的，低于此区间则空置率过低，表明住房需求旺盛，潜在需求较高。高于 10% 则空置率过高，表明住房供给过剩，存在库存积压风险。住房与人口存在密不可分的关联，城市人口减少带来的最直接影响就是住房空置率升高。阜新市如其他资源型城市一样，由于资源主导型支柱产业

---

① 董丽晶、苏飞、温玉卿等：《阜新市收缩城市经济系统弹性演变趋势与障碍因素分析》，《地理科学》2020 年第 7 期。

的没落，城市经济发展对土地财政的依赖度相对提高，房地产开发推动城市建设量呈现出日渐增加的局面。对阜新市辖区 2010—2019 年的房地产开发住宅投资额与人口总量变化进行对比可知，2010—2013 年，在市辖区人口不断收缩的情况下，房地产开发住宅投资额却从 205159 万元迅速增至 635316 万元，2013 年的峰值是 2010 年的 3.10 倍。尽管 2014 年之后房地产开发住宅投资额开始逐渐下降，但 2013 年和 2014 年新增建设的住房数已经远远超过了城市人口对住宅的刚性需求和改善性需求总量，住宅大量空置的现象是在所难免的。

2013 年以来，房地产受国家宏观调控的多重影响，阜新市房地产投资和销售一路下降，住区中出现大量的空置住房和烂尾楼，其中烂尾楼盘主要有亨林名都、恒强马德里、大唐荣城、中大广场、圣鸣鹿苑、信息产业大厦、华鼎商厦等。据玉龙新城某楼盘售楼处工作人员所述，阜新市房地产市场近年来整体不景气，存在大量房地产企业资金链断裂、商品房烂尾、难以交房的情况，整个玉龙新城仅有两处楼盘处于可以正常办理房产证的状态。[①] 而且，玉龙新城街道上人车稀疏，缺乏生机和活力。这些现实情况恰恰反映了不能无视人口减少而任意扩大住房规划建设，即便是短期内新建大量住房，也会进一步加剧城市住房空置的危机，造成资金和土地资源的错位配置，进而引发更加严重的经济衰退。

（2）社区配套设施难以管理维护

社区配套设施是社区居民生活必不可少的硬件条件，生活质量的高低与社区配套设施息息相关。阜新市太平区的老旧小区在水、电、气、热等公用设施方面存在很多问题，而且还有封闭管理不够、消防通道阻塞等安全问题，缺少物业或物业管理不规范、不到位等管理问题，以及许多新区的配套设施不完善等一系列问题。由于社区居民的陆续外流，现有居民缴纳的物业费用难以维持物业部门的持续运营和各项设施的正常维护，导致社区生活环境的恶化和生活品质的降低，这又会进一步加剧现有居民的外流，容易形成恶性循环。

（3）城市蔓延

城市蔓延是城市化地区无计划和失控扩展的不均衡增长模式，空间

---

① 李耀川：《阜新市城市收缩的成因机制与转型发展路径初探》，硕士学位论文，首都经济贸易大学，2019 年，第 35 页。

形态上表现出向城市中心之外的区域开展具有开发密度低下、城市功能单一无序、机动车依赖度加大等特征的规划开发行为，蚕食城市外围大量的原生态土地，降低大量土地的使用效率，引发社会阶层分化、公共服务水平下降、城市无序扩张和旧城区衰败等多样化问题。当前中国城镇化进程中，许多城市由于土地城镇化速度超出人口城镇化的空间需求，产生了较为严重的城市蔓延问题。从阜新市辖区的统计数据来看，2010年和2020年的常住人口由790685人减至767888人，但建成区面积却由76平方千米增至77平方千米，而且2019年市辖区人口密度为1503.74人/平方千米，与2018年相比每平方千米减少14.98人。这恰恰表明阜新市也存在人口减少与空间扩张齐头并进的悖论现象，造成中心城区人口密度的不断下降，这一现象印证了城市蔓延问题的存在。尽管如此，2015年修订的《阜新市城市总体规划纲要》仍然在城区西部和北部规划了大量的增量建设用地，这必然会降低开发强度和人口密度，导致更加严重的城市蔓延问题。阜新市统计局公布的数据显示，市辖区自2014年房地产开发投资额连续三年下降之后，2018年房地产开发投资同比增长24.53%，可见阜新市仍在大力推进房地产开发与建设，这势必会造成城市建成区面积的进一步扩大，加剧城市收缩问题的逐渐升级。

（二）城市收缩的形成动因分析

阜新市作为东北地区收缩城市中的典型案例，兼具人口收缩与经济增速缓慢的双重特征，从一个原本资源丰富的城市最终退变成一个资源枯竭型收缩城市，必然存在一些驱动因素推动这一过程的转变，主要包括以下四个方面。

1. 煤炭资源枯竭

"因煤而立、因煤而兴、因煤而衰"。作为一座能源城市，阜新市最终也未能摆脱资源枯竭的魔咒。新中国成立之后，矿山文化成为阜新地域的主流文化，阜新市因煤矿资源顿时变得风光无限，特别是海州露天矿，一夜之间跃升为"中国第一"，这不仅是新中国第一座大型机械化开采的露天煤矿，还是当时亚洲最大的露天煤矿，整个城市犹如一座以海州露天矿为核心的"煤电之城"。这座露天煤矿从20世纪50年代开始出现的繁荣景象，由于长年累月的煤炭超强度开采而衰败，最终于2005年6月宣告破产。

其实，就在海州露天矿破产前的2001年，负重前行的阜新市已经被确定为国家资源枯竭型城市经济转型试点城市。由于探明的煤炭资源逐渐枯竭，以及新兴产业发展尚未形成一定规模，以煤炭为主导的单一资源依赖型城市经济开始衰退，严重制约着城市经济的韧性水平和可持续发展。长期以来，以煤炭产业为主导的工业产值始终占全市 GDP 的 65%以上，计划经济体制历时久远、影响深刻，导致城市经济系统的恢复性能力较为低下。① 近年来，经济增速呈现迟缓的态势，2020 年阜新市地区生产总值 407.80 亿元，同比上年减少 117.70 亿元。同时，大量企业职工下岗失业，人口自然出生率滑坡，人口外流问题愈加严重。

2. 人口出生率下降

一般来说，随失业潮接踵而来的便是出生率下降和人口流失。2000 年以来，阜新市生育水平一直处于较低水平。受到计划生育政策、育龄妇女数量减少、生育年龄后移及群众生育意愿降低等诸多因素的叠加影响，尽管"全面两孩"政策实施后人口生育水平在一定时期内得到提升，但实现适度生育水平压力仍然较大。2019 年，全市人口自然增长-4081 人，自然增长率为-2.21‰，比 2018 年下降 0.26‰。其中，市辖区人口自然增长-3408 人，自然增长率为-4.60‰。目前，对于东北三省常住人口负增长的人口分析报告不胜枚举，其中许多报告指出，城镇化率、受教育程度以及经济下行带来的恐慌，都属于东北三省人口自然增长率低的重要外因。

3. 人力资本水平较低，就业范围狭窄

当前，作为第三产业的服务业所占国内生产总值的比重正在普遍上升，成为提供城市就业岗位的重要途径。然而，阜新市的服务业发展较为滞后，人力资本水平②难以满足推动服务业发展的社会发展要求。大部分从业人员的入职门槛较低，主要集中在薪资水平较低的农业、工矿业和建筑业等一些劳动密集型产业，这与人口的受教育水平和专业化技能水平密切相关。并且，城市基础服务设施不够完善，缺乏明显的比较优势，城市环境品质和吸引公共投资的魅力指数偏低，无法对人才和资金

---

① 董丽晶、苏飞、温玉卿等：《阜新市收缩城市经济系统弹性演变趋势与障碍因素分析》，《地理科学》2020 年第 7 期。

② 人力资本水平是指一定区域内的劳动力具有的人力资本的平均水平，通常采用六岁及以上人口平均受教育年限来衡量地区人力资本水平。较高的人力资本水平能够有效推动知识、技术的创新和扩散，显著提高其他生产要素的生产率，进而带动社会生产力的快速发展，使生产最终呈现边际收益递增的特性，保证经济长期稳定地增长。

形成持续性集聚的良性循环，导致阜新市近年来人口外流严重，人口持续负增长，为城市经济发展带来内生动力不足的隐患。

4. 产业结构单一

阜新市是一个因矿而兴的高度依赖能源和资源的代表性城市，过去政府财政收入主要来自煤矿企业，煤炭工业的税收达到地方财政收入的1/3以上，矿区人口达到全市人口的59.70%。城市经济过度依赖采矿业，城市主导产业过于单一，造成城市功能不全、基础设施不够完善、第三产业和可替代产业发展滞后等一系列隐患问题。20世纪90年代末期陷入特别严重的资源枯竭困境，传统性主导产业呈现衰退迹象，大批工厂企业开始减产，或者停产，或者外迁，长期积压的产业结构问题引发越发严重的经济衰退，GDP和财政收入增长停滞甚至负增长，最终导致收缩现象的显现。阜新市之所以经济脆弱性较高，主要是因为唯一依托的煤炭产业长期占据着城市支柱产业的核心地位。

（三）城市空间优化的影响因素

1. 人口减少的客观现实与人口增加的乐观预测

由于长期以来严格执行国家计划生育政策，阜新市陷入"低生育陷阱"，人口生育率持续走低。随着城镇化水平的逐渐提高，阜新市经历了从高结婚率、低离婚率和低初次结婚年龄向低结婚率、高离婚率、低生育率和高初次结婚年龄的演变过程，这就为当前人口生育率的持续低迷埋下了伏笔。由统计数据可知，阜新市自2010年以来市辖区人口数一直处于持续减少的状况之中。据2021年国家统计局公布的数据可知，2021年年末全国人口141260万人，仅仅比2020年末增加48万人，这意味着我国或许即将迎来人口总量减少的负增长时代。随着人口负增长时代的迫近，阜新市若想使持续减少的城市人口出现大幅度的增加，即从2020年的71.60万人增加到2030年的75.30万人，从美国的五大湖地区和日本北海道地区的国际经验来看，这几乎是无法企及的目标。

其实，在市辖区人口总量出现减少的情况下，如果仍然坚持推进规模扩张的增量规划模式，就可能导致城市空置房屋的增加，基础设施扩建引起财政预算支出增加而加重财政负担，还会造成资源空间错配的土地利用效率下降。因此，面对人口减少现状的阜新市亟须终结传统上以增长主义价值观为主导的增量规划模式，探索适合人口减少的城市转型发展路径和适应性规划战略。

2. 传统增长主义规划模式驱使城市规模不断扩张

长期以来，建立在增长主义价值观下的粗放式空间扩张通常被认为是城市地区经济发展和空间规划的"标准路径"，地方政府坚持把"增长"作为城市发展的首要目标，主导了城市大量投资建设，导致房地产市场供过于求，容易滋生房地产泡沫，完全与相对均衡的人口需求和经济发展要求相背离。为确保经济增长和城市扩张，阜新市亦如许多东北城市一样，存在频繁推进行政区划调整的通病，城市建设用地规模增长似乎并没有受到经济衰退和人口收缩的巨大影响，城市扩张的惯性走势一如既往。2006 年和 2012 年阜新市全都进行过行政区划调整，导致城市建设用地面积由原来的 49 平方千米增加到 67.949 平方千米，然后又增至165 平方千米。一方面在推动建设用地规模的不断扩张，另一方面又在造成人口和经济的双重收缩[①]，就这样逐渐引发城市人口收缩与用地规模增加同存的悖论现象。不仅如此，由于城市区域矿业用地数量较多，土地利用粗放的总体布局早已形成，并随着矿区开采的枯竭和萎缩，许多废弃地块和闲置土地就开始陆续出现。

3. 人口减少引发住房空置率高企

在我国快速城镇化进程中，"空城"现象已经不是新鲜的热点话题了。河南省郑州市耗资 190 亿元左右兴建的新区，空置住房随处可见，商品房空置率甚至达到了 90% 的水平，基本上可以判定为空城了。然而，在继河南省郑州新区和黑龙江省鹤岗市之后，阜新市或将成为下一个"空城"。作为一个典型的资源型城市，阜新市过去主要依靠煤炭和天然气发家致富，但后来煤炭产业逐渐没落，导致本来计划涌入阜新的人口开始大规模流出。由于就业机会数量少且工资水平低，就连当地年轻人也流向附近的大城市去打工，部分人口甚至南下至江浙、广东一带谋生，人口长期净流出成为住房空置率高企的主导因素。而且，2019 年阜新市辖区 GDP 为 235 亿元，在辽宁省的城市 GDP 排名中垫底，这是致使其出现"空城"现象的主因之一。此外，2020 年新房均价从 11000 元/平方米跌至 4310 元/平方米，尽管炒房客拼命降价，但由于当地居民的收入水平较低，承担不起如此高企的房价，仍然几乎无人问津。西南财经大学

---

①　董丽晶、苏飞、温玉卿等：《阜新市收缩城市经济系统弹性演变趋势与障碍因素分析》，《地理科学》2020 年第 7 期。

《2017 年中国城镇住房空置分析》调查报告显示，中国三线、四线城市住房空置率在 30%，而像阜新市这样的五线城市，住房空置率可能在 40% 以上。

（四）阜新市中心城区的空间优化建议

1. 理念引领：遵循精明收缩型再生理念推动城市空间优化

自 2010 年至今，阜新市辖区常住人口一直处于逐年递减的发展态势之中，形成了持续的收缩惯性。从其市辖区的五个组团片区来看，人口总量呈现下降的趋势，只有细河区的实际人口数超过预测目标，其他四个片区的实际人口数均低于预测人口数。然而，城市人口收缩但用地规模却在持续扩张的悖论现象却在加剧城市土地利用的粗放型扩张蔓延，大大降低了城市用地的投入产出效益和城市功能的集聚效应，引发土地利用的低效率化和私家车的高依赖性、行政费用和管理成本不断增加等一系列城市问题，从而使阜新市原本捉襟见肘的财政状况更是雪上加霜。

鉴于经济发展断崖式下降之后的当前人口减少和经济转型困境，阜新市亟须摆脱对土地财政的过度依赖，果断终结规模扩张型开发导向的增长主义发展模式，开展以提高土地利用效率为目标的内涵提升型存量盘活规划。结合城市人口总量减少和人口密度下降的客观实际，整体上严控增量，盘活存量，借助生态文明建设和城市更新运动在现有建成区范围开展存量规划。具体来看，阜新市首先应通过内环线划定主城区的空间增长边界，将其内部的火车站、汽车站、地铁站等高层次交通节点设定为功能引导地区，并在其内部高度集中布置商业、居住和医疗等多样化高层次城市功能，增强市中心的承载力、吸引力和竞争力；通过外环线界定中心城区的空间增长边界，遏制城区边缘的开发建设和扩张蔓延，在中心城区将人口密集地区和交通节点地区设定为引导居住和日常生活功能的城市生活节点，提高市民利用商业设施和公共设施的接近性和均衡性，杜绝城市土地"摊大饼"的粗放外延式开发模式，做到"地尽其用"，避免人口减少与城区扩张的悖论现象造成土地资源的空间错配。

此外，还要积极合理设定城市政府的政绩考核标准，摒弃以土地开发规模扩大作为高政绩的数量导向型错误思路，推动城市空间内涵提升式的质量导向型发展方向，全面提升和实现城市土地的利用效率和高质量发展。依据科学客观的评估结果，适当拆除城区外围的闲置空置建筑，并响应"双碳"行动在拆除区域推动绿地化战略,将其转变为高品质的公共休闲绿地空间,借以限制城市土地开发的空间规模,遏制城区边缘地区的开发扩张。

2. 形态调整:打造"一主二片、一轴一带"的中心城区空间结构

公共交通作为一种可持续发展的交通方式,已经成为世界各国推动生态城市建设和紧凑城市规划建设的首选交通发展模式。对于驾车不便、步行距离较短的老年人来说,最适合的中长途出行交通方式除了公共交通别无他选。从日本的紧凑城市规划政策和典型案例可知,人口收缩和老龄化并驾齐驱的收缩城市应当推动以公共交通为主导的公共设施重组和城市空间重构,并通过公共交通廊道全面引导城市空间的收缩规划。作为煤炭资源型城市的阜新市因煤而生、因煤而盛,以海州区为首的市辖区五大片区之中,除海州区、太平区和细河区的地理位置较为邻近之外,清河门区和新邱区都与其他三个片区相隔较远,这样的空间格局决定了阜新市中心城区无法采取单核心集中的空间规划模式推动国土空间结构的构建,而应以由海州区、太平区和细河区组成的区域作为主城区、以清河门区和新邱区作为两翼来打造中心城区的总体空间发展格局。具体而言,实施"海州区—细河区—清河门区"和"海州区—太平区—新邱区"两个"五区同城化"发展战略,发展壮大市中心城区,构建"一主二片、一轴一带"的总体空间结构,以 LRT 或 BRT 等公共交通轴线作为引导和推动城市形态重构和空间优化的主要发展轴,吸引人口和各种功能设施向发展轴周边集聚整合,构建多核心网络型紧凑城市空间结构,强化主城区与新邱区、清河门区两大片区之间的互联互通和功能联系的同时,还借助公共交通发展轴加强中心城区各片区与阜蒙县城、东梁和伊吗图等城市组团之间的相互联系,着力增强中心城区的吸引力和带动力,从而推动城市各个组团的一体化发展。

3. 公交引领:通过公共交通轴线引导城市功能设施的重组优化

在整体上压缩城市规模总量、构建多中心网络型紧凑城市的同时,还要遵循"选择和集中"这一原则将不同等级的城市功能适当配置在不同的公共交通节点周边,根据公共交通节点的等级层次、服务范围和区位特征来布置相应的功能设施,具有代表性的富山市就针对不同火车站和公交站的类型进行了不同的城市功能配置(见图 5.15)。一般来说,具体的功能设施规划包括三种方式:一是在公共交通沿线站点周边集中进

行公共服务设施建设，正如 SOM 创始人纳撒尼尔·欧文斯提出的以基础设施为"诱饵"的规划策略，借助服务设施引导一定区域内的人口向适当的位置转移[①]，提高公共设施便利性，促进低碳生态出行，鼓励不过度依赖小汽车的出行模式，提高老年人等出行不便人群的生活质量和便捷性；二是城市建设与公共交通建设相结合，以公共交通站点为核心集聚城市功能，提高公共交通的开发导向性和服务便利性；三是加强公共交通沿线各个地块的协同联系，合理分配和布置相应层级的城市功能，确保医疗功能、大型文化设施、商业功能等城市功能充分发挥自身作用。

从客运枢纽的区位和关联性来看，阜新市中心城区的客运枢纽可以划分为三个层级配置：一级客运枢纽 1 个，为玉龙新城枢纽（京沈客运专线阜新站）；二级枢纽 4 个，为海州枢纽（大郑铁路阜新站）、清河门枢纽（大郑铁路清河门站）、阿金枢纽（大郑铁路阿金站）、彰武枢纽（大郑铁路彰武站）；三级换乘枢纽为若干个一般火车站点或公交站点，属于公共交通系统网络的最低层级。其中，玉龙新城枢纽作为城市最高级别的公共活动中心，第一，要推动以商业业务设施集聚为主导的活力再生。通过改善中心区的公共投资环境，吸引大型企业和外部投资的源源流入，为城市提供更多的就业岗位和就业选择。为此，要引导和强化多样化高等级商业业务功能向其内部集聚整合，提高中心城区的服务层次性和需求丰富性，重视火车站和汽车站等交通节点中心广场周边的规划设计，开发建设地标性复合建筑和步行商业街。第二，以融合传统特色文化和多元现代文化的城市文化为主导的文化复兴。挖掘和传承传统文化、强化现代文化的多样化交融、打造城市名片、发展旅游业是收缩城市中心区复兴的有效途径之一。城市中心区一些廉租房可以吸引艺术家群体迁入，借用他们的艺术创造力为中心区注入新元素和新活力。同时，营造公共文化景观助力城市中心区复兴，举办大型公共文化活动也是吸引居民回流的重要方式。第三，提高中心城区的公共交通便利性，构建串联中心城区和城市生活节点的公共交通轴线，强化中心城区和城市生活节点之间的人口流动和信息交流。第四，或许城市再生会引起社会不公平的绅士化现象，但良性的绅士化能使收缩城市焕发新的经济活

---

① ［美］约翰·伦德·寇耿、菲利普·恩奎斯特、理查德·若帕波特：《城市营造：21 世纪城市设计的九项原则》，江苏人民出版社 2013 年版，第 256 页。

力。旗舰开发项目和配套住宅建设，能够吸引可扩大经济收入和就业规模的产业，随之吸引年轻人和中产者的回迁，并通过多样化住宅建设或补助支援方式引导不同阶层迁入以玉龙新城为中心的海州区，从而将其打造成为多样化高等级城市功能高密度集聚整合的活力中枢。

海州枢纽等4个二级枢纽作为阜新市的次级公共活动中心，其建设目的主要在于运用经济杠杆疏解城市中心地区的部分商业业务功能，培育和打造新的城市经济增长极，完善城市空间结构。而且次级中心扮演着为所在区域的经济社会生活提供服务的重要角色，特别是那些距离市中心较远的片区，应布局教育、医疗和科研等设施，提供就业岗位，引导次中心复兴。

作为三级换乘枢纽的一般火车站点或公交站点，主要担当居住区商业中心或生活中心的角色作用，为市民提供日常生活所必需的各种物质需求。根据"塑造高品质城乡人居环境"的工作原则，利用城市收缩期，合理活用收缩城市中三级换乘枢纽周边闲置空置的建筑和用地，提升社区生活空间品质。第一，强化空置用地的再利用，将零散的小规模闲置用地转化为绿色开敞空间，提升居住环境宜居性和公共空间服务质量；第二，引导居民的流入和回流，保障社区共同体的稳定性，通过社区规划建设提升凝聚力；第三，增加住房多样性和公平性，建设经济适用房为更多的居民提供选择；第四，当住房数量远超过人口规模时，通过更新改造利用，将盈余住宅转变为非住宅用途，提升土地利用效率。

4. 空间再生：城市中心城区的更新改造

在收缩城市决定将城市内部产生的空地和空置建筑转换为其他用途的时候，临时性活用政策是规模适当化战略最具代表性的应对措施。原东德城市和美国锈带地区由于去工业化，城市内部的工业园区中出现许多空置建筑和闲置用地，由于所有权不明确而废弃闲置的土地往往被转化为其他临时性功能用途。因此，推进设定以清除废弃空置用地为主要目标的重点管理地区政策是必不可少的。

（1）老城区公共活动空间的更新升级

城市中心区是城市文化和历史记忆的聚集地，具有深厚的历史文化底蕴，是保存和延续城市传统的空间肌理和空间特色的重要区域。然而，在经历了40余年的城市空间粗放式蔓延增长之后，商业、业务、居住、教育等各类主要城市功能陆续从中心城区迁向郊区，郊区变成城市开发建设的新沃土，揭开了中心城区与郊区竞相争抢人口和资源的博弈局面。由于郊区具有生态环境良好、地价房价低廉、道路宽广畅通等多方优势，中心城区人口开始慢慢流向郊区，除细河区之外的其他片区均出现人口外流的现象。除这些外部因素之外，海州区、细河区和太平区等的老城区还存在开发密度较大、绿化空间不足、公共空间品质较低等一系列内在问题，严重影响着老城区的魅力指数。由此，老城区可将占用土地规模较大且容易带来交通负担的政府职能部门迁移出去，并将原用地开辟成口袋公园和生活广场，增加绿化开敞空间和体育运动场地，既可以解决老城区公共活动空间不足的问题，还能够提升老城区的空间品质和生活宜居性。

（2）公共交通引导商业功能的配置与置换

阜新市自 2016 年起抢抓城市优先发展公共交通的机遇，加快城市公共交通基础设施建设步伐，将公共交通场站和配套设施纳入城市建设、道路改造计划，重点加强城市综合客运枢纽建设，合理布局和加快建设换乘枢纽、停车场、首末站等建设，保障城市公共交通道路优先使用权，为市民提供方便周到、经济舒适的公共交通服务。在公共交通优先政策的推动之下，市民乘坐公共交通的便利性和舒适性得到很大提升，公共交通去往各种城市功能设施的可达性也得以改善，公共交通的使用比例将会逐渐升高，公交换乘枢纽和公交站点的人流量必然会大幅度增加。

由于公交枢纽场站的客流效益、商业价值以及城市经济带动作用，公交枢纽与站场已超脱单纯的交通换乘功能，凭借多元化枢纽型功能集聚吸引更多用户，带动周边经济发展，提振社区活力。由零售业区位相关理论可知，零售业区位与人口的分布密度呈正比例关系，人口密度大的区域零售业区位一般较多。[①] 换言之，零售业主要倾向于人口密度大、消费者数量较多的区位选择。因此，阜新市应主动引导各种商业设施（商务、娱乐、金融等）向公共交通轴线上的公交换乘枢纽和公交站点集聚整合，特别是将服务整个城市或服务范围覆盖高一级区域的高层次商业设施搬迁到京沈客运专线阜新站（玉龙新城枢纽），同时还要将部分服务城市全体的高级别商业设施迁入另一个主城区综合交通枢纽大郑铁路阜新站（海州枢纽），从而形成由京沈客运专线阜新站和大郑铁路阜新站

---

① 李小健：《经济地理学》（第三版），高等教育出版社 2018 年版，第 80 页。

共同带动城市经济发展的"双 CBD"格局。这样不仅有助于保障城市公共服务的均衡性和公平性，而且还能有效促使多种类型商业设施在城市重要交通枢纽这一特定空间上的联合产生"1+1>2"的综合经济效应。对于消费者而言，多样化消费需求会在这个区域得以满足，而且在该地区的消费频率和消费额度要超过一般地区，进而强化消费带动效应。在消费带动效应的作用下，许多相关商业业务设施会向公交换乘枢纽和公交站点不断集中，使中心城区成为城市最为繁华且最具活力的最高等级商业中心。

5. 公共交通节点步行圈的城市功能集聚

第七次全国人口普查数据结果显示，阜新市 60 岁及以上老年人口数量占总体人口比重为 26.31%，65 岁及以上老年人口数量占总体人口比重为 17.41%，人口老龄化已是一个基本现状，积极应对人口老龄化成为阜新市的一项长期战略任务。从国际上通用的老龄化社会评定标准来看，阜新市已经进入深度老龄化社会了，而且很快即将步入下一阶段的超老龄化社会。在老龄化社会不断深入的状况下，老年人总量会逐渐增加，将会成为城市社会的重要主体部分。

面对日益严重的城市收缩和老龄化问题，借鉴日本选址优化规划将老年人的生活需求与用地规划和设施布局充分结合的经验做法，阜新市应将基于选址优化规划的城市功能布局优化作为城市空间规划的整体性框架，改变当前国内大部分城市 TOD 规划过于关注商业开发的现状，重视老年人日常利用设施与公共交通站点的统筹规划设计，特别是老年人居住密度较高的地区，需要遵循 TOD 模式将老年人日常利用设施集约布置在公共交通廊道上公交站点的步行尺度内，特别是老年人日常生活利用频率较高的商店、医疗和看护等功能设施。倘若这类设施能够迁移到公交站点周边，将会有助于人口向公共交通节点内部的迁入集聚，进而推动形成人口和城市功能向城市节点集中的紧凑型城市空间结构的形成。

在步行尺度的确定方面，日本步行圈的空间尺度主要根据日本国土交通省制定的火车站半径 800 米和公交站点半径 300 米的标准来设定[①]，

---

① 国土交通省，『都市構造の評価に関するハンドブック』，https：//www.mlit.go.jp/common/001104012.pdf.

将老年人的步行圈设定为 500—700 米。① 不过，许多城市会针对自身特性和老年人需求而设定不同的尺度范围，主要围绕重要火车站点半径 800—1000 米范围、其他火车站点和巴士站点半径 300—500 米范围来设定，并将半径设定与单日运行的巴士次数作为引导地区设定标准，还明确指出巴士交通必须保障一定水平以上的运行频率。除了参考国外标准，更重要的是阜新市要对公交站点周边居民的步行时间、步行距离、步行环境进行充分调研，根据具体区位特征确定 TOD 规划区域的合理步行尺度，满足人们尤其是老年人到达城市功能设施的空间距离要求。并且，还要引导多样化城市功能按照一定的秩序结构布置在步行尺度空间内部，借以引领城市规模总量的减少和空间规模的收缩，推动遵循 TOD 模式的多节点紧凑型城市空间结构的形成，为应对城市收缩和老龄化社会的国土空间规划和城市再生规划的功能布局优化提供新方案和新思路。

二　黑龙江省伊春市

伊春市地处小兴安岭腹地，是我国森林工业的摇篮，也是我国重要的国有林区和开发最早的森林工业基地，素有"红松故乡"之美誉。1948 年起，伊春市开始大规模开发建设，逐渐演进为城市，60 年为国家提供优质木材 2.40 亿立方米，贡献税金和育林基金等 300 余亿元。在木材开发的繁荣期，提供了很多就业岗位。但由于长期的过量采伐，目前可采林木资源已濒临枯竭，森工企业陷入困境。2008 年伊春市被列入首批资源枯竭型城市名单，而后成为"全国唯一的国有林权改革制度试点和林业资源型城市经济转型试点城市"。2013 年伊春市全面停止天然林商业性砍伐，着力产业转型，但也造成人口、经济、社会等多个方面出现了收缩现象。

（一）城市收缩的现状特征与成因分析

1. 现状特征

（1）人口收缩特征

近来国内学者一直热议的与鹤岗"同病相怜"的黑龙江省伊春市，属于国家发改委评定的国家首批 12 个资源枯竭型城市之一。由于产业结构单一和林业资源枯竭，伊春市在过去多年里出现人口负增长现象：一

---

① 国土交通省，『健康・医療・福祉のまちづくりの推進ガイドライン』，https://www.mlit.go.jp/common/001049464.pdf.

方面，经济结构调整促使林业人口外迁；另一方面，2019 年伊春市的人口自然增长率为-4‰，长期为负值，出生人口数量（3879 人）还不到死亡人口数量（8403 人）的一半，林业人口的外迁以及低出生率进一步加深了人口老龄化程度，也直接导致住房需求萎缩和购买力不足。

人口总量和劳动年龄人口不断减少。伊春市是以林业生产为主导产业的城市，从 20 世纪 90 年代林区资源危困、资金危机的"两危"局面逐渐显现。据第五次全国人口普查到第七次全国人口普查数据可知，2000—2020 年伊春市常住人口在不断下降，2000 年至 2010 年减少 10.15 万人，2010 年至 2020 年减少 26.92 万人，表现出一定的人口减少惯性，人口减速越来越快。与此同时，中心城区的伊美区、乌翠区、友好区和金林区的人口数量如城市总体人口变化趋势一样，也出现不断减少的态势。特别是 2013 年全面禁伐之后，伊春市呈现出典型的全域型城市收缩特征。而且，劳动年龄人口数的外流趋势愈加明显。2000—2010 年，全市劳动年龄人口虽出现一定数量的减少，但总人口占比却有所增加。而在 2010—2020 年，全市劳动年龄人口数出现大幅度下降，总共减少了 33.33 万人，总人口占比从 78.91% 降为 74.38%（见表 7.2）。由于城市经济发展缺乏强劲的驱动力，企业无法满足职工期待的薪资要求，劳动年龄人口外流现象不断加剧。

表 7.2 历次人口普查伊春市人口结构变化情况　　单位：万人、%

	常住人口	劳动年龄人口	占总人口比重	0—14 岁人口数	占总人口比重	60 岁以上老人	占总人口比重
第五次全国人口普查	124.96	94.00	75.22	22.44	17.96	14.21	11.37
第六次全国人口普查	114.81	90.60	78.91	10.90	9.50	18.67	16.26
第七次全国人口普查	87.89	57.27	65.16	6.50	7.40	24.11	27.43

资料来源：根据全国人口普查统计数据整理所得。

人口出生率和自然增长率持续低位运行。按照国际惯例，人口出生率低于 15‰ 为少子化社会，低于 13‰ 为严重少子化社会。2015 年以来，伊春市的人口出生率和自然增长率持续在低位运行的趋势没有改变（见

表 7.3），属于严重少子化的行列。伴随着育龄人口的大量减少，人口自然增长率开始出现负增长的趋势，由以人口外流为主的机械减少逐渐转变为人口自然减少，人口结构变化呈现出不容乐观的发展态势，特别是劳动年龄人口的快速流失，又反过来致使城市经济发展更加后续乏力，形成循环累积因果效应，人均地区生产总值下降甚至低于黑龙江省以及全国平均水平。而且国家出台的"单独二孩"政策没有明显提升伊春市的生育率水平，"全面二孩"政策对伊春市出生率的影响也微乎其微。

表 7.3　　　　　　　伊春市 2015—2020 年人口自然变化　　　　单位：‰

年份	2015 年	2016 年	2017 年	2018 年	2019 年	2020 年
人口出生率	5.7	4.74	4.4	3.84	3.4	3.57
人口死亡率	9.5	8.21	13.3	8.47	7.4	10.52
人口自然增长率	-3.8	-3.47	-8.9	-4.63	-4.0	-6.95

资料来源：笔者自制。

与此同时，人口结构老龄化也是伊春市面临的挑战。一般来说，人口结构老龄化较为严重的城市，与其所在省区的老龄化程度是密切相关的，这个概率也与所在省份过早推进城镇化息息相关。东北三省由于较早推进城镇化，生育率相较全国下降的时间点更早，人口自然增长率偏低。黑龙江省自 2005 年进入人口老龄化社会之后，伊春市也于 2010 年步入老龄化社会的行列。与 2010 年第六次全国人口普查相比，2020 年 60岁以上人口的比重上升了 11.17 个百分点，65 岁以上人口的比重上升了6.64 个百分点。老龄化社会呈现出老龄化人口比重大、发展速度快、较为严重的"未富先老"等特征，人口老龄化程度远高于全省和全国的水平（见表 7.4）。随着老年人口规模的不断加大，老年人口内部变动将进一步加剧人口老龄化的严峻性。

表 7.4　　　　　　伊春市 60 岁以上老人占总人口比重　　　　单位：%

年份	2010 年	2015 年	2020 年
全国	13.20	16.00	18.70
黑龙江省	13.10	16.00	23.22

续表

年份	2010 年	2015 年	2020 年
伊春市	16. 26	21. 00	27. 43

资料来源：笔者自制。

综上所述，伊春市人口收缩的主要原因可归纳为四个方面：一是人口减少形势愈加严峻。从人口变化轨迹来看，伊春市在 2000—2020 年的 20 年间，市辖区所有片区都在持续经历着人口收缩，人口自然增长率在长达 10 余年的低位运行后，自 2006 年开始出现负增长，最严重年份高达-6. 95‰。二是林业全面停伐，林业产业人员流向其他城市。值得注意的是，由于在充满吸引力的城市中适者生存的竞争法则更为突出，这就决定了流出的林业转移人员大多是相对优秀的年轻精英。由于户籍制度的原因，发达城市在接纳外地人员时最常见的选拔标准是对职业、学历、年龄的优先选择，这就使伊春市人口除了数量上的减少之外，人口结构也出现进一步的恶化。三是大城市集聚作用和虹吸效应使外出求学人员的回流比例偏低。由于大城市在就业收入、子女教育、医疗卫生服务、社会文化环境等方面具有较大的相对优势，很多年轻人自然会倾向于选择到大城市发展。四是"候鸟"老人跟随儿女"迁徙"异地。随着伊春市年轻人不断流出并逐步进入结婚、生子、事业有成的各个阶段，他们的父母或许为了照顾孩子，或许被子女接去安度晚年，便追随子女离开伊春市"迁徙"到外地。

（2）经济收缩特征

综观伊春市城市发展轨迹可知，地处大兴安岭的伊春市拥有中国规模最大的森林地带，是我国重点林业工业基地和森工型资源城市，具有得天独厚的自然资源禀赋。但是，从 20 世纪 90 年代开始，由于长期性无节制的过度开发，林木资源濒临枯竭，茫茫林海面临透支风险，同时林区产业过于单一，林木资源的锐减严重影响林业产业的经济效益，林业及与其相关的支撑产业就业人员的收入大幅下降，伊春市出现森林可采资源枯竭与资金匮乏的双重危机。大部分森工企业职工工资长期处于较低水平，市民收入不断缩水，如此萧条的经济发展前景导致伊春市劳动力流向其他城市谋生，人口减少随之引发城市经济缺乏驱动力，特别是经济结构中的第二产业产值在城市 GDP 中的比重从 1957 年的 82.10%下降至 2020 年的 17.40%，这就迫使伊春市陷入漫长的调整期。

在"十一五"（2006—2010 年）时期，伊春市的经济发展攀升到一个新的高度。而在"十二五"（2011—2015 年）时期，伊春市林下经济基本上处在产业链发展的低端环节，不具备多个环节共同抵抗风险的能力。长期以来，形成了以林业为主的单一产业结构和中低端产业价值链，产业链条短、高端产业链条培育不足，大部分还是以原材料的原始形式在市场上出售。鉴于此，伊春市开始谋划产业结构和城市转型调整，但由于 2013 年实施全面禁伐政策，经济下行形势明显，2014 年和 2015 年全市地区生产总值同比上年下降 6.77%和 3.05%，市辖区地区生产总值同比上年下降 12.61%和 7.24%，工业经济呈现出"U"形发展态势，经济增速达到顶点之后开始下滑，经济发展后续动力不足，整体上处于低位状态。比较伊春市产业结构可知，伊春市工业化水平尚未达到全国平均水平，仍处于工业化发展的初级阶段，并且工业化水平与城镇化水平严重不相协调，长期滞后于城镇化水平，难以提升伊春市就业水平。由于工业化水平低下，无法有力地推动城镇化发展并为其提供足够的动力支撑。[1]

"十三五"（2016—2020 年）时期是伊春市工业发展的战略性调整时期。由于受到先前木材停伐的影响，林木产品加工业占比大幅下降，由"十二五"期末的 15%降至 1.90%。为了克服木材商业性停伐对工业生产的延续性影响，伊春市积极促进企业转型升级，加大企业培育力度，工业经济稳步换挡，总量不断扩大。2019 年，全部工业增加值实现 56.10 亿元，比"十二五"期末增长 14.30%。而且，伊春市加快园区基础设施建设，改善投资环境，优化园区布局，完善"林中产业点状发展，林区工业林外聚集发展"的总体空间布局，实现由重点产业园区向经济开发区拓展，推动符合产业导向的企业向园区转移，工业经济集群式发展趋势不断深化，截至 2020 年末，入驻各类企业实现工业总产值 157.20 亿元，比"十二五"期末增长 2.10 倍。此外，还以创新、壮大、引领为核心，加快发展壮大节能环保、生物、新能源等产业，2020 年规模以上工

---

① 张明斗：《东北地区城市收缩的空间结构与体系协同研究》，经济科学出版社 2021 年版，第 111 页。

业中战略性新兴企业实现工业总产值 17.20 亿元，比"十二五"期末增长 81.90%。可见，此期间伊春市以供给侧结构性改革为主线，克服增速换挡、结构调整的重大压力，推进工业经济转型升级，在推进高质量发展方面取得了一定成效。尽管如此，当前伊春市城市创新主体数量仍然较少，创新活力不足，主要表现为高新技术企业和科技型企业数量少，规模小，缺乏拥有自主知识产权的核心技术和拳头产品，缺乏专业化资金运作机构，企业融资较为艰难，创新潜力无法得以充分释放。而且，城市经济发展缺乏多个行业龙头企业带动，现有企业虽有一定生产能力，但企业规模有限，拉动力不够强劲，尚未形成具有产业规模和抗衡国内外市场的领军企业。2019 年伊春市辖区 GDP 达到 124 亿元，与 2013 年相比减少 31.84%，在黑龙江省垫底。

2. 成因分析

城市是自我迭代的生命有机体，由各种复杂个体集结而成，个体之间存在着千丝万缕的联系。城市发展阶段的演化是城市内部诸多个体共同作用的综合结果，城市收缩亦是如此。伊春市之所以出现一系列反映城市收缩的人口减少、经济衰退、城市蔓延等城市病，可以从以下三个环节剖析城市收缩的形成动因。

(1) 资源枯竭与环境污染

伊春市是一个典型的资源型转型城市，木材生产、营林生产与木材深加工等森工产业是伊春市最为重要的支柱产业。20 世纪 90 年代开始，出现了以森林可采资源枯竭和森工企业经济危困为主的发展危机，严重影响着城市生态环境和经济活动的可持续发展。全面禁伐政策和林木资源枯竭严重缩减了林业产业的经济效益，导致许多从事林木业以及与之相关的辅助行业就业人员收入明显降低，收入缩水必然会影响第三产业以至城市总体经济的发展前景。由于与其他城市的相对收入差异，许多青壮年职工选择流向其他城市寻找就业机会。

森林资源的开发开采给城市带来经济效益的同时，也引发了一系列的环境问题。由于森林资源的过度开采，土壤和植被均遭受到不同程度、难以逆转的人为性破坏，生态环境破坏制约着伊春市的社会经济发展，而在推动和实现城市经济的可持续发展方面仍未形成良性的运行机制。由于长期以来维持着以林木产业为主导的森工型经济结构，林业资源枯竭的压力开始倒逼城市加速转型发展，但林木产业职工数占据全市就业人员总数的比重较大，若推动产业结构的全面性整改调整将可能导致一些林木产业就业人员因无法适应其他产业相关工作而流向异地，这将会进一步加深伊春市人口流失程度，特别是以青壮年人口为主的劳动年龄人口较少，容易造成人口结构的畸形化发展，会对社会生产总值带来负面影响。21世纪以来，伊春市逐渐意识到这一问题的严重性，通过实施"天保"工程控制林木资源开采，禁止林区人为砍伐行为。伊春市生态发展目标的实现需要建立新的生态空间，而新生态空间的建立则需要对城市空间结构做出相应调整。

（2）劳动人口外流与人口老龄化

自实施"天保"工程全面林业禁伐以来，伊春市森工产业开始出现断崖式萎缩，城市经济发展缺乏现有支撑和潜在动力，大量林工产业的职工失业，劳动力外流现象极其严重，特别是劳动年龄人口数量急剧下降，人口红利逐渐消失，再加上计划生育政策的惯性已经严重限制了城市育龄人口的生育动力，出现人口负增长的趋势，由原来的人口外流为主逐渐演变为人口自然减少为主，城市人口结构迎来畸形发展的局面，导致人均地区生产总值下行，低于黑龙江省甚至于全国平均水平。

与此同时，紧随劳动人口外流和生育率下降而来的则是严峻的人口老龄化问题，2020年60岁以上人口比重达到27.43%，其中65岁以上人口占18.22%，处于由深度老龄化社会向超级老龄化社会转变的阶段。目前，伊春市各地区的人口老龄化率均高于黑龙江省以及全国平均水平，以伊美区为中心的城市中南部和西部老年人口不断增加，而青壮年人口却在快速减少，这就加速了人口老龄化的进程，致使政府财政和社会负担不断加大，无力通过更多财政投资推动城市经济发展，与其他城市的差距进一步拉大，导致劳动人口外流和人口结构老龄化的恶性循环不断加剧。

此外，由于受人口抚养比率上升、外资流入萎缩、储蓄率下滑等诸多方面的共同影响，伊春市的资本投入水平及资本形成率下降导致经济的潜在增长率降低，城市发展对劳动力的吸引力不断弱化，随之不断恶化的人口结构通过劳动力市场以及资本形成等途径显著影响伊春市人口总量的走势①，进而成为造成城市收缩出现和深化的重要动因。

（3）产业结构单一与替代产业衰退

计划经济时代，基于富饶多样的天然资源条件，重工业建设成为东北三省经济发展的重点目标，国家从战略层面赋予东北三省专属的政策机遇。但在 1969 年中苏关系交恶之后，我国战略规划将重工业产业转移到西南部相对安全的区域，致使东北三省与国家总体经济安全相关的工业制造业遭遇区域转移，逐渐失去了工业优势和国家政策支持。后来，改革开放的春风给东南部沿海地区带去了发展机遇，东北三省就几乎失去了国家层面战略扶持，只能依靠自身自然资源来推动经济发展。伊春市的森林工业是城市工业发展的支柱产业，长期以来"以需定产"的采伐方式导致林木采伐量长期超过生长量②，给生态环境造成了不可逆转的巨大影响。在 1985 年《中华人民共和国森林法》 （以下简称《森林法》） 实施、1998 年《森林法》修正以及 2000 年启动的天然林资源保护工程之后，林木开采规模不断受到限制，并于 2011 年与 2013 年先后叫停了主伐与商业性采伐。在木材减产过程中，尽管地方经济对木材及其周边产业的依赖度在不断减少，但林木采伐的骤然禁停，使得此前当地具有原材料优势的木材加工、家具制造等相关行业遭受巨大冲击，有关企业不得不转向外地购买木材，导致生产成本大幅上升，逐渐陷入经营困境。③ 这在很大程度上限制了城市总体经济的发展，甚至引发了持续性经济衰退和大量人口外流，随之加剧了城市收缩问题。

通常来看，经济结构单一的资源型城市在原有产业衰败之后，往往会再度依赖一个新的产业。④ 伊春市在林木资源枯竭的过程中，依托于自身丰富的铁矿石资源创建了多家钢铁企业。在 21 世纪初钢铁行业全国整体向好的态势下，其钢铁制造业迅速成长并超过了木材开采与加工业在地方经济中的地位。但好景不长，近年来在钢铁行业整体亏损加剧和企

---

① 张明斗：《东北地区城市收缩的空间结构与体系协同研究》，经济科学出版社 2021 年版，第 115 页。

② 于立、侯强、李晶：《"三林问题"的关键是林权改革：伊春市的调查》，《财经问题研究》2008 年第 9 期。

③ 高舒琦：《如何应对物业空置、废弃与止赎——美国土地银行的经验解析》，《城市规划》2017 年第 7 期。

④ Reckien Diana and Martinez-Fernandez Cristina, "Why do Cities Shrink?", *European Planning Studies*, Vol. 19, No. 8, August 2011, pp. 1375-1397.

业盲目扩张等多种因素的影响作用下，伊春市的钢铁行业被迫大规模减产，2018 年黑龙江省最大的钢企西林钢铁集团也未能逃避破产重整的命运。在林木停伐与钢铁减产的双重打击之下，伊春市经济也进入负增长通道，兼具了人口收缩与经济衰退的双重收缩特征。

（二）城市空间结构的演变过程与问题分析

1. 演变过程

城市空间结构的演变是多方面因素综合作用的动态变化过程，反映了一定时期城市经济、社会和环境互相关联、互相影响与互相制约的关系。资源型城市空间结构演变过程中，受到自然条件、自然资源禀赋、经济发展、国家及地方政府的政策导向及城市规划等各种因素的共同影响，在不同的发展时期，影响其城市空间布局的主要因素也有所不同。资源型城市空间结构演化一般要经历三个发展阶段，即城市形成初期城市呈现点状形态，成长成熟期以点状为核心逐渐向外跳跃式扩张，衰退转型期是内部填充与更新调整的阶段。作为我国最大林业资源型城市的伊春市，空间结构演变过程受到资源型城市发展周期的影响，按照其生命发展周期可以分为开发建设期、扩张调整期、衰退转型期三个时期。

（1）开发建设期（1948—1952 年）

此阶段的伊春由一个行政村快速扩张至县级规模，由 1949 年的72859 人增加至 1952 年的 220186 人，城镇化水平高达 82%，经济发展主要依靠林业，第二产业比重在 80% 左右。"因林而生"的伊春当时的城市结构为以伊春区和南岔区为主的"双核心"城市空间形态，即以伊春区为核心，翠峦区、乌马河区、友好区和美溪区为外围，及以南岔区为核心、以金山屯和带岭为外围的圈层结构。

（2）扩张调整期（1953—1990 年）

1953—1958 年是伊春市快速扩张的时期，资源型产业日渐成长壮大，形成零星分布的点状城市形态。城市经济发展依然是围绕林业开采，第二产业占全市地区生产总值的比重仍然处于较高水平。森工经济吸引外部人口逐渐集聚，人口快速增长至 61 万余人，城镇建设用地的需求也随之不断增加，在原有的点状城市形态基础上逐渐向外拓展扩张，逐渐形成友好区、翠峦区、乌马河区、伊春区、美溪区等城市组团。1958 年 2月，伊春正式撤县设市，分别设置伊新区、南岔区、双子河区、五营区、带岭区、翠峦区、美溪区、浩良河区 8 个市辖区。各市辖区人口显著增加，但城市结构仍然为以伊春区和南岔区为主的"双核心"城市空间形态，"核心"较上一时期规模增大许多。

1960—1988年，大量快速的开采开发导致城市中心区资源面临枯竭，为推动城市经济的可持续发展，伊春市开始探寻新的资源开采点，这就促使城市空间结构呈现出跳跃式扩张的趋势，城区范围随新的资源开发点的增加不断扩大，形成由原来的"双核心"转变成"多核心多副心"的城市空间结构。该时期，伊春市城市结构趋于稳定，形成了以伊春区、友好区、南岔区、西林区、翠峦区、新青区、美溪区为多核心的城市空间结构，同时也形成了沿交通干线为骨干的"W"形城市发展轴线以及北部、中部、南部三个城镇发展区。

（3）衰退转型期（1991年至今）

由上述内容可知，在扩张调整期阶段，伊春市已经形成了以主城区为核心、条带状分布的多中心城市空间格局。从2001年开始人口持续较少，城镇人口的流失导致城镇化水平有所下降，第一、第三产业比重持续上升，第二产业比重持续下降，产业结构出现"退二进一"的趋势。由于人口流失严重，城市空间破败，各市辖区之间相互割裂，交通联系度较低，行政区划上的城市与地理空间上的城市之间的差距越来越大。在衰退期，相较于城市调整期，城市发展核心等级规模缩减，部分曾经的核心城镇衰退为一般城镇，如西林区、美溪区等。

由于独特的"政企合一"体制，伊春市拥有15个市辖区、1个县、1个县级市，分别是伊春区、汤旺河区、乌伊岭区、新青区、红星区、五营区、带岭区、南岔区、乌马河区、美溪区、翠峦区、友好区、上甘岭区、金山屯区、西林区、铁力市和嘉荫县。在《伊春市城市总体规划（2001—2020年）》中提出不均衡市域城镇体系发展战略，发展壮大以伊春区、乌马河区、翠峦区为主的中心城区，加强个别市域副中心城镇的培育。《伊春市城市总体规划（2011—2020年）》（2017年修订）中将友好区纳入市域核心发展区域。2019年7月13日，根据《国务院关于同意黑龙江省调整伊春市部分行政区划的批复》中区划调整方案，撤销了15个市辖区，新设立了汤旺县、丰林县、南岔县、大箐山县及伊美区、乌翠区、友好区、金林区4个市辖区。该时期，主要城镇发展区和发展轴线较上一时期并未发生变化，但由于人口大量流失，在扩张调整期中处于核心城镇的翠峦区、西林区、美溪区和新青区演化为一般城镇，城市发展核心缩减为伊美区、乌翠区、友好区和金林区，伊春市实际上成为由一个主城区与十余个收缩小城镇共同组成的收缩城市。

2. 问题分析

城市作为集结各种复杂元素的生命有机体，其发展过程中产生的变化是内部各种元素共同交叠作用结果的外在表现。城市收缩的表现特征呈现出多元化和多样化，具有独特的区域性背景和地方性成因，越来越多的研究证实了收缩动因发生机制的强异质性[①]。

（1）城市空间布局分散

伊春市起源于森林资源的开发利用，现有城镇体系格局的形成取决于森林资源的空间分布。林业资源型城市发展的一般规律是从"因林而生"到"因林而兴"，再到"因林而衰"。由于林业资源开发、林业发展与林业资源型城市空间扩张具有高度的时空一致性，伊春市早期城区建设主要围绕森林资源的空间分布来进行。在城市开发建设期，随着林业资源开采范围的不断扩大，自然资源的空间分布以及政府政策与行为导向成为影响城市空间格局分布的主要影响因素。在城市扩张调整期，丰富的林业资源支撑着经济增长和新开发的延续，城市空间结构由原始居住区进化成"双核心"，然后再进一步转变成"多核心多副心"的空间格局。在城市衰退转型期，城市发展所依托的林业资源面临枯竭，城市转型发展需要寻找新的接续产业支撑城市经济发展，倒逼单一的产业结构向多元化城市产业结构进行转换，在产业结构转型转换的压力下，城市空间结构面临空间重组和结构优化。

目前，城市各辖区开发区域围绕资源的分布设置在地势平坦之处，形成条带状分布的空间格局。各个市辖区布局分散，交通联系性差。除了主城区的伊美区和乌翠区彼此接壤之外，其他城市组团均与主城区相隔数十千米，缺少实现互联互通的公共交通。并且，公共服务设施主要设置在规模较大的主城区，相对于伊美区、友好区和乌翠区来说，金林区、五营区、乌伊岭区等其他城市组团公共设施配套数量不足且等级较低。这种分散布局的城市空间形态类似于穿孔式收缩的情况，会导致城

---

① Haase Annegret, Rink Dieter, Grossmann Katrin, et al., "Conceptualizing Urban Shrinkage", *Environment and Planning A*, Vol. 46, No. 7, July 2014, pp. 1519-1534.

市基础设施浪费，人口集聚性较弱，城市活力下降①，不仅不利于土地利用的集约性，也不利于城市基础设施建设和共享以及生态环境的集中治理。

伊春市自林业资源枯竭以来，人口流失等多样化因素导致经济空间破败问题日渐凸显，土地资源的粗放式利用严重影响土地生产能力的提升，区域发展分化造成城市片区之间的经济发展水平差距越来越大，对经济产业结构和城市内部用地结构的调整优化迫在眉睫。从城市的空间结构方面来看，伊春市全域范围内都处于人口不断减少的状态，原来以建成区规模扩张为主要表征的增量规划难以为继，亟须谋求城市规划理念的转型和转变，推动适应人口收缩时代的资源枯竭型城市国土空间规划编制。

（2）人口减少与城市扩张的悖论

一般来说，城市土地开发的规模与人口数量是彼此协调统一的。在人口增长时代，城市用地规模应随着城市人口的增加而逐渐扩大。同样，在人口减少时代，城市人口数量的减少从根本上削弱了城市空间扩张的内在需求，城市规划应积极探索存量规划或减量规划的方法策略。

当前，国内许多城市已经出现收缩态势，但几乎每个收缩城市都有一个膨胀的规划，伊春市便是其中的一个代表性案例。虽然以不同的方法标准对伊春市各区县市的收缩程度进行评价会得出不同的结果，但所有结果都表明伊春市属于人口全面减少的全域型收缩城市。伊春市总人口在 2000 年达到顶峰，但随着林业资源枯竭引发就业岗位不断减少，从2001 年开始人口数量持续减少，特别是市辖区人口收缩尤其严重。尽管人口总量全面减少，但伊春市仍然在坚守以人口增长为基调的增长主义规划扩张的惯性思维，选择逆势而行。经济欠发达的收缩城市企图通过以往更多的规划人口目标设定方式，借以获得更多的城镇建设用地指标支撑后续的城市空间扩张型开发，继而陷入土地财政的恶性循环，最终导致土地城镇化快于人口城镇化的悖论现象出现，即在城区常住人口数量持续下降的同时，一些城市的建成区面积仍在不断增长，这必然容易造成土地资源错配与经济效益损失的问题发生。

---

① 张明斗：《东北地区城市收缩的空间结构与体系协同研究》，经济科学出版社 2021 年版，第 115 页。

与此同时，伊春市的新区兴建速度却提挡加速，城市向外低密度扩张蔓延，呈现出更加分散的城市空间布局，诱使中心区内部产业和就业人员向外部迁移，使得中心城区土地利用结构和经济效益面临被动式变迁和消极性影响，形成类似于欧美和日本的郊区化特征，导致中心城区不断衰退和城市外围地区开发活跃的畸形现象。在城市郊区化扩张的同时，中心城区出现空置住房增加、公共服务设施闲置、人口密度下降等现象，这将会诱发城市土地利用强度降低、城市中心区产生穿孔式收缩等一系列问题。

尽管如此，在《伊春市城市总体规划（2001—2020 年）》中还提出扩大中心城区规模，2005—2020 年市域人口从 133 万人增加到 140 万人，而实际上 2010 年人口普查时仅为 115 万。2017 年 9 月国务院批复的《伊春市城市总体规划（2011—2020 年）》中，将 2020 年的人口总数修改为 115 万—120 万人。然而，2020 年市域人口仅为 878881 人。在这样人口严重减少的状况下，伊春市却仍然在主导基于人口增长预期的空间规划建设。2013—2021 年，全市房地产开发累计完成投资 93.40 亿元，用以推动溪语墅、松韵新城、星河湾、龙栖湾、凤凰水岸等小区的开发建设。

总而言之，伊春市由于固守传统的增长主义发展模式，无视城市人口减少的客观事实，主观凭空地增加规划人口指标，推动城市建成区用地的开发建设，结果导致人均城建用地指标不断降低，空间紧凑度明显下降，从而造成城市产业以及人流、物流、信息流布局更加分散，城市土地的利用效率和经济效益的降低，进而削弱了城市空间的集聚效应和人居魅力。

（3）中心城区的规划不当与空心化

从《伊春市城市总体规划（2011—2020 年）》的规划方案可知，伊春市未能正视人口收缩的客观事实，而是跟风推动新城建设，通过人口增加的增长规划带动城市建设用地规模的增加，继续依赖土地财政来带动城市 GDP 的增长。而且，为了扩大中心城区的规模，规划将伊春区、乌马河区和翠峦区三个原先在建成空间上并不接壤的区划为中心城区，使得城市的空间结构被迅速增大，同时为了加强三区的联系，投入巨额资金加强城市的基础设施建设，导致城市东西向的通勤压力迅速增加[1]，这些都属于完全违背城市规划的科学性和合理性的规划行为。伊春市正如其他资源型城市一样，城区随林业资源开发点的分布而呈现零星分散的空间形态，辖属的片区和县级市区域数量庞多且布局分散。这类似于日本富山市的星座型城市空间格局，期待主城区之外的大部分市民迁入主城区以弥补外流人口的空缺几无可能，今后的工作重点应倾向于在现有建成空间范围内推动经济发展和维持现有人口数量，而不是迷恋于土地财政所带来的暂时性政绩满足，这样将来抑或招致不可逆转的房地产泡沫危机和更加严峻的收缩危机。

2019 年伊春市行政区划调整后形成了由伊美区、乌翠区、友好区和金林区组成的市辖区，地理位置上彼此之间相互隔离且距离较远。由地理学第一定律可知，区域空间结构的形成与发展过程中，各种经济活动或地区之间的空间距离不同，相互间发生联系的机会和程度也就存在差异。因此，城市中心城区的新城建设项目尚未取得显著的实施效果，至今市辖区的四大片区仍然未能实现预期的"四区协同联动"效应。不仅如此，新城建设项目反而使得许多市民从中心城区向周边迁移，但由于其周边地区的基础设施不够完善，加剧了城市收缩问题的日趋恶化，同时人口减少又进一步削弱了中心城区的资本集中度和经济活力，导致难以形成高效的集聚经济和规模效应，经济发展和产业转型变得步履维艰。此外，由于以往规划只关注建成区物质空间的扩大而忽略了人口负增长的客观事实，在人口减少与空间扩张并行的悖论现象下，当前中心城区产生许多空置、闲置和废弃的建筑和土地，不仅损害着城市景观的品质，而且易于成为社会犯罪的场所空间。

（三）伊春市中心城区的空间优化建议

1. 理念引领：遵循精明收缩型再生理念推动精明紧凑城市规划建设

在经济增长趋缓、人口逐渐收缩、工业文明转向生态文明的转型背景下，必须理性预判城市经济、人口、用地增长预期规模，遵循精明收缩型再生理念精简规划的城市空间，提升城市功能内涵和空间品质，以实现城市国土空间规划的高质量发展目标。作为应对城市收缩和实现城

---

① 高舒琦：《如何应对物业空置、废弃与止赎——美国土地银行的经验解析》，《城市规划》2017 年第 7 期。

市精明收缩的主要手段，紧凑城市成为欧美和日本等许多国家推崇和采用的主要城市发展政策，也是最适合人口减少和老龄化时代的政策方向。而且，大多数学者都认为，通过公共交通串接城市中心节点的多中心网络型紧凑城市是最适合收缩城市的空间重构理念，也是应对城市衰退的一种城市再生理论和能够缓解财政危机的有效方案。

伊春市位于小兴安岭山脉中段腹地的汤旺河畔，南北青山对峙，由低山和平原组成的地形西高东低，辖属城市组团散置各处，这样的地形特点正适宜采用多组团连接型的紧凑城市规划模式。建议伊春市勇于正视中心城区人口减少的客观现实，摒弃城市规模扩张才是增长发展的错误思维，编制多中心网络化精明紧凑型市级国土空间规划。

具体而言，严格把控中心城区各个片区空间扩张界限，在乌翠区和伊美区的北部规划伊春河滨河生态景观带，并在它们南部设置空间增长边界，加强边界管控，严控增量，盘活存量。同时，将伊美区、乌翠区、友好区和金林区各个片区视为一个单独的紧凑型城市开发单元，把片区中心打造成为空间收缩中心和增长极。根据点轴式空间结构模式，增长极发展过程中会与周边的点以及增长极建立起互补关系，而为了实现它们之间的互补性，就需要建设连接它们的各种交通线路。[①] 而且，由于空间分离的城市单元可以凭借交通网络化和信息网络化在不同尺度上获取集聚效应，那多中心空间体系则可以借助"规模互借"效应获取集聚经济效益，通过公共交通网络使得集聚效益外部性扩散到其他中心节点区域。因此，伊春市还要建设以 BRT 或 LRT 为主导的公共交通轴线，借以将中心城区各个片区中心有机串联起来，形成一条遵循 TOD 开发模式的公共交通廊道，强化多样化城市功能向公共交通廊道内部集聚整合，全方位打造出串联伊美区、乌翠区、友好区和金林区四大中心城区片区以及其他城市组团的带状城市发展轴，实现中心城区以及城市整体的联动化与一体化。

与此同时，中心城区各个片区还要将其内部各级城市中心以及火车站点、公交站点等重要公共交通节点的步行圈设定为城市功能引导地区，引导医疗、商业、福利及居住等多样化城市功能向功能引导地区高度集聚整合，强化多样化城市功能集聚所产生的"密度经济"效应，提升居

---

① 李小健：《经济地理学》（第三版），高等教育出版社 2018 年版，第 176 页。

民的生活便利性和服务设施的投入产出效率，打造促进收缩城市实现复兴和高质量发展的新增长点。这种遵循精明收缩型城市再生的城市发展策略有效规避了中心城区的非正常收缩，通过一整套的集约精细化策略引导多样化城市功能和有效的资源禀赋向特定开发集聚区集中整合，全方位提升中心城区的资源配置水平和使用效率。

2. 形态调整：打造"一体两带三轴、两心多组团"的"Y"形总体布局结构

伊春市起源于天然森林资源的开发，现有城镇体系格局的形成取决于森林资源的空间分布。伊春市的城市选址和扩张主要依托森林资源，各辖区居民点围绕资源的分布设置在地势平坦之处，除伊美区和乌翠区相互接壤外，友好区和金林区均与主城区相距甚远，相互割裂且无公共交通联系。这种分散的城市空间布局既不利于土地利用的集约性，也不利于城市基础设施的共建共用以及生态环境的集中治理。而且，伊春市已经成为整体性人口持续减少的全域型收缩城市。2010 年以来，中心城区的伊美区、乌翠区、友好区和金林区均出现不同程度的人口减少态势，而且演变成日渐严重的惯性收缩问题。在此情况下，针对城市人口整体性减少的状况，伊春市需要从整体上对空间形态进行调整和优化。

当前的市级国土空间总体规划需要在生态文明思想的指导下，以"高质量发展和高品质生活"为目标探索内涵集约式发展道路，构建适合自身特性的资源枯竭型城市总体结构。结合伊春市中心城区的空间拓展趋势和功能布局，顺应城市沿伊春河和汤旺河两条河谷带状伸展的发展态势，未来中心城区的空间结构应突出整体带状组团发展和局部集聚发展的双重特征，将伊春市中心城区打造成"一体两带三轴、两心多组团"的"Y"形总体布局结构。具体来看，"一体"指的是将伊美区重点打造成多样化高级城市功能高密度集聚整合的中心城区主体，"两心"主要包括依托市政府办公中心重点打造以行政办公、商业文体为主的新城中心，以及依托伊春老城区已形成一定规模的商贸服务和文教科研基础且以商贸、文教、旅游服务为主的老城中心。"多组团"指的是除主城区之外，中心城区还包括乌翠区、友好区和金林区三个侧翼组团，特别是友好区和金林区与主城区的距离较远，形成相对独立的侧翼组团。"两带"指的是通过伊嘉公路串联中心城区主体和友好区组团侧翼，通过鹤伊公路串

接中心城区主体和金林区组团分别形成城市发展次轴线。"三轴"指的是为了加强中心城区主体与三个侧翼组团之间的经济联系与社会互动，除了构建城市发展主轴线和城市发展次轴线，还要通过城市发展主轴线沿着林都大街，串联城市中心及中心城区主体和乌翠区组团，引导城市核心功能的点轴集聚。

3. 公交引领：通过公共交通轴线引导城市功能和资源要素的点轴收缩

由于伊美区、乌翠区、友好区和金林区的人口数均在减少，空间规模应按照规模适当化规划严格控制增量，盘活存量，或者开展适当的减量规划，拆除经评估后判定为无价值的空置废弃建筑，并将其转变为绿色开敞空间，借以改善生活环境的空间品质，遏制人口的进一步外流。而且，已经步入老龄化社会的伊春老龄化发展速度快，呈现出比较严重的"未富先老"特征，为此今后应更加注重公共交通的发展，为无法驾车或驾车不便的老年人提供优质的公共交通服务。

从地理位置来看，伊春市四个市辖区彼此分散隔离开来，形成一个多组团的城市空间布局，空间上散置的各个组团片区需要摆脱空间上的限制，通过彼此之间的相互合作来实现协同发展和集聚效应成为国土空间规划的关键课题。根据陆大道的点轴理论，区域空间结构应由点、轴两个基本要素组合而成，作为增长极的中心点会源源不断地给周边的点输送发展所需的新生产资料、新生产技术和新信息，这样就会提高它们的发展能力，刺激它们的发展欲望，而且随着经济联系密切程度的增强，各个中心点的经济社会联系也会活跃起来，最终会实现均衡发展和共同繁荣。

伊春市收缩规划可以借鉴日本选址优化规划及富山市"汤圆和串儿"的空间规划构想的经验思路，通过轻轨 LRT 或快速公交 BRT 等公共交通轴线将四大市辖区串联起来，形成以主城区伊美区为核心的串联乌翠区的城市发展主轴，除注重老城区、新城和乌翠区这些作为增长极的"点"的规模效应和集聚效应之外，还要推动连接老城区和乌翠区的林都大道沿线的功能集聚，这不仅能够强化伊美区和乌翠区功能之间的协同互补，还能提升各种功能设施的交通可达性。同时，为了实现伊美区与其他中心城区片区的互联互通，还要构建串联主城区与友好区、金林区的两大公共交通轴，形成由公共交通引导空间收缩的多组团收缩型城市空间结构，将每个公共交通轴都打造成城市重要的开发轴和发展轴，引导各种功能设施逐渐向公共交通轴沿线集聚整合，并充分借助公共交通网络带动城市全体的人流、物流和能量流在"点—轴"上的快速流动，提升城市组团之间的空间移动效率与城市功能布局优化质量。

4. 空间再生：激发中心城区新活力

传统区域经济学理论认为，人口和企业在特定地区的集中可以带来集聚效应优势，这意味着人口规模大且城市功能多样化聚合的中心城区具有更加显著的经济效益和发展潜力，因此中小城市一般都会积极引导人口和公共资源向中心城区集聚来维持和激发中心城区的活力，降低城市基础设施建设的财政投入和管理费用。①

2021 年"两会"期间，"城市更新"首次写入中央政府工作报告："十四五"时期"实施城市更新行动，提升城镇化发展质量"。城市更新是采用固本培元和由内养外之法，是一种不完全依赖药物、依靠自己强健体魄调理恢复的治疗。理想化的城市更新不应只停留在旧有改造的层次上，而应该进入城市再生阶段，摒弃大拆大建，注重城市功能活化，强调经济社会可持续发展。

对于人口减少和经济衰退并存的伊春市而言，需要借助城市更新这一政策契机，为重振城市活力积极推动城市再生策略，在正确把握未来变化的基础上，更新城市功能，改善城市人居环境，恢复或维持自身已经失去或正在失去的"时代牵引力"功能。具体而言，第一，对原本粗放式扩张的中心城区进行内涵提升式改造，通过老旧小区改造、危旧楼房改建、老旧厂房改造等项目全面提升中心城区的空间品质和生活质量，全方位引导人口与公共资源向中心城区的渐进式集聚；第二，伊春市中心城区仍有潜力承担城市功能，为防止衰退问题的持续恶化，可以通过引导资金流入实现经济回升，创造有竞争力和吸引力的物质空间环境；第三，通过提升中心区的公共环境和基础设施，培育城市文化品牌，增强人文关怀和居民归属感；第四，引导和强化多样化高等级城市功能向中心城区集聚整合，提高中心城区的服务层次性和需求丰富性，重视火车站和汽车站等交通节点中心广场周边的规划设计，配置包括使用需求

---

① 栾志理、朴锺澈：《从日、韩低碳型生态城市探讨相关生态城规划实践》，《城市规划学刊》2013 年第 2 期。

较高的商业设施和公共服务设施的地标性复合建筑和步行商业街；第五，提高中心城区的公共交通便利性，构建串联中心城区和市域生活节点的公共交通轴线，借以强化中心城区和市域城市组团之间的人口流动和信息交流；第六，通过多样化住宅建设或补助支援方式引导不同阶层市民向中心城区迁入居住，从而将中心城区打造成为多样化高等级城市功能高密度集聚整合的活力中枢。

第四节　东北三省收缩城市空间优化 规划实施方案

一　遵循精明收缩型再生理念编制精明紧凑型城市国土空间规划

目前，国土空间规划的组织和编制工作正在全国范围内如火如荼地展开，如何科学地编制市级国土空间总体规划成为当前国内政界和学术界的热点议题。市级国土空间规划是市域国土空间保护、开发、利用、修复和指导各类建设的行动纲领，在国土空间规划体系中起着承上启下的作用，既要落实和细化国家级、省级规划的要求，又要为相关专项规划和详细规划提供依据，侧重于实施性。[①] 同时，市级国土空间总体规划在引导城市空间可持续发展方面责任重大，担负着处理城市和地区的空间关系、探索城市空间发展模式、进行空间结构优化的重要职责。

长期以来，尽管人口流失问题仍然在持续恶化，但东北三省不断追求扩大投资规模、盲目引进项目而忽视项目质量、无序扩张建设用地的城市发展建设思路成为全面振兴的重要发展障碍。对此，可借鉴发达国家应对城市收缩的方法策略，将精明收缩型城市再生作为东北三省收缩城市更新改造的新思路与新路径。精明收缩型城市再生就是经历着收缩"危机"的城市为激发城市再度发展的内在动力，在保持部分地区良性运行的同时，对衰退的地区采取不同的方式进行针对性处理。东北三省需要针对城市人口减少、产业衰退造成的土地利用效率低下的现实，将城市投资重点及时转向新产业发展与产业结构升级，空间利用转向开发存

[①]　赵民：《国土空间规划体系建构的逻辑及运作策略探讨》，《城市规划学刊》2019年第4期。

量、低效用地与优化城市空间结构，推动城市功能转型与发展质量提升，彻底走出盲目上项目、铺摊子的"东北振兴"怪圈。①

针对当前城市转型和空间规划所面临的发展障碍与现状问题，东北三省资源型收缩城市应遵循精明收缩型再生理念编制新一轮精明紧凑型城市国土空间规划，全方位地推进城市的活力再生和空间优化，重点从以下三个方面做起：

首先，要合理压缩城市的空间规模。终结增长主义价值观主导的空间扩张模式，通过内外环线划定城市主城区和中心城区的空间增长边界，遏制城区边缘的开发建设和扩张蔓延，倡导严控增量，盘活现有建成区存量，在有限合理的城市空间内部实现"小而精，小而美"的城市发展机制。

其次，明确划分城市的功能区域。对城市内部进行清晰的分区划分，探寻现有优势条件较为明显的区域以及存在开发潜力的空间增长点，将该区域单独界定出来，并设定为重点管理区域或重点发展区域，引导这些区域之外的居住及其他城市功能向这两大区域集聚，将其内部各级城市中心以及火车站点、公交站点等重要公共交通节点的步行圈设定为城市功能引导地区，引导医疗、商业、福利及居住等多样化城市功能向功能引导地区高度集聚整合，充分结合自身资源以及新注入的资源，推动该区域的良性更新改造，强化多样化城市功能集聚所产生的"密度经济"效应，打造促进收缩城市实现复兴和高质量发展的新增长点。

最后，深度挖掘废弃闲置用地的二次利用价值。对于难以实现再发展的区域，尤其是存在大量的废弃工业厂房、闲置空置房屋的地块，可考虑采用新建"绿色基础设施"的处理方式，将废弃闲置用地转换成为绿地花园、娱乐场所等公共活动空间，在工业地区植入工业艺术公园或工业博物馆等新功能，实施商业孵化项目，培育潜在发展动力，既能有效优化城市空间结构，还能实现该区域的二次利用价值。

二　建构"紧凑节点化+公交网络化"的市级国土城市空间结构

东北三省大多数资源型收缩城市因天然资源而生，又因天然资源而盛，后又因天然资源枯竭而衰。其产生依托于自然资源丰富的开发地点，这些特定地点凭借资源禀赋的先发优势，会对周边地区的资金、劳

---

① 马佐澎、李诚固、张平宇：《东北三省城镇收缩的特征及机制与响应》，《地理学报》2021 年第 4 期。

动力、技术等生产要素产生越来越大的吸引力，人口规模和空间规模都会不断壮大，最终形成了多个城市组团在地理空间上零散分布的城市总体格局。

新时代国土空间规划不应以约束性为唯一导向，而是主张打破传统城乡规划与土地利用规划在扩张与管控上的单一惯性，在空间规划和治理过程中推动精明增长和精明收缩的双管齐下。[①] 对于东北三省资源型收缩城市而言，城市发展政策不再需要以土地财政作为发展驱动力来推动规模量产的国土空间开发，而应从数量扩张型向存量优化甚至于减量规划的国土空间营造转型，向内涵提升式的高质量空间治理发展方向进行转变，将增强城市高质量发展的动力元素渗透到城市空间规划战略之中，通过城市功能"紧凑化"规划战略和公共交通"网络化"规划战略推动多节点、网络化的城市总体空间结构的形成和优化（见图7.7）。

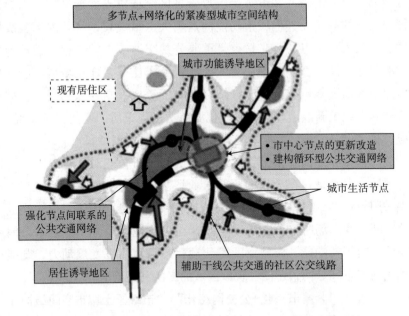

图 7.7　收缩城市的"多节点+网络化"紧凑城市空间结构

资料来源：笔者自绘。

---

①　周恺、涂姗、戴燕归：《国土空间规划下城市收缩与复兴中的空间形态调整》，《经济地理》2021 年第 4 期。

（一）城市功能"紧凑化"战略

以人口流失为表征的收缩城市亟须果断终结规模扩张型开发导向的增长主义发展模式，控制城市土地开发利用规模，对存量土地进行结构调整与布局优化，规避人口减少与城区扩张的发展悖论现象所造成土地资源的空间错配问题。① 为此，城市宏观层面上，根据遵循精明收缩型再生理念推动存量规划和减量规划，压缩城市空间规模，对现有建成区进行形态调整和空间重构，将多节点、网络化的紧凑城市作为收缩城市空间规划的转型方向和愿景目标。城市微观层面上，将城市总体规划中的各级城市中心以及火车站点、公交站点等重要交通节点的步行圈设定为城市功能引导地区，遵循 TOD 开发模式引导医疗、商业、福利及居住等多样化城市功能向功能引导地区内部集聚整合，突出市中心和各城市生活节点功能服务的层级性和自足性，同时还要引导居住功能向城市功能引导地区及其周边地区、主要公共交通轴周边地区集中。并且，重视老年人日常利用设施与公共交通站点的统筹规划设计，特别是老年人居住密度较高的地区，需要遵循 TOD 模式引导多样化城市功能按照一定的秩序结构布置在步行尺度空间内部，特别是老年人日常生活利用频率较高的商店、医疗和医护等功能设施，借以引领城市规模总量的减少和空间规模的收缩。倘若这类设施能够迁移到公交站点周边，将会有助于人口向公共交通节点内部的迁入集聚，进而推动人口和城市功能向市中心、生活中心、医疗中心和学术科技中心等专业化城市中心节点及重要交通节点的城市功能"紧凑化"战略。

（二）公共交通"网络化"战略

面对不断加剧的老龄化社会，如果不将城市节点紧凑化与公共交通规划统筹结合，城市功能的渐进式集中和社会基础设施维持是难以实现的。而且，由若干个城市节点所组成的多中心空间体系可以通过"规模互借"效应获取集聚经济效益，空间分离的城市单元也可以凭借交通网络化和信息网络化在不同尺度上获取集聚效应。为有效强化各级城市中心彼此之间的有机联系，通过公共交通网络体系的构建来维持原有规模、

---

① 杨东峰、龙瀛、杨文诗等：《人口流失与空间扩张：中国快速城市化进程中的城市收缩悖论》，《现代城市规划》2015 年第 9 期。

促进集约化联系才是最为重要的。① 因此，收缩型中小城市应通过轻轨线路或公交快车线路等公共交通轴线将市中心和城市生活节点、各个城市生活节点之间进行有机连接，同时为提升位于一些中心城区之外且不在公共交通轴线上的小型生活节点的交通便利性，还需增加社区公交等辅助性交通工具，提高中心城区之外地区居民到达市中心的可达性和快捷性，建构有机串联市中心节点和地域生活节点的公共交通网络，借助公共交通网络带动城市全体的人流、物流和能量流在"点—轴"上的快速流动，提升城市中心节点之间的空间移动效率与城市功能布局优化质量，改善空间连通性和可达性，促进收缩城市公共交通网络化体系的形成。

三　构建公共服务设施共建共享体系

在资源枯竭、经济衰退、青壮年人口外流、人口老龄化等多样化因素的叠加作用下，部分东北三省资源型收缩城市将会出现经济下行和GDP 萎缩，不得不面对城市税收减少和财政状况恶化等一系列问题。对于财政状况每况愈下的收缩城市来说，公共服务设施的投资新建必定会带来更加沉重的财政负担，于是实现公共服务设施的共建共享和协同配置就成为核心课题。

对于东北三省的资源型收缩城市而言，通过财政拨款新建道路基础设施亦并非易事。尤其是人口密度降低、功能设施选址和住宅稀疏散置的情况下，通过公共交通网络将它们全部连接起来需要承担巨大的建设费用。因此，应将高层次公共服务设施向交通节点和基础设施原已形成一定规模的城市中心节点进行集约布置，并强化彼此之间的联系和交流。由于收缩城市的功能设施主要向城市中心节点、地域生活节点以及公交站点步行圈内部整合集聚，这就可能使得这些地区由于空间规模的限制而导致城市功能种类较为单一，从而无法满足人们多样化生活需求的问题出现。

此外，部分距离中心城区较远的县城之间，以及收缩型地级市中心城区之间也需要建立公共服务设施的共建共享体系。区域协同发展要从区域命运共同体的理念出发，发挥各组分的最大优势和特色，通过分工合作、互通互补、共建共享达到互利共赢，实现整体最优目标。因此，

---

① 栾志理、栾志贤：《城市收缩时代的适应战略和空间重构——基于日本网络型紧凑城市规划》，《热带地理》2019 年第 1 期。

收缩型城市开展精明收缩型城市国土空间规划需要挣脱仅仅以单个城市为规划对象的地理性空间范围的束缚，扩大规划对象地区的空间范围，开展两个或两个以上的周边城市之间的跨界协同空间规划对接，对重大教育、文化服务、医疗卫生等相关公共设施进行适度超前谋划，提高地区公共服务衔接共享水平，最大限度推动跨区域的公共服务设施共建共享。教育合作发展方面，鼓励中小学集团化办学、开展对口帮扶，完善进城务工人员随迁子女就学和在流入地升学考试的政策措施，统筹职业教育布局和专业设置，打造一批职业教育基地等；公共文化服务方面，鼓励博物馆、美术馆、文化馆等建立城际合作联盟，形成各具特色的文化基地，满足不同市民的多样化需求；医疗卫生合作方面，支持共建区域医疗中心和国家临床重点专科群，建立区域专科联盟和远程医疗协作体系。并且，为了强化公共服务设施协同共享的实际效果，必须通过构建连接彼此的高效率道路交通干线和公共交通网络，提高城市节点、县级城市以及地级市中心城区之间公共服务设施的接近性和互补性。

四　合理界定与控制中心城区规模

在经济增长趋缓、人口逐渐收缩、工业文明转向生态文明的转型背景下，市级国土空间总体规划要求在生态文明思想的指导下，以"高质量发展和高品质生活"为目标探索内涵集约式发展道路，理性预判城市经济、人口、用地增长预期规模，遵循精明收缩理念压缩和精简城市规划空间，提升城市功能内涵和空间品质，以实现城市国土空间规划的高质量发展目标。

当前，东北三省大部分资源型收缩城市都陷入经济发展断崖式下降之后的人口减少和经济转型困境，亟须摆脱对土地财政的过度依赖，果断终结推动城市规模扩张的增长主义发展模式，开展以提高土地利用效率和城市空间品质为目标的内涵提升型存量盘活规划。整体上严控增量，盘活存量，借助生态文明建设和城市更新政策的契机在现有建成区范围开展存量规划，通过内环线界定中心城区的空间增长边界，通过外环线界定城区的空间增长边界。通过科学客观的评估结果适当拆除城区外围的闲置空置建筑，并响应"双碳"行动要求在拆除地区推动绿地化战略，借以限制城市土地开发的空间规模，遏制城市边缘地区的开发扩张。

东北三省资源型收缩城市还应深入研究人口和用地规模关系，准确定位城市规模和等级，结合生态环境容量和存量用地规模确定城镇开发边界，收紧弹性发展区所占比例。根据"强化资源环境底线约束，推进生态优先、绿色发展"的编制要求，一方面，通过多中心网络型紧凑城市规划建设，全方位引导人口和资源向中心城区流入聚集；另一方面，对通过诊断判定的已经无法再度实现人口增加的城市地区进行收缩调整，在确保满足基本空间需求的前提下，将城市用地由寻求增量转向激活存量。对于伊春市这样的全域型收缩城市来说，考虑其人口回流周期较长，应将中心城区和其他县级城市的建成区规模进行适当缩减，依据现有人口的空间发展需求制订以内涵品质提升为目标的城市规划发展方案。

五　推进规模适当化规划的制度化

现行城市总体规划是按照以人口增长为前提的增长主义发展模式制定实施的，而且那些人口持续减少的城市也设定了无法实现的人口增长目标值，并根据此人口目标值制定了土地利用、住宅和设施规划。但是，这种规划方式已经无法适应收缩城市的发展要求。其实，对于人口难以重返增长轨道的资源型收缩城市来说，重要的不是目标人口数的设定，而是预测将来人口减少的空间性分布，并优先考虑与此相对应的不必要城市物质空间规模如何才能得以减除。同时，由此增加的空地如何进行活用这一问题也必须进行理性慎重的探讨和决策。从这个角度来看，致力于多中心网络型紧凑城市实现的日本选址优化规划这样的新规划制度值得通过精明收缩型再生理念推动空间重构优化的资源型收缩城市进行效仿和借鉴。选址优化规划制度的导入方案可以从法律依据、基础调查方法、规划主要内容、规划制定程序、规划实现监督五个方面来探讨分析。

（一）法律依据

首先制定《城市再生与支援相关特别法》（假设）这一选址优化规划制度法律性依据，当然与之相关的法律也可以单独制定。收缩城市制定选址优化规划时，应尽量将原来以人口增长为基调的城市总体规划予以废止。而且，规划范围要覆盖城市整体管辖区域，但若考虑与周边城镇进行跨界协同空间规划对接，那就要把公共服务设施的协同发展和共建共享作为一项重要内容来对待。

（二）基础调查方法

基础调查项目主要包括总人口和老年人分布、建成区和开发行为许可地区的分布、闲置空置用地分布、公共交通利用状况、公共服务设施的分布和需求供给状况、商业设施分布和销售额变化、不同地区地价变化趋势、灾害危险地区现状、税收和财政支出结构等方面（见表 7.5），此时应尽可能以 500 米×500 米网格或集计分析调查地区为单位来开展分析。

表 7.5　　　　　　　　　　规划制定所需要的基础调查项目

分类	分析指标
人口	总人口和老年人分布变化、建成区人口密度变化、将来人口展望等
土地利用	建成区和开发行为许可地区的分布，闲置空置用地分布等
城市交通	公共交通网，服务水平，使用人数变化等
城市功能	公共服务设施分布，需求供给现状等
经济活动	商业设施分布和销售额变化，企业和工作人数变化等
地价	不同地区地价动向，平均地价等
灾害	灾害危险地区现状等
财政	税收和财政支出结构，公共设施分布和维护成本，医疗福利费用动向等

资料来源：参照国土交通省都市局都市計画課．まちづくりのための公的不動産（PRE）有効活用ガイドライン［概要版］．http：//www.mlit.go.jp/common/001050345.pdf，15．修改而成。

（三）规划主要内容

规划主要内容包括规划目标和战略、城市空间结构构想、城市服务区域设定、城市生活节点和引导设施设定、居住及其他功能引导的支援方案五个方面。规划的目标和战略方面，梳理归纳出该城市当前所面临的课题，设定规划的制定方针；城市空间结构构想方面，应如图 7.8 一样在基础调查的基础上制订出城市空间优化方案。

（1）城市服务区域设定方面。设定居住引导与发挥公共服务供给界限作用的城市服务区域边界。这是日本选址优化规划的居住引导地区与美国精明增长政策的重要增长调控手段城市增长边界（Urban Growth Boundary，UGB）复合叠加而成的。城市服务地区的空间范围不可跨越用途管制地区（居住、商业、工业、绿地地区）所界定的边界线，而对于将来人口持续减少的地区来说，就不必将绿地地区考虑其中了。

（2）城市生活节点和引导设施设定方面。设定引导城市功能集约布置的地区，此时还必须探讨需要植入的引导设施类型。设定城市生活节点时可以参照日本选址优化规划的设定标准，即①火车站周边城市功能（商业、业务、医疗等）一定程度集聚的地区；②公共交通接近性和可达

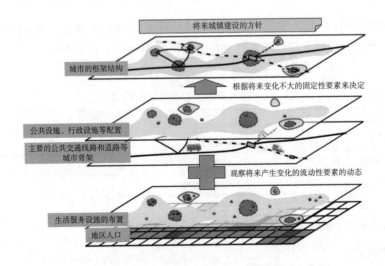

图 7.8　收缩城市的城市空间结构构建方法

资料来源：国土交通省，『立地適正化計画作成の手引き』，https：//www.mlit.go.jp/toshi/city_plan/content/001478980.pdf，80.

性较高的地区；③市中心和各级城市生活节点地区等。城市生活节点的空间范围根据步行或自行车能够快捷到达的尺度进行设定。指定引导设施时，不同节点（中心节点、地域节点、生活节点等）导入的城市功能需要进行差异化分析，与其设置新的城市功能，不如优先考虑探讨现有闲置空置建筑的活用方案。图 7.9 为日本国土交通省的《城镇建设的公共地产有效活用导则》中不同节点所指定城市功能的示例图。若想做好此项工作，需要准确掌握对象地区的城市功能分布格局和供需状况，梳理和归纳与不同城市节点特性相吻合的必需城市功能。

（3）居住和功能引导的支援方案方面，为了顺利引导居住及其他城市功能向特定地区得以集聚，需要出台多样化的奖励支援方案，用以引导选址优化规划进行功能地区设定后城市功能设施能够实现合理化选址。

（四）规划制定程序

该程序是在地区专家、市民团体、居民团体等各种利益相关者的广泛参与和协同合作的基础上制定而成的，需要灵活运用增强城市居民参与度的多样化方法措施。而且，规划制定者还要制定记录居民参与全过程（居民参与方法、问卷调查结果、市民居民参与团体结构和管理、研讨会日程和讨论事项、居民意见反映与否等）的报告书。

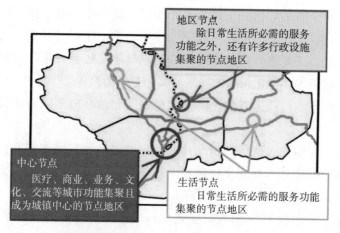

	必要设施		
	中心节点	地区节点	生活节点
行政	行政办公	下属机构	服务中心
集会	市民会馆	社区会馆	聚会场所
福利	综合福利中心	老人活动中心	老人休息处
育儿	育儿中心	托管所	托儿所，儿童中心
教育	高中	初中	小学
医疗	综合医院	一般医院	诊所
商业	百货商场	大型超市	商店
金融	银行，中心邮局	邮政支局	自动取款机

图 7.9　不同地区的城市功能设定

资料来源：国土交通省都市局都市計画課，『まちづくりのための公的不動産（PRE）有効活用ガイドライン［概要版］』，http：//www.mlit.go.jp/common/001050345.pdf.

（五）规划实现监督

为了保障制度的效率性，实现规划目标的过程中需要构建严格的监督体系，监督内容主要包括地区现状（人口、住宅、产业、空间结构等）的变化分析、主要规划战略的推进状况、针对环境条件变化的调整方案、将来重点推进方向等方面。例如，在日本选址优化规划制度中，为了测度城市空间结构的紧凑度，活用生活便利性、安全安心、医疗福利、行政运营、地区经济、能源低碳六个方面的评价指标（见表5.2），以供市町村在制定选址优化规划或地区规划时灵活运用，通过根据不同指标和规模来提供全国平均值，从而对地区现状、监测以及将来预测结果进行评价。而且，在选址优化规划制定过程中，尽量使市町村能够活用这些指标和方法，还要使公共交通政策、商业设施、住宅政策、医疗福利政策、农业政策等多样化领域的规划与其相互统筹联系。① 其中，生活便利性、地区经济和行政运营的评价指标在识别和诊断收缩城市现状时是经常采用的。

不过，立即导入这样的制度并非易事。鉴于收缩城市空间优化的基本战略通过城市总体规划某种程度上也能够实现，尚且可以考虑短期内对城市总体规划制定方针进行修订。

第一，根据近10年间人口变化率将城市分为增长型和收缩型两类。对于收缩型城市而言，需要选定一系列规划制定标准：①规划的目标和指标设定方面，预测不同微观空间单位的总人口和老年人分布状况，但将来人口总量需要依据统计数据进行修正；②城市空间结构方面，设定城市服务范围和城市生活节点；③土地利用规划方面，将未利用的城市建成区预备用地转换为保护用地，制定闲置废弃土地的再利用规划；④基础设施规划方面，设定城市生活节点内部的引导设施，谋划闲置设施整合改造和功能复合化的有效方案；⑤市中心和居住环境方面，制定空置建筑的拆除和再利用规划，探讨老人共同生活住宅的供给方案；⑥规划实施方面，构建市民参与和支援体系。

第二，构建公共服务设施的共同使用支援体系。在选址优化规划中制定与收缩城市邻近的城市地区间的公共服务设施共同使用规划的情况下，为使此规划能够得以顺利实施，特别的针对性支援对策是必不可少的。

第三，构建闲置空置房产的整改活用体系。如果收缩城市的近期规划以空置房屋的整治活用重点推进政策实施，那中远期规划构建除空置房屋之外包括闲置公共设施在内的闲置空置房产的整治活用体系会更具有效率性。从选址优化规划是以收缩城市的空间重构为中心的观点来看，在针对闲置空置土地进行缜密分析和战略制定时，通过制定《闲置用地管理规划》之类的特别性规划可能会更有帮助，其中应当包括闲置空置

---

① 国土交通省，『立地適正化計画作成の手引き』，https://www.mlit.go.jp/toshi/city_plan/content/001478980.pdf.

土地的现状分析、类型和不同选址的管理战略、规划的实施方案等相关内容。现状分析中，现有功能用途、周边房屋空置率、接近性、地价、保存状态、所有权等多样化物质性和社会性特征以微观性空间单位（集计统计地区、500 米×500 米网格单位、地块等）进行调查，将来制定收缩城市适应性治理战略时将其作为基础资料加以活用。

为了高效开展诸如此类的分析作业，政府层面需要构建闲置不动产综合信息系统，对相关信息进行持续性管理。然而，包括我国在内的许多国家都没有构建和运营这样的数据信息系统。当然，部分城市政府独自构建了土地综合信息系统，但其中不存在闲置空置用地的相关信息。不过，可以分析闲置空置用地密集地区的分布及其将来活用成其他用途的潜力，在此基础上制定适应性治理战略会收到良好的效果。

在制定闲置空置用地的类型规划和不同地块治理战略时，加强与选址优化规划之间的联系是极其重要的。由于闲置空置用地所处的地区开发需求强弱会对治理战略产生不同程度的影响效应，选址优化规划的不同地区需要采取考虑自身特性的差异化战略。不同城市的战略和推进内容存在或多或少的差异，但位于没有开发需求的城市服务地区外部，或者即使处于城市生活节点和城市服务范围也不适合再利用的闲置空置用地，应尽可能予以拆除，或者转换为生态绿地。对于既位于城市生活节点又适合再度利用的闲置空置用地来说，可以活用成产业用地，或者活用成文化福利服务相关用途，或者转售给民间企业，或者推进闲置设施的功能复合化。若是闲置空地，还可以考虑转变成都市农场或停车场等其他用途。

为了保障规划的高效实施，地方政府可以考虑设立和运营土地银行之类的特殊机构。目前，空置、闲置和废弃的土地在我国并不罕见，但并未引起政界和学界的充分重视。原因在于，一方面，虽然 2015 年 3 月 1 日不动产登记就开始落地实施，但至今尚未全面完成，各界无法获得物业空置和废弃的准确信息；另一方面，物业税仍未正式开征，物业空置和废弃并未给地方政府带来直接的经济损失，相关业主不会为此而承担任何的法律责任。从美国的经验来看，由于物业税法与止赎法立法较早，缺少对未来不动产市场泡沫与城市人口收缩的预见，因而直到次贷危机爆发后，土地银行才逐渐得以推广。物业税立法在我国仍处于探讨阶段，因此有必要吸取西方国家的经验，在法案起草阶段就考虑将土地银行作为物业税立法的重要补充，这样物业税与土地银行两个系统可以同时开启运作，从而有效应对在物业税开征后的物业空置、废弃与止赎问题。[①]对空置废弃房产不断增加的收缩城市来说，地方政府在运营土地银行的同时，还要申请中央政府的财政性和制度性支援。

第四，导入闲置废弃土地的临时性活用制度。为了将闲置废弃土地活用成公园、农场、停车场等公共用途，最为切实有效的方式就是确定城市规划设施并执行相应土地的征用程序。不过，对于财政状况日渐艰难的收缩城市来说，征用全部这样的土地是无法实现的。与其强制性推动没有充分开发必要的土地开发，不如临时活用成现在所需要的用途。从这个角度来看，空置废弃土地的所有权归原户主所有时，可以推进一定期间活用成其他用途的临时性活用战略。[②] 现在德国和美国全国各地公共机构和非营利组织正在推行临时性活用战略，在获得物业所有者的许可之后，一定期间内将闲置废弃土地活用成社区庭院或庆典活动空间等多样化生活用途[③]，主要包括社区庭院、楼间公园、小型商店、画廊、公演场地、创业空间等（见表 7.6）。

表 7.6　　　　　　　　期限和费用不同的临时性活用的类型

分类		费用		
		低	中	高
期限	短期	社区庭院和简易绿化	小型商店和庆典活动	美术展示馆，画廊
	中期	街角小吃，快餐车，农产品商店	公演场地	租赁业务空间，事务所
	长期	主题公园	职业培训	企业，非营利创业空间，艺术家的作业空间

资料来源：Epping, M. and Brachman, L., "Redeveloping Commercial Vacant Properties in Legacy Cities: A Guidebook to Linking Property Reuse and Economic Revitalization", http://www.gmfus.org/publications/redevelopingcommercial-vacant-properties-legacy-cities, p. 66.

---

① 高舒琦：《如何应对物业空置、废弃与止赎——美国土地银行的经验解析》，《城市规划》2017 年第 7 期。

② 临时性活用战略具有活用土地的期限、不改变土地的用途性质或土地利用规划的特征。

③ Nemeth Jeremy and Hollander Justin, "Right-sizing Shringking Cities: A Landscape and Design Strategy for Abandoned Properties", *Journal of Landscape Architecture*, Vol. 11, No. 2, May 2016, pp. 90-100.

为了成功导入临时性活用制度，首先需要确立临时性使用权的法律性依据，并筹备与之相对应的许可程序。一般来说，私有土地的临时性使用根据主体不同主要分为民间使用和公共使用两种类型，鉴于不同使用主体会产生不同的问题，不同类型则需要采用不同的应对方法。

第五节　本章小结

通过对美国、德国和日本精明收缩型城市再生政策案例的探讨分析，推导归纳出收缩城市精明收缩型城市再生的规划方向和规划战略，其中规划方向主要包括城市功能的紧凑化集聚与网络化联系（Compact+Network），开发容量和功能设施的规模适当化（Right Sizing）两个方面；规划战略方面，首先，要确立不采取克服人口减少而谋求人口再度增加的应对性战略、将重心放在激活城市收缩所给予机遇的适应性战略之上的战略取向；其次，要明确以城市将来人口推测结果为基础设定人口规划目标、形成多中心网络型紧凑城市空间结构的规划思路；最后，推动和实施规模适当化规划、城市空间重构、公共服务效率化三大战略。

通过对阜新市和伊春市的现状特征、形成动因和空间规划进行探讨分析，可以发现城市空间规划主要存在人口减少的客观现实与人口增加的乐观预测、传统增长主义规划模式驱使城市规模不断扩张、人口减少引发住房空置率高企、城市空间布局分散、中心城区的规划不当与空心化等多种问题。然后，针对这些问题为东北三省这两所代表性收缩城市提出一系列空间优化规划建议，并在此基础上进一步提出东北三省收缩城市空间优化规划的实施方案。第一，遵循精明收缩型再生理念编制收缩型城市国土空间规划，实现严控增量、盘活存量和"瘦身强体"的愿景目标；第二，构建"紧凑节点化+公交网络化"的市级国土城市空间结构，通过城市功能"紧凑化"规划战略和公共交通"网络化"规划战略推动多节点、网络化的城市总体空间结构的形成和优化；第三，通过城市间跨界协同空间规划对接构建公共服务设施的共建共享体系；第四，通过空间增长边界和网络型紧凑城市规划合理界定与控制中心城区规模；第五，根据城市人口规模推进城市空间规模和公共服务设施的规模适当化战略，实现规模适当化规划的制度化。为了实现规模适当化，针对人口减少的分布格局对城市功能的选址进行再调整的规模适当化规划是不可或缺的。最为重要的是，以上所有制度都要围绕规模适当化规划这一中心加以有机联系和统筹运作。

第八章 结论与展望

第一节 研究结论

随着国内外社会经济环境条件的变化,局部收缩开始在我国部分城市中初现端倪,成为新型城镇化阶段所要面临的重大挑战之一,也成为城市规划和经济地理学者重点关注的新命题和新课题。东北三省作为新中国重要的老工业基地之一,从早期的"东北现象"到"新东北现象"再到近年来的"后东北现象",不少资源型城市都出现了不同程度的城市收缩现象,演变为国内城市收缩的"重灾区",人口数量和人口密度持续降低,城市用地大量闲置,城市活力不断下降。[①] 目前,国土空间规划的组织和编制工作正在全国范围内如火如荼地展开,如何科学地编制市级国土空间总体规划成为当前国内政界和学术界的热点议题。在增长与收缩情境并存的新型城镇化格局之下,国土空间总体规划亟须探索城市收缩的空间形态调整和空间结构优化策略。对于城市规划领域专业人士来说,编制人口增长的城市规划可谓轻车熟路,但以人口减少为表征的收缩城市空间规划却是一个全新的挑战和课题,这为本研究的顺利开展提供了新的研究视角。本研究基于精明收缩型城市再生理念的战略和方法,分别对美国、德国和日本的精明收缩型城市再生进行梳理归纳,针对东北三省城市收缩的形成机理和空间特征,提出辽宁阜新市和黑龙江伊春市中心城区的空间优化规划建议,并进一步为东北三省收缩城市的国土空间规划编制和空间结构优化提供有益的实施方案。本研究通过这一系

---

① 吴浩、王秀、周宏浩等:《东北三省资源型收缩城市经济效率与生计脆弱性的时空分异与协调演化特征》,《地理科学》2019 年第 12 期。

列研究分析，最终得出如下结论。

第一，通过对城市收缩、城市衰退、工业遗产城市、精明收缩、紧凑城市等相关概念的全面界定，全方位剖析和揭示城市收缩的本质内涵。同时，通过对西方语境城市收缩的形成动因、表现特征以及不同阶段规划理念和规划方式的归纳总结，以期建立一个较为清晰的理论性研究框架，为精明收缩型城市再生理念的提出以及美国、德国和日本的精明收缩型城市再生研究提供了理论支持。

第二，通过对美国、德国和日本三国的精明收缩型城市再生政策和典型案例进行考察分析，可以发现海外各国的中央政府在设定应对城市收缩的政策议题之后，还着手制定与此相对应的政策方针，筹备多样化的补助金支援措施。美国推动作为规模适当化战略重要一环的邻里地区安定化项目，解决衰退社区的闲置空置土地问题；德国通过社会城市项目提高邻里地区的社会持续发展能力，通过城市再建事业项目采取将城市物质空间压缩到适当化规模的收缩城市战略；日本为了城市功能的紧凑化导入选址优化规划制度，结合空屋和公共地产的整改活用政策推动选址优化规划的实施。本书结合精明收缩型城市再生理念的战略和方法，推导出收缩城市开展精明收缩型城市再生的规划方向，即城市功能的紧凑化、道路交通的网络化、开发容量的规模适当化、闲置空置用地的再利用和城市中心区的有机更新。在此基础上，从空间战略取向、空间规划思路和空间规划策略方面，推导出收缩城市推动精明收缩型城市空间再生策略，从而为东北三省收缩城市空间优化规划建议的提出提供理论依据和规划借鉴。

第三，通过对东北三省地级市城市收缩的识别诊断、空间特征和形成机理的研究分析，可以发现：在识别诊断方面，东北三省 34 个地级城市中的 19 个城市可以确定为收缩城市，分别是辽宁省的鞍山、抚顺、本溪、阜新、辽阳和铁岭，吉林省的四平、辽源、通化和白山，黑龙江省的齐齐哈尔、鸡西、鹤岗、双鸭山、伊春、佳木斯、七台河、黑河和绥化。

在空间分布特征方面，东北三省 19 个收缩城市呈现出"南低北高"的发展格局特征，形成了"一环、一带、三片区"的空间分布格局。"一环"指的是以沈阳为核心所形成的收缩城市集聚环层，具体包括阜新、铁岭、抚顺、本溪、辽阳、鞍山 6 个地级市，而且锦州市也已经步入收缩前期阶段；"一带"指的是珲乌高速公路收缩城市集聚带，包括白山、通化、辽源、四平、松原和白城6个城市；"三片区"指的是鸡西—七台河—双鸭山—佳木斯—鹤岗片区、伊春—黑河片区和齐齐哈尔—绥化片区3个城市收缩片区。

收缩形成机理方面，由于大城市的虹吸效应，沈阳等省会中心城市不断吸纳周边大量的优势资源要素，致使辖区外城市因丧失了外部拉力而经济发展迟滞、人口不断向外迁移，最终形成以沈阳为中心的环形区域分布的收缩城市集聚圈层。人口结构老龄化容易引发人口结构通过消费结构影响产业结构的升级转换，改变社会资源的配置方向，对资本积累产生"挤出效应"，继续扩大收缩城市与其他"竞争对手"的差距。在新旧动能转换、生态保护和高质量发展等多样化政策的倒逼作用下，主要依赖传统性能源的工业部门不得不压缩生产规模，裁减冗余工人，同时还会逼迫东北三省工业企业加大环境保护投入力度，但又难免会增加企业生产运营的成本支出，这就进一步加剧了东北三省的城市收缩。虽然近年来新兴产业成长速度较快，但无法形成明显的规模效应，缺乏大规模消费品工业的支撑，这样的产业结构不仅加剧了东北产业全球价值链的"低端锁定"，也对区域人力资本产生极大的"挤出效应"。

基于以上三个方面的分析结果，结合精明收缩型城市再生的规划方向和空间规划战略，以资源型收缩城市辽宁阜新市和黑龙江伊春市作为研究对象，分别探讨分析它们城市收缩的现状特征、形成动因以及城市空间优化的影响因素，提出完善城市空间结构的空间优化建议，并进一步提出东北三省收缩城市空间优化规划的实施方案。

第一，遵循精明收缩理念编制收缩型城市国土空间规划。合理压缩城市的空间规模，明确划分城市的功能区域，深度挖掘废弃地区的二次利用价值；最后，优化城市人口的空间分布结构。

第二，建构"紧凑节点化+公交网络化"市级国土城市空间结构。人口减少和老龄化并存的资源型收缩城市，应从数量扩张型向存量优化甚至于减量规划的国土空间营造转型，向内涵提升式的高质量空间治理发展方向进行转变。一方面，结合上位规划，将各级城市中心、地域生活节点以及火车站点、公交站点等重要交通节点的步行圈设定为城市功能引导地区，遵循TOD开发模式引导医疗、商业、福利及居住等多样化城市功能向功能引导地区内部集聚整合，同时还要引导居住功能向城市功能引导地区及其周边地区、主要公共交通轴沿线地区集中，推动城市功能的"紧凑化"战略。另一方面，收缩型中小城市应通过轻轨线路或公交快车线路等公共交通轴线将城市中心节点、地域生活节点和重点交通节点进行有机连接，建构有机串联城市功能引导地区和居住引导地区的公共交通网络，推动城市公共交通的"网络化"战略。

第三，构建收缩城市内部相邻城市节点的公共服务设施共建共享体系。由于收缩城市的功能设施主要向各种城市中心节点、连接城市节点的公共交通轴沿线以及公交站点步行圈内部整合集聚，这就可能导致单个城市节点地区由于空间规模的限制而使得城市功能种类较为单一，引发无法满足人们多样化生活需求的问题出现。为了强化公共服务设施的协同共享，通过构建连接彼此的交通干线体系和公共交通网络来提高中心城区与其他城区甚至多个城市之间公共服务的接近性是核心环节。

第四，合理界定和控制中心城区规模。果断终结推动城市规模扩张的增长主义发展模式，开展以提高土地利用效率和城市空间品质为目标的内涵提升型存量盘活规划。整体上严控增量，盘活存量，借助生态文明建设和城市更新运动在现有建成区范围开展存量规划，通过内环线界定主城区的空间增长边界，通过外环线界定中心城区的空间增长边界。通过科学客观的评估结果适当拆除城区外围的闲置空置建筑，并响应"双碳"行动在拆除区域推动绿地化战略，借以限制城市土地开发的空间规模，遏制城市边缘地区的开发扩张。深入研究人口和用地规模关系，准确定位城市规模和等级，统筹考虑现状用地情况和人口变化态势，遵循做优增量空间、盘活存量空间、预留弹性空间的原则，合理确定中心城区开发边界，引导中心城区从外延扩张转向内涵集约发展。通过城市网络型紧凑城市发展建设，全方位引导人口和资源向中心城区流入聚集，对通过诊断评价后发现可能再也无法实现再度人口增加的城市片区或城市组团的用地规模进行收缩调整，在确保满足基本空间需求的前提下，将城市用地由寻求增量转向激活存量。

第五，推进规模适当化规划的制度化。对于难以期待人口增加的收缩城市来说，预测将来人口减少地区的空间分布状况，针对不同地区的情况综合考虑如何拆除不必要的功能设施。但是，在当前以人口增长和空间扩张为前提的城市规划体系下实现这样的目标几乎是不可能的，东北三省资源型收缩城市应尝试导入规模适当化规划之类的新规划制度，包括规划目标和战略、城市空间结构构想、城市功能引导地区和引导设施的设定、居住等多样化城市功能的一系列支援方案，导入方案可以从法律依据、基础调查方法、规划主要内容、规划制定程序、规划实现监督五个方面来探讨分析。

第二节　研究展望

收缩城市的政策目标不是追求城市人口的再度增长，而是追求维持当前人口数量之下的城市生活品质提升。本研究提出的多样化政策方案中最迫在眉睫的课题是，那些正在经历收缩现象的城市应当及时正视城市收缩这一客观现实，并提前推动收缩导向型城市国土空间规划的编制工作。需要分析的是，增长主义价值观导向下的城市规划将来会带来什么样的问题，而收缩主义价值观导向下的城市规划会给城市带来什么样的裨益。当然，政府需要制定收缩城市的识别评判标准，对于符合评定标准的城市应给予强制性制定收缩导向型城市规划的要求。由于最了解自身特性的还是城市本身，城市自身应切实理解收缩导向型城市规划的必要性，并通过与市民的协作渐进地推动收缩城市规划的编制和实施。不过，中央政府要充分发挥自身的方向指引作用，为收缩城市提出最基本的规划编制指南，并对符合编制指南要求的行为措施给予一定的财政支援。

此外，还要强化城市内部发展潜力较强的地区的公共投资，而对其他地区应采取缩减投资的政策方针，此时需要重点考虑的是边界地区居民的生活质量问题，因为这样的政策很可能会诱发收缩城市经常出现的空间两极化现象。为此，首先设定基本生活服务供给的最低标准，调查收缩地区城市服务的供需状况，并在此基础上，改变那些供给不足地区的服务供给体系，保障该地区现有居民的最低生活需求。

参考文献

一 中文文献

［德］奥斯瓦尔特：《收缩的城市》（第一卷 国际研究），同济大学出版社 2012 年版。

程瑶、张松林、刘志迎等：《长三角城市人口收缩的特征、经济效应与政策回应》，《华东经济管理》2021 年第 8 期。

邓嘉怡、郑莎莉、李郇：《德国收缩城市的规划应对策略研究——以原东德都市重建计划为例》，《西部人居环境学刊》2018 年第 3 期。

董丽晶、苏飞、温玉卿等：《阜新市收缩城市经济系统弹性演变趋势与障碍因素分析》，《地理科学》2020 年第 7 期。

董楠楠：《浅析德国经济萎缩地区的城市更新》，《国际城市规划》2009 年第 1 期。

杜志威、金利霞、张虹鸥：《精明收缩理念下城市空置问题的规划响应与启示——基于德国、美国和日本的比较》，《国际城市规划》2020 年第 2 期。

杜志威、李郇：《基于人口变化的东莞城镇增长与收缩特征和机制研究》，《地理科学》2018 年第 11 期。

杜志威、张虹鸥、叶玉瑶等：《2000 年以来广东省城市人口收缩的时空演变与影响因素》，《热带地理》2019 年第 1 期。

孚园：《收缩城市就一定意味着经济后退吗》，https：//www.jiemi-an.com/article/4898626.html，2022 年 10 月 22 日。

高宏伟：《新形势下东北地区产业结构调整的路径与建议》，《辽宁经济》2022 年第 5 期。

高舒琦：《精明收缩理念在美国锈带地区规划实践中的新进展：扬斯顿市社区行动规划研究》，《国际城市规划》2020 年第 2 期。

郭源园、李莉：《中国收缩城市及其发展的负外部性》，《地理科学》

2019 年第 1 期。

［日］海道清信：《紧凑型城市的规划与设计》，中国建筑工业出版社 2010 年版。

韩洁怡：《城市土地资源可持续利用研究》，硕士学位论文，华中科技大学，2006 年。

黄鹤：《精明收缩：应对城市衰退的规划策略及其在美国的实践》，《城市与区域规划研究》2017 年第 2 期。

黄少侃：《收缩城市的国土空间规划应对策略——以黑龙江省"四煤城"为例》，2021 中国城市规划年会论文，成都，2021 年 9 月。

匡贞胜：《城市收缩背景下我国的规划理念变革探讨》，《城市学刊》2019 年第 3 期。

李小健：《经济地理学》（第三版），高等教育出版社 2018 年版。

李国平：《均衡紧凑网络型国土空间规划——日本的实践及其启示》，《资源科学》2019 年第 9 期。

李翔、陈可石、郭新：《增长主义价值观转变背景下的收缩城市复兴策略比较——以美国和德国为例》，《国际城市规划》2015 年第 2 期。

李耀川：《阜新市城市收缩的成因机制与转型发展路径初探》，硕士学位论文，首都经济贸易大学，2019 年。

龙瀛、吴康：《中国城市化的几个现实问题：空间扩张、人口收缩、低密度人类活动与城市范围界定》，《城市规划学刊》2016 年第 2 期。

栾志理、栾志贤：《城市收缩时代的适应战略和空间重构——基于日本网络型紧凑城市规划》，《热带地理》2019 年第 1 期。

栾志理、朴锺澈：《从日、韩低碳型生态城市探讨相关生态城规划实践》，《城市规划学刊》2013 年第 2 期。

栾志理：《人口减少时代日本九州市应对老龄化社会的公共交通规划及启示》，《上海城市规划》2018 年第 2 期。

马佐澎、李诚固、张婧等：《发达国家城市收缩现象及其对中国的启示》，《人文地理》2016 年第 2 期。

马佐澎、李诚固、张平宇：《东北三省城镇收缩的特征及机制与响应》，《地理学报》2021 年第 4 期。

孟祥凤、马爽、项雯怡等：《基于百度慧眼的中国收缩城市分类研究》，《地理学报》2021 年第 10 期。

乔泽浩、栾志理、丁月龙等：《城市收缩的影响因素测度及应对策略——以延边朝鲜族自治州为例》，《延边大学农学学报》2021 年第 2 期。

沈瑶、朱红飞、刘梦寒等：《少子化、老龄化背景下日本城市收缩时代的规划对策研究》，《国际城市规划》2020 年第 2 期。

沈振江、林心怡、马妍：《考察近年日本城市总体规划与生活圈概念的结合》，《城乡规划》2018 年第 6 期。

孙平军：《城市收缩：内涵·中国化·研究框架》，《地理科学进展》2022 年第 8 期。

孙平军、王珂文：《中国东北三省城市收缩的识别及其类型划分》，《地理学报》2021 年第 6 期。

王瓒玮：《应对收缩：少子老龄时代日本地方城市振兴策略》，《世界知识》2019 年第 23 期。

吴浩、王秀、周宏浩等：《东北三省资源型收缩城市经济效率与生计脆弱性的时空分异与协调演化特征》，《地理科学》2019 年第 12 期。

吴康、孙东琪：《城市收缩的研究进展与展望》，《经济地理》2017 年第 11 期。

西尔维娅·索萨、保罗·皮诺：《为收缩而规划：一种悖论还是新范式?》，《国际城市规划》2020 年第 2 期。

徐博、庞德良：《增长与衰退：国际城市收缩问题研究及对中国的启示》，《经济学家》2014 年第 4 期。

薛亮：《"收缩城市"，城镇化的另一面》，《国土资源》2018 年第 7 期。

杨东峰、龙瀛、杨文诗等：《人口流失与空间扩张：中国快速城市化进程中的城市收缩悖论》，《现代城市规划》2015 年第 9 期。

杨振山、孙艺芸：《城市收缩现象、过程与问题》，《人文地理》2015 年第 4 期。

于立、侯强、李晶：《"三林问题"的关键是林权改革：伊春市的调查》，《财经问题研究》2008 年第 9 期。

［美］约翰·伦德·寇耿、菲利普·恩奎斯特、理查德·若帕波特：《城市营造：21 世纪城市设计的九项原则》，江苏人民出版社 2013 年版。

张贝贝、李志刚：《"收缩城市"研究的国际进展与启示》，《城市规划》2017 年第 10 期。

张京祥、冯灿芳、陈浩:《城市收缩的国际研究与中国本土化探索》,《国际城市规划》2017 年第 5 期。

张京祥、殷洁、罗小龙:《地方政府企业化主导下的城市空间发展与演化研究》,《人文地理》2006 年第 4 期。

张明斗:《东北地区城市收缩的空间结构与体系协同研究》,经济科学出版社 2021 年版。

张明斗、冯晓青:《中国城市韧性度综合评价》,《城市问题》2018 年第 10 期。

张伟、单芬芬、郑财贵等:《我国城市收缩的多维度识别及其驱动机制分析》,《城市发展研究》2019 年第 3 期。

赵民:《国土空间规划体系建构的逻辑及运作策略探讨》,《城市规划学刊》2019 年第 4 期。

赵燕菁:《土地财政:历史、逻辑与抉择》,《城市发展研究》2014 年第 1 期。

周恺、刘力銮、戴燕归:《收缩治理的理论模型、国际比较和关键政策领域研究》,《国际城市规划》2020 年第 2 期。

周恺、钱芳芳、严妍:《湖南省多地理尺度下的人口"收缩地图"》,《地理研究》2017 年第 2 期。

周恺、涂婳、戴燕归:《国土空间规划下城市收缩与复兴中的空间形态调整》,《经济地理》2021 年第 4 期。

邹叶枫、贺广瑜、单涛等:《"精明收缩"视角下贫困山区规划建设对策研究——以阜平县楼房村为例》,《小城镇建设》2015 年第 12 期。

二 英文文献

ACHP (Advisory Council on Historic Preservation), "Managing Change: Preservation and Rightsizing in America", Washington, D. C.: Advisory Council on Historic Preservation, http://www. achp. gov/RightsizingReport. pdf.

Bennett Michelle, Cupp Maximilius, Hermann Alexander, et al., "Strengthening Land Bank Sales Programs to Stabilize Detroit Neighborhoods. Urban and Regional Planning Program, University of Mchigan, Ann Arbor", https://taubmancollege. umich. edu/sites/default/files/files/mup/capstones/2016-capstone-StrengtheningLandBankSalesProgramsToStabilize Detroi-tNeighborhoods. pdf.

Berg Leo van den, Drewett Roy, Leo H. Klaassen, Rossi Angelo and Cornells H. T. Vijverberg, *Urban Europe: A Study of Growth and Decline*, Oxford: Pergammon Press, 1982.

Bernt Matthias, "Partnerships for Demolition: The Governance of Urban Renewal in East Germany's Shrinking Cities", *International Journal of Urban and Regional Research*, Vol. 33, No. 3, 2009.

Bernt Matthias, "The Emergence of 'Stadtumbau Ost'", *Urban Geography*, Vol. 40, No. 2, 2019.

Blanco Hilda, Alberti Marina, Olshansky Robert, et al., "Shaken, Shrinking, Hot, Impoverished and Informal: Emerging Research Agendas in Planning", *Progress in Planning*, Vol. 72, No. 4, 2009.

Blumner Nicole, *Planning for the Unplanned: Tools and Techniques for Interim Use in Germany and the United States*, Berlin: German Institute of Urban Affairs, 2006.

BMVBS (Bundesministers fur Verkehr, Bau und Wohnungswesen), "National Urban Development Policy: A Joint Initiative by the Federal, State and Local Governments, Berlin", http://www. bmub. bund. de/fileadmin/ Daten _ BMU/Pools/Broschueren/nationale _ stadtentwicklungspolitik _ broschuere_ en_ bf. pdf. 2012, p. 11.

Bontje Marco, "Facing the Challenge of Shrinking Cities in East Germany: The Case of Leipzig", *Geo-Journal*, Vol. 61, No. 1, 2004.

Brezinski Horst and Fritsch Michael, "Transformation: The Shocking German Way", *MOCT-MOST: Economic Policy in Transitional Economies*, Vol. 5, No. 4, 1995.

Buhnik Sophie, "From Shrinking Cities to Toshi no Shuksho: Identifying Patterns of Urban Shrinkage in the Osaka", *Berkeley Planning Journal*, Vol. 23, No. 1, January 2010, pp. 132-155.

Cieśla Agnieszka, *Shrinking City in Eastern Germany: The Term in the Context of Urban Development in Poland*, Doctoral Thesis, Bauhaus-Universitat Weimar, 2013.

Constantinescu Ilinca Păun, "Shrinking Cities in Romania: Former Mining Cities in Valea Jiului", *Built Environment*, Vol. 38, No. 2, 2018.

Crocker Jarle, "The Neighborhors Building Neighborhoods Initiative in Rochester, New York", *National Civic Review*, Vol. 89, No. 3, 2000.

Detroit Works Project, "Detroit Future City: 2012 Detroit Strategic Framework Plan", 2nd printing, http: //detroitfuturecity. com/wpcontent/uploads/2014/12/DFC_ Full_ 2nd. 2013.

Dornbusch Rudiger and Wolf Holger C. , *East German Economic Reconstruction*, University of Chicago Press, 1994.

Fraser James C. and Oakley Deirdre, "The Neighborhood Stabilization Program: Stable for Whom?", *Journal of Urban Affairs*, Vol. 37, No. 1, 2015.

Glaeser Edward, *Triumph of the City: How Our Invention Makes Us Richer, Smarter, Greener, Healthier, and Happier*, New York: The Penguin Press, 2011.

Glock Birgit and Häussermann Hartmut, "New Trends in Urban Development and Public Policy in Eastern Germany: Dealing with the Vacant Housing Problem at the Local Level", *International Journal of Urban and Regional Research*, Vol. 28, No. 4, 2004.

Grossmann Katrin, Arndt, T. , Haase, A. , et al. , "The Influence of Housing Oversupply on Residential Segregation: Exploring the Post–socialist City of Leipzig", *Urban Geography*, Vol. 36, No. 4, 2015.

Haase Annegret, Bernt Matthias, Grossmann Katrin, et al. , "Varieties of Shrinkage in European Cities", *European Urban and Regional Studies*, Vol. 23, No. 1, 2016.

Haase Annegret, Rink Dieter, Grossmann Katrin, et al. , "Conceptualizing Urban Shrinkage", *Environment and Planning A*, Vol. 46, No. 7, 2014.

Hackworth Jason, "Righting Sizing as Spatial Austerity in the American Rust Belt", *Environment and Planning A*, Vol. 47, No. 4, 2015.

Hackworth Jason, *The Neoliberal City: Governane, Ideology and Development in American Urbanism*, Ithaca, NY: Cornell University Press, 2007, p. 201.

Hayashi Yoshitsugu and Sugiyama Ikuo, "Dual Strategies for the Environmental and Financial Goals of Sustainable Cities: De-suburbanization and Social Capitalization", *Built Environment*, Vol. 29, No. 1, 2003.

Hollander Justin B. and Jeremy Németh, "The Bounds of Smart Decline: A Foundational Theory for Planning Shrinking Cities", *Housing Policy Debate*, Vol. 21, No. 3, 2011.

Hollander Justin B., "Can a City Successfully Shrink? Evidence from Survey Data on Neighborhood Quality", *Urban Affairs Review*, Vol. 47, No. 1, 2011.

Hollander Justin B., Pallagst Karina M, Schwarz Terry, et al., "Planning Shrinking Cities", *Progress in Planning*, Vol. 72, No. 4, 2009.

Hollstein Leah Marie, *Planning Decisions for Vacant Lots in the Context of Shrinking Cities: A Survey and Comparision of Practices in the Unitied States*, PhD Thesis, The University of Tesas at Austin, 2014.

Hospers Gert-Jan, "Policy Responses to Urban Shrinkage: From Growth Thinking to Civic Engagement", *European Planning Studies*, Vol. 22, No. 7, 2014.

Hummel Daniel, "Right-sizing Cities in the United States: Defining Its Strategies", *Journal of Urban Affairs*, Vol. 37, No. 4, 2015.

Immerglck Dan and Wang Kyungsoon, "U. S. Housing and Mortgage Markets and Community Development Planning", *Planning and Policy*, No. 395, 2014, pp. 65-81.

Immergluck Dan, "The Local Wreckage of Global Capital: The Subprime Crisis, Federal Policy and High-foreclosure Neighborhoods in the US", *International Journal of Urban and Regional Research*, Vol. 35, No. 1, 2011.

Immergluck Dan, "Too Little, Too Late, and Too Timid: The Federal Reponse to the Foreclosure Crisis at the Fiver-year Mark", *Housing Policy Debate*, Vol. 23, No. 1, 2013.

Jocie and Paul A., "Neighborhood Stabilization Program", *Cityscape*, Vol. 13, No. 1, April 2011.

Joseph Schilling and Jonathan Logan, "Greening the Rust Belt: A Green Infrastructure Model for Right Sizing America's Shrinking Cities", *Journal of* the American Planning Association, Vol. 74, No. 4, 2008.

Kidokoro Tetsuo, Harata Noboru, Subanu Leksono Probo, et al., eds, Sustainable City Regions: Space, Place and Governance, Tokyo: Springer, 2008, pp. 183-200.

Lindsey, C., "Smart Decline", Panorama Whats New in Planning, No. 15, 2007, pp. 17-21.

Linkon, Sherry Lee and Russo John, Steel-Town U. S. A., Work and Memory in Youngstown, Lawrence: University Press of Kansas, 2002.

Mallach Alan and Brachman Lavea, Regenerating America's Legacy Cities, Cambridge: Lincoln Institue of Land Policy, 2013.

Mallach Alan, "What We Talk about When We Talk about Shrinking Cities: The Ambiguity of Discourse and Policy Response in the United States", Cities, No. 69, 2017, pp. 109-115.

Mallach Alan, eds., Rebuilding America's Legacy Cities: New Directions for the Industrial Heartland, Columbia University Press, 2012, pp. 295-321.

Martinez-Fernandez Cristina, et al., eds., Demographic Change and Local Development: Shrinkage, Regeneration and Social Dynamics, Paris: OECD Publishing, 2012, pp. 91-102.

Martinez-Fernandez, C., Audirac Ivonne, Fol Sylvie, et al., "Shrinking Cities: Urban Challenges of Globalization", International Journal of Urban and Regional Research, Vol. 36, No. 2, 2012.

Martinez-Fernandez, C., Weyman, T. R., Fol, S., et al., "Shrinking Cities in Australia, Japan, Europe and the USA: From a Global Process to Local Policy Responses", Progress in Planning, No. 105, 2016.

Matheson Alan, Planning for Decline in Canadian Cites: Lessons from Youngstown Ohio and Leinefelde, Master's Thesis, McGill University, 2009.

MLIT (Ministry of Land, Infrastructure, Transport and Tourism): "White Paper on Land, Infrastructure, Transport and Tourism in Japan, 2014", https://www.mlit.go.jp/en/statistics/white-paper-mlit-2014.html.

Mori Masashi, "Toyama's Unique Compact City Management Strategy: Creating a Compact City by Re-imagining and Restructuring Public Transportation", http: //www. uncrd. or. jp/content/documents/7ESTKeynote2. pdf.

Nelle Anja, Grossmann Katrin, Haase Dagmar, et al. , "Urban Shrinkage in Germany: An Entangled Web of Condition, Discourse and Policy", *Cities*, Vol. 69, 2017.

Nemeth Jeremy and Hollander Justin, "Right-sizing Shringking Cities: A Landscape and Design Strategy for Abandoned Properties", *Journal of Landscape Architecture*, 10*th Anniversary Issue* 2, 2016.

Nowak Marek, Nowosielski Michaa and Zachodni Instytut, eds. , *DecliningCities/DevelopingCities*: *Polish and German Perspectives*, Poznań: Instytut Zachodni, 2008, pp. 77-99.

Nuissl Henning and Rink Dieter, "The Production of Urban Sprawl in Eastern Germany as a Phenomenon of Post-socialist Transformation", *Cities*, Vol. 22, No. 2, 2005.

Oba, TTetsuharu, Matsuda, S. , Mochizuki Akihiko, et al. , "Effect of Urban Railroads on the Land Use Structure of Local Cities", *WIT Transactions on The Built Environment*, Vol. 101, 2008.

Ommerglcuk Dan, "From the Subprime to the Exotic: Excessive Mortgage Market Risk and Foreclosure", *Journal of the American Planning Association*, Vol. 74, No. 1, 2008.

Pallagst Karina M. , Asaaied Seba and Fleschurz René, "The Shrinking Cities Phenomenon and its Influence on planning Cultures: Evidence from a German-American Comparison", AESOP-ACSP Joint Congress, Dublin, July 15-19, 2013.

PD&R (Policy Development and Research), "The Evaluation of the Neighborhood Stabilization Program. U. S Development of Housing and Urban Development", http: //www. huduser. gov/publications/pdf/neighborhood _ stailization. pdf.

Polèse Mario and Shearmur Richard, "Why Some Regions will Decline: A Canadian Case Study with Thoughts on Local Development Strategies", *Papers in Regional Science*, Vol. 85, No. 1, 2006.

Popper, D. E. and Popper, F. J. , "Small can be Beautiful: Coming to Terms with Decline", *Planning*, Vol. 68, No. 7, 2002.

Porter Libby and Shaw Kate, eds. , *Whose Urban Renaissance? An International Comparison of Urban Regeneration Strategies*, New York: Routledge, 2009, pp. 75–83.

Pusch Charlotte, *Dealing with Urban Shrinkage: The Case of Chemnitz*, Master Thesis, Aalborg University, 2013.

Radzimski Adam, "*Can Policies Learn? The Case of Urban Restructuring in Eastern Germany*", http: //ssrn. com/abstract = 2662428.

Reckien Diana and Karecha Jay, *Sprawling European cities: The Comparative Background*, Hoboken: Blackwell Publishing Ltd. , 2008.

Reckien Diana and Martinez – Fernandez Cristina, "Why Do Cities Shrink?", *European Planning Studies*, Vol. 19, No. 8, 2011.

Rhodes James and Russo John, "Shrinking Smart?: Urban Redevelopment and Shrinkage in Youngstown, Ohio", *Urban Geography*, Vol. 34, No. 3, 2013.

Sastry Narayan, "Tracing the Effects of Hurricane Katrina on the Population of New Orleans: The Displaced New Orleans Residents Pilot Study", *Sociological Methods & Research*, Vol. 38, No. 1, 2009.

Savitch Hank and Kantor Paul, "Urban Strategies for a Global Era, a Cross National Comparison", *American Behavioral Scientist*, Vol. 46, No. 8, 2003.

Schetke Sophie and Haase Dagmar, "Multi–criteria Assessment of Socio–environmental Aspects in Shrinking Cities: Experiences from Eastern Germany", *Environmental Impact Assessment Review*, Vol. 28, No. 7, 2008.

Schett Simona, "An Analysis of Shrinking Cities", http: //www. ess. co. at/URBANECOLOGY/Simona_ Schett. pdf.

Siedentop Stefan and Fina Stefan, *Urban Sprawl beyond Growth: From a Growth to a Decline Perspective on the Cost of Sprawl*, 44th ISOCARP Congress 2008, Dalian, China, September 19–23, 2008.

Spader Jonathan, Schuets Jenny and Cortes Alvaro, "Fewer Vacants, Fewer Crimes? Impacts of Neighborhood Revitalization Policies on Crime", *Regional Science and Urban Economics*, Vol. 58, 2015.

Turok Ivan and Mykhnenko Vlad, "The Trajectories of European Cities,

1960-2005", *Cities*, Vol. 24, No. 3, 2007.

Veenhoven Ruut and Delken Ellis, "Happiness in Shrinking Cities in Germany: A Research Note", *Journal of Happiness Studies*, Vol. 9, No. 2,2008.

Wachter Susan, "The Determinants of Neighborhood Transformation in Philadelphia: Identification and Analysis: The New Kensington Pilot Study", Philadelphia: University of Pennsylvania, Wharton School, https://nkc-dc. org/wp-content/uploads/2019/08/The-Determinants-of-Neighborhood-Transformations-in-Philadelphia-Identification-and-Analysis-The-New-Kensington-Pilot-Study-2004. pdf.

Wiechmann Thorsten and Pallagst Karina M., "Urban Shrinkage in Germany and the USA: A Comparison of Transformation Patterns and Local Strategies", *International Journal of Urban and Regional Research*, Vol. 36, No. 2, 2012.

Wiechmann Thorsten, "Errors Expected-Aligning Urban Strategy with Demographic Uncertainty in Shrinking Cities", *International Planning Studies*, Vol. 13, No. 4, 2008.

Youngstown, "Youngstown 2010 Plan", http://www. cityofyoungstownoh. com/about_ youngstown/youngstown_ 2010/plan/plan. aspx.

Zakirova Betka, "Shrinkage at the Urban Fringe: Crisis or Opportunity?", *Berkeley Planning Journal*, Vol. 23, No. 1, 2010.

三 日本文献

川上光彦，木谷弘司，持正浩，『地方都市の再生戦略』，東京：学芸出版社，2013.

釧路市，『第 2 期釧路市まち・ひと・しごと創生総合戦略』，https://www. city. kushiro. lg. jp/_ res/projects/default_ project/_ page_/001/007/008/000149165. pdf.

肥後洋平，森英高，谷口守，『「拠点へ集約」から「拠点を集約」へ-安易なコンパクトシティ政策導入に対する批判的検討-』，日本都市計画学会都市計画論文，2014，49 (3).

富山市，『富山市公共交通活性化計画』，https://www. city. toyama. toyama. jp/data/open/cnt/3/2758/1/2. pdf? 20210506075513.

富山市都市整備部都市政策課，『富山市立地適正化計画』，http://

www. city. toyama. toyama. jp/data/open/cnt/3/14081/1/rittitekiseɪkakeikak-usakutei. pdf.

国土交通省,『「都市再生特別措置法」に基づく立地適正化計画概要パンフレット』, https：//www. mlit. go. jp/common/001195049. pdf.

国土交通省,『都市構造の評価に関するハンドブック』, https：//www. mlit. go. jp/common/001104012. pdf.

国土交通省,『健康・医療・福祉のまちづくりの推進ガイドライン』, https：//www. mlit. go. jp/common/001049464. pdf.

国土交通省,『立地適正化計画作成の手引き』, https：//www. mlit. go. jp/toshi/city_plan/content/001478980. pdf.

国土交通省,『国土交通白书 2014』, http：//www. mlit. go. jp/hakusyo/mlit/h25/index. html.

荒木俊之,『地理的な視点からとらえた立地適正化計画に関する問題：コンパクトシティ実現のための都市計画制度』, *E-journal GEO*, 2017, 12（1）：1-11.

青森市,『青森市立地適正化计划』, https：//www. city. aomori. aomori. jp/toshi-seisaku/shiseijouhou/matidukuri/toshikeikaku/rittiteki seika. html.

首相官邸,『まち・ひと・しごと創生基本方針 2016』, https：//www. chisou. go. jp/sousei/info/pdf/h28-06-02-kihonhousin2016ho ntai. pdf.

小牧市都市政策部都市計画課,『小牧市立地適正化計画』, https：//www. city. komaki. aichi. jp/material/files/group/87/ritteki9_. pdf.

熊本市,『熊本市立地適正化計画』, http：//www. city. kumamoto. jp/common/UploadFileDsp. aspx？C_id＝5&id＝9398&sub_id＝4&flid＝80022.

野田崇,『立地適正化計画制度の行政法学的検討』, 都市とガバナンス, 2018, 29.

宇都宮市,『ネットワーク型コンパクトシティ形成ビジョン』, http：//www. city. utsunomiya. tochigi. jp/_res/projects/default_project/_page_/001/007/653/vision. pdf.

四 韩国文献

권영섭,『인구감소시대에 대응하는 새로운 지역발전정책 방향』,『국토』, 378 권, 4 호, 2013.

김상훈 · 남진, 『유휴공간 유형별 특성 분석과 도시재생을 위한 복합적토지이용기법에 관한 연구』, 『한국지역개발학회지』, 28 권, 1 호, 2016.

김현주, 『독일 도시재생프로그램 ' Soziale Stadt ' 의특성 연구: 지역자산을 활용하는 지속가능한 통합적 도시재생』, 『대한건축학회논문집 계획계』, 28 권, 10 호,2012.

박종철, 『인구감소시대의 축소 도시계획 수립방안: 전라남도 중소도시의 도시공간 구조를 중심으로』, 『한국지역개발학회지』, 23 권, 4 호, 2011.

서충원·변창흠 (역), 『현대 도시계획의이해』, 경기: 한울아카데미, 2004.

성은영 · 임유경 · 심경미 · 윤주선, 『지역특성을 고려한 스마트 축소 도시재생전략 연구』, 세종: 건축도시공간연구소, 2015.

야하기 히로시, 『도시축소의 시대』, 서금홍, 오용식 (역), 서울: 기문동,2013.

이노은, 『통일 이후 동독 소도시의 변화: 도시의 수축현상과 생존전략』,『카프카연구』, 28 집, 2012.

이상준,『변화를 선도한 자유의 도시, 라이프치히』, 『국토』, 301 권, 11 호, 2006.

이희연 · 한수경, 『길 잃은 축소도시 어디로 가야 하나』, 경기: 국토연구원,2014.

임석회, 『인구감소도시의 유형과 지리적 특성 분석』, 『국토지리학회』, 52 권, 1 호, 2018.

조명호 · 김점수 · 강종원 · 황규선 · 박상용 · 조근식, 『고령화에 대응한강원도의 지역활력 증진방안』, 춘천: 강원발전연구원, 2015.

한상연, 『사회주의체제 붕괴 이후 동독과 동유럽 지역 도시의 공간변화 탐색: 통일한국을 위한 시사점』, 『도시행정학보』, 24 권, 1 호, 2011.